百舸争流

南京市城市规划编制研究中心成立十周年科技论文集

南京市城市规划编制研究中心 编

东南大学出版社

·南京·

图书在版编目(CIP)数据

百舸争流:南京市城市规划编制研究中心成立十周年
科技论文集/南京市城市规划编制研究中心编. —南京:
东南大学出版社,2013.10
ISBN 978 - 7 - 5641 - 4479 - 1

Ⅰ.①百… Ⅱ.①南… Ⅲ.①城市规划—南京市—文
集 Ⅳ.①TU984.253.1 - 53

中国版本图书馆 CIP 数据核字(2013)第 207606 号

书　　名:百舸争流:南京市城市规划编制研究中心成立十周年科技论文集

出版发行:东南大学出版社
社　　址:南京市四牌楼 2 号　　　　邮　　编:210096
网　　址:http://www.seupress.com
出 版 人:江建中

印　　刷:南京玉河印刷厂
排　　版:南京新洲制版有限公司
开　　本:787mm×1092mm　1/16　印张:17　字数:457 千
版　　次:2013 年 10 月第 1 版　　2013 年 10 月第 1 次印刷
书　　号:ISBN 978 - 7 - 5641 - 4479 - 1
定　　价:58.00 元

经　　销:全国各地新华书店
发行热线:025 - 83790519　83791830

编辑委员会

主　任:叶　斌

副主任:周一鸣

主　编:赵　蕾

副主编:王芙蓉　刘正平　郑晓华

编　辑:官卫华　杨程瑶

前 言

我国正处于城市发展的黄金时期。在日益迫切的发展转型形势下,城乡规划不仅应具有较强的科学性和前瞻性,还要求具有较强的务实性和可操作性。为此,适应当前我国体制改革的深化推进,城乡规划行业亟待在规划编制、研究和组织管理等方面加快提升和创新,以有效服务于规划实施管理和现实发展需要。特别是,在政府职能转变和公共服务型政府建设背景下,更需要一支特定的公共性研究机构为政府提供优质高效、快捷适时、公益性的规划技术服务。

南京市城市规划编制研究中心是隶属于南京市规划局的新型城市规划研究机构,承担了城市发展战略研究、地区开发、重点项目规划服务以及各类城市规划信息系统和城市测绘系统的开发维护等职能,并形成了规划、建筑、交通、园林、测绘、GIS、计算机等多个专业相互融合、相互促进的态势。成立十周年以来,编研中心一直立足南京、放眼行业,以基础性、长期性和应急性的技术服务和研究工作为重点,加强城乡规划研究工作,致力于城乡规划编制方法的探索、研究和创新,产生了一大批高质量的学术论文。"十年磨一剑",编研中心先后荣获省部奖项 20 余项、省系统奖项 32 项、市级奖项 47 项,研究力量不断壮大。

本书收录了近年来南京市城市规划编制研究中心规划工作者在国内核心期刊上发表的、在各类论文竞赛中获奖的以及在国内外重要学术会议上演讲的优秀论文,充分反映出新形势下南京城乡规划研究工作的探索和创新,汇集了南京城乡规划工作的新理念、新做法、新经验,体现了规划的前瞻性、政策性与服务性,希望为我国城乡规划行业的发展和创新贡献力量。

南京市规划局党组书记、局长 叶斌

目　录

城乡规划类

信息测绘类

城乡规划类

六朝古都的现代表现形式

——略论六朝建康城考古发掘与城市设计的关系

叶 斌 刘正平 宣 莹

摘 要:六朝宫城遗址是六朝古都南京市最宝贵的地下历史文化资源。由于历史上的破坏和南京"叠压型"古都的特点,六朝建康城遗址的考古发掘和研究工作一直十分薄弱,成为我国古代都城研究的一大空白。自2000年以来,现代城市建设为考古发掘工作提供大好契机的同时也使其面临严峻的挑战。本文试图从案例研究、城市设计、制度建构等方面进行研究,探讨六朝宫城考古发掘与现代城市建设的关系,并提出相关建议。

关键词:六朝宫城;考古发掘;城市设计;现代城市建设

1 问题的提出

1.1 六朝建康城在中国建都史和文化史上的缺憾

南京是中国著名古都,素有"六朝古都""十朝都会"之称,累计建都时间达450年。最早的都城东吴建业始于公元229年,此后至公元589年的300多年间,先后有东吴、东晋及南朝的宋、齐、梁、陈六个朝代在建康(今南京)定都。建康由此成为名副其实的南部中国的政治、经济和文化中心。其中,东晋时期营建的建康都城至南朝已发展成为具有影响力的都城(图1),对北魏洛阳城以及东邻的百济、新罗等国都城型制均有重大影响。

公元589年隋朝灭陈,对建康城"平荡耕垦",城池和宫室遭受严重破坏。在此后的一千多年间,凭借地理形势上的重要性以及六朝时期300多年来所奠定下的政治、经济和文化方面的基础,经丹阳、归化、金陵、白下、江宁、上元等州、县治所在,加之南唐、明代、太平天国、中华民国在此建都,南京古城在原址屡毁屡新,呈现了顽强的生命力。进入21世纪,南京已成为现代大都会。古都南京地下文化层呈现出"叠压型"古都的特点,六朝文化层深埋

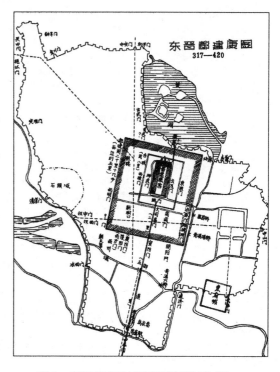

图1 东晋都建康城范围推测图(朱偰)

于地下最底层,难以全面揭露和挖掘。六朝建康都城与宫城的确切范围无法得知,是中国建都史和文化史上的一大缺憾①。

1.2 当代城市建设背景下六朝建康城遗址发掘与展示所面临的机遇与挑战

现代南京城,除了远郊十余处六朝陵墓石刻,除了留在文字上的唐人怀古诗篇,除了若干地名,六朝史迹在古城地表难以追寻。"六朝古都"在现代都市中没有载体,难以被"物化"和感知。

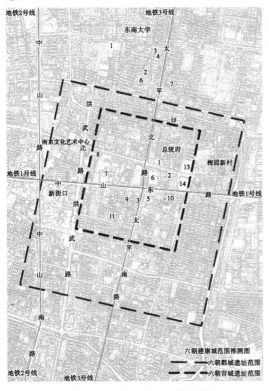

图2 建康都城及宫城位置图

1. 近代史博物馆工地　2. 市民广场工地
3. 日月大厦工地　4. 华夏证券大厦工地
5. 新世纪广场工地　6. 南京图书馆新馆工地
7. 市体育局工地　8. 邓府巷东西两侧广厦公司工地
9. 延龄巷工地　10. 利济巷西长发大厦工地
11. 游府西街小学工地　12. 长江后街工地
13. 旅游服务区　14. 省美术新馆工地

当代南京老城大规模的城市建设为六朝建康城考古发掘带来了机遇。从2002年3月到2007年12月在大行宫与民国总统府周围地区,南京市博物馆对该地区内的南京图书馆新馆、江苏省美术馆新馆、长发大厦等20多个工地进行了大面积考古发掘,发掘面积逾万平方米(图2)。先后发现了大量六朝重要城市建筑遗存。这些遗存包括多条高等级道路、城墙、城壕、木桥、大型夯土建筑基址及各类砖构房址、排水沟、砖井等建筑遗迹以及以各类瓦当、釉下彩绘青瓷器等为代表的大量精美遗物。发现的相互垂直的多条道路,对研究六朝建康城主轴线方向及台城布局具有十分重要的学术价值。据此,著名学者蒋赞初先生、南京博物馆王志高先生提出了六朝宫城的大致范围和方位,为北起长江后街、东抵长白街、南抵淮海路、西至洪武北路。2008年6月14日,在南京举行的"六朝建康都城学术国际研讨会"对南京市近年来围绕六朝建康都城考古所做的工作和取得的进展给予了高度肯定。

但十分遗憾的是,尽管有了为数众多的六朝遗址考古发现,但除了在考古工作者手里留下了大量资料照片及考古报告以及部分保留完整的砖井、瓦当、城砖等运至博物馆保护之外②,现场挖掘结束之后,只有个别例外被原址

---

① 有关六朝建康城最早的史料源自唐朝许嵩撰写的《建康实录》,宋代以后《六朝事迹类编》、《景定建康志》、《至正金陵新志》等书详细著录了六朝事迹,但因地上地下无迹可寻,均难以落实到真实的地域空间上。朱偰先生《金陵古迹图考》考证了台城四界(1936年)。2000年初南京市据此划定北起北京东路南至珠江路东到珍珠河西临进香河路的范围为六朝宫城遗址保护范围,纳入南京市地下文物保护区。2001年以后的考古发掘证明,上述范围有误。

② 2008年6月,南京市博物馆举行"探寻·六朝建康城考古展"。精美的六朝水闸、东晋砖铺车道等六朝文物引人入胜。

保护①,其余大部分遗址或遗迹都为新建设让路,既未在原址留下六朝文化地标也未能在城市空间中留下六朝文化的历史记忆。而若能在原址保留上述考古发掘现场所揭示的遗迹,待多年积累之后,定能探明六朝建康城位置及形制,一解千年古都的缺憾。

1.3 问题的初步思考

随着六朝建康城考古发掘工作的深入,社会各界对加强六朝文化资源保护利用的呼声日益高涨。多年来,省、市人大、政协对六朝文化保护多有提案②。有关专家提出了六朝文化保护的多项建议。东南大学建筑学院潘谷西教授、南京大学历史系蒋赞初教授、南京博物院梁白泉研究员长期跟踪并呼吁原地保护六朝考古遗迹并加以展示。专家们更在 2008 年 12 月 15 日向市政府提出《关于在汉府街六朝考古遗址内设立"六朝建康都城考古展示中心"的建议》,提出"鉴于广州、杭州等历史文化名城均先后将地下发现的古代街道以至宫殿遗址等予以原状展示,以表现城市发展的历史轨迹,并且得到了良好的效果。因此,建议在目前唯一留存于大行宫地区的面积较大的汉府街六朝遗址内设立'六朝建康城考古展示中心',用以现场展示历年来在建康都城范围内的各项重要发现,并作为进一步发掘和研究建康都城地下宝藏的主要基地。"

上述观点和建议无疑对六朝建康都城的遗址保护与再现具有重大意义。但当前的关键问题是如何在高速发展的现代城市建设背景下,最大限度地保护与利用地下历史文化资源。笔者认为最核心的问题有三个方面:一是建立考古挖掘成果整体保护与原址保护的基本指导思想;二是运用城市设计方法将考古挖掘成果组织到现代城市空间及活动中去;三是建立实现上述目标的制度保障。

2 城市设计与地下遗址的保护、展示和利用

2.1 城市设计在历史城市中的运用

一般而言,城市设计是对城市体型和空间环境所作的整体构思和安排,其主要目标是构筑人类活动更有意义的人为环境和自然环境,以改善人的空间环境质量,从而改变人的生活质量。

首先,地下遗址本身是城市重要的文化财富,对提升城市文化品质和市民的荣誉感、归属感有着重要意义。L.芒福德在其著作《城市发展史——起源、演变和前景》一书中写道:"我认为,要详细考察城市的起源,我们就必须首先弥补考古学者的不足之处:他们力求从最深的文化层中找到他们认为能以表明古代城市结构的一些隐隐约约的平面规划。我们如果要鉴别城市,那就必须追溯其发展历史,从已经充分了解了的那些城市建筑和城市功能开始。"深埋地下的历史遗址是记载一个城市历史变迁的最佳见证,是属于这个城市乃至整个世界的共同财富。它们所传达的历史信息能够加深当代人对城市历史的理解和认识,并对当代城市的发展有所启示。它们是历史城市不可替代的特色之源,能够形成独属于这个城市的集体记忆。

---

① 如在南京图书馆新馆东部负一层过道大厅地下原地复原展示了部分六朝建康宫城建筑遗迹,遗址所蕴藏的历史底蕴与新馆建筑所代表的现代文明交相辉映,被誉为南京图书馆新馆工程的"神来之笔"。这种处理手法突破了博物馆式的保护方式,但不足之处在于,如此宝贵的六朝遗迹被置于建筑物的内部,远离城市开放空间,从而失去了与城市生活更加紧密结合的机会。

② 2005 年,省政协九届三次会议汤惠生重点提出"加强南京古代残损石刻艺术品保护与利用的建议"(第 0723 号)。徐湖平委员等 5 人提出"关于建立南京六朝石刻艺术馆的建议"(第 0342 号)。市政协第十一届三次会议,市民进提出"关于加强南京六朝文化资源保护利用的建议"(第 0023 号)。2009 年,省政协十届二次会议徐玉麟等 11 位委员提出"关于建立南京六朝建康城遗址博物馆"的提案(第 0576 号)。

其次,历史城市中的每一个地块、每一处遗迹都有其独特的历史和场所感,对这种场所精神的保护正是城市设计中的重要概念。历史城市中的城市设计致力于解决以下问题:如何保护这些历史久远的物质遗存,使它们在城市中具有"可读性"和"可感知性"? 如何解决它们与周围建筑之间的关系,营建适宜的尺度感和场所感? 如何组织公共空间和半公共空间,在这些历史元素之间建立起相互关系,使它们成为一个整体? 以及除了对历史上留存下来的环境空间的继承和发展之外,如何将历史保护与对市民生活,即城市社会网络的设计相结合? 使历史遗存成为活生生的生活场所,而不是呆板的布景。

2.2 案例研究——城市设计在地下遗址保护与展示中的运用

2.2.1 整体式保护,使遗址保护区成为城市的天然开放空间

有着 2700 多年历史的罗马古城是一座典型的"叠压型"古城,地下历史遗迹极其丰富。在罗马,考古发掘出的物品被陈列在展室,遗址则全部裸露在外,成为完全对城市开放的露天博物馆,供人们自由参观,从而享有"露天博物馆"之美誉(图 3)。

维罗纳市中心有着公元 3 世纪古罗马时期的旧城遗址,墙体、拱门、下水道、水井等地下遗迹都剥离出 3 世纪时的旧城原貌,供人参观。遗址保护区成为城市的天然开放空间(图 4)。

图 3　罗马阿根廷广场遗迹

2.2.2 片段式保护,与城市日常公共空间相结合

北京路步行街地处广州市中心,在历史上是广州城最早建立的位置所在。北京路一带从古至今都是广州地区最繁华的商业集散地。2002 年 7 月,在北京路的路面整饰开挖过程中,发掘出了自唐代直到民国时期的十一层路面,和宋代至明清时期共 5 层的拱北楼建筑基址。总长 44 米的"千年古道遗迹"和"千年古楼遗址"以加盖透明钢花玻璃的形式原地保存在街道中间,往来行人可以自由参观到宋、明、清三个历史时期的古老街道,成为羊城一大著名景观(图 5)。

始于 1990 年代的地铁工程使雅典的地下遗迹得到了前所未有的发掘。位于雅典市中心的锡塔玛广场(Syntagma Square)不仅仅是一个地铁站名,还是一个展示地下历史文化的博物馆。在环绕下层候车大厅的平台上,有各式在玻璃展柜里面展出的出土文物。透过车站四周用厚重的玻璃幕墙做成的透明墙壁,人

图 4　维罗纳街头保留的地下遗迹

们可以看到令人惊奇的地下横断面,每一层都代表着一个不同的历史时期,展现着雅典真实的历史印记(图6)。

2.2.3 信息整合与串联,形成古城整体的环境风貌

在希腊宙斯神庙群的每一处遗迹旁边,都有一张古神庙群的复原图,复原图上详细绘制了古神庙的整体布局并表明了现存遗迹的某个部件在其中的位置,从而使人们在游览该处遗迹时能够对原有的古神庙群建立起一个整体的概念(图7、图8)。

在国际性大都市东京,高楼林立的市区内散布着众多的历史文化古迹,历史文化散步道的设计通过一个巨大的步道系统将东京历史上数百年的文化遗迹联系起来。历史文化散步道尽量选择原本就是历史上东京人熟知且惯走的道路,在街道的显要位置设有指示牌和地图,告诉人们在这个区域内的历史文化资源点的位置、到达方式和开放时间,使人们在散步的过程中很方便地就能接受到城市历史和文脉的熏陶。

图5 广州北京路步行街"千年古道遗迹"展示景象

图6 锡塔玛广场地铁站内的地下横断面展示景象

3 南京六朝建康都城的保护与展示

根据目前推测出的六朝宫城遗址范围,南京六朝遗址所在地从古至今一直是城市建设最活跃的地区,因此,像杭州南宋皇城遗址那样全面揭露并展示"大遗址区"的方式在此难以实现。六朝遗址的保护与展示,只能采用小规模、片断式的方式与现代城市建设密切结合,让它们与当代城市文化、城市生活建立起千丝万缕的关系,其中有的可以成为城市的文化标志,有的可以与城市的日常生活空间融为一体。

3.1 实行原址保护,构建文化地景,展现城市真实的历史记忆

地下历史遗迹记载着城市发展与演变的真实记忆,它与其所在地点不可分割。对地下历史遗迹应当实行原址保护的方式,尽量保持其遗址现状和文化原真性,利用它们构建城市的文化地景,让人们对遗址和其所在地产生直观的空间体验。实行原址保护不仅有利于传达真实的历史信息,塑造城市独特的文化品位,对于未来六朝宫城的考古和研究工作也具有重要意义。

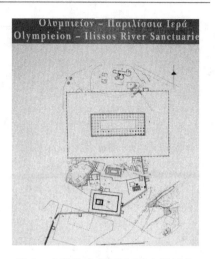

图7　希腊宙斯神庙遗址　　　　　图8　宙斯神庙复原图:其中填黑的
柱子为现存遗迹

3.2　建立开放空间,结合步行系统,最大限度地使历史遗迹融入现代城市生活

地下历史遗迹是城市过去空间脉络的组成部分,它们也应当为当代的城市空间做出贡献,因此,应该避免单一的博物馆式保护方法,使地下历史遗迹成为天然的城市开放空间供人们参观。对于规模较小的遗址,和一些零散的出土文物,不论是以原址保护还是异地迁移的方式,都应尽量让它们走出单体的建筑物,与城市广场、城市街道、建筑灰空间等公共性领域相结合,使它们具有开放性和可达性,成为城市日常生活的一部分(图9、图10)。

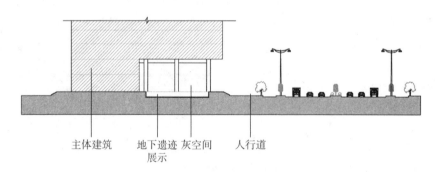

主体建筑　　地下遗迹　灰空间　　人行道
展示

图9　利用城市灰空间展现地下遗迹

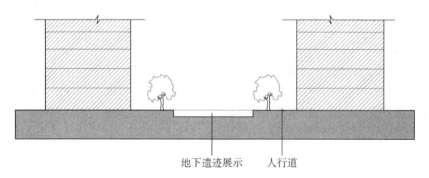

地下遗迹展示　　人行道

图10　利用街道空间展现地下遗迹

步行是人们体验城市细节,感受城市空间魅力的重要方式。结合城市步行系统与开放空间,根据遗址的规模、位置设置各种尺度的展示广场、街头休憩空间或是驻足场所,并在街道的显要位置设置历史文化指示牌,向路人提示周围的遗址位置与信息。对于水井、房基等建筑遗迹,可以利用街头广场或新建建筑灰空间予以展示。对于运渎故道、清溪、潮沟等重要沟渠,以及城垣、外廓、主要道路等重要线性历史信息,可以结合广场和街道进行片断式展现,或运用道路铺装、绿化景观与雕塑等方式予以再现。以步行系统为线索,串联起散落的点与面,形成点、线、面相结合的,富有特征的六朝文化信息的空间网络,使人们能够在步移景异中感受到浓厚的六朝氛围(图 11)。

图 11　六朝文化步行网络示意图

3.3　整合地下空间,通过地下陈列、剖面展示等纵向的表现手段,展现六朝古都的深度感

"叠压型"是南京城市地下历史遗迹的独特性质,这样一种历经了近 2000 年的纵向沉积,其本身就是一个震撼人心的奇观。在发现的大型六朝遗迹周围,结合城市地下空间进行文物陈列,并采用剖面展示这种在地质学领域常用的方法,来让人们最直观地感受到南京六朝文化底蕴的深厚。通过设置地下广场、开发地下游览、整合地下交通,以及利用未来将在此区域穿过的地铁二号线、三号线的车站空间进行展示等方式,将地下遗迹与现代生活融为一体,这无疑将塑造出南京最富有文化魅力的城市空间(图 12)。

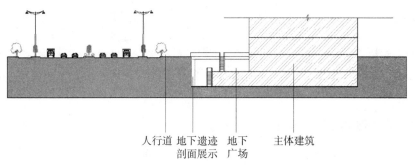

图 12　利用地下广场进行剖面展示示意图

3.4 展现历史格局,形成六朝宫城复原图,建立起完整的六朝宫城遗址概念

历史上的六朝宫城规模宏大,富有气势,而地下遗址的发掘比较零散,仅凭几个孤立的遗迹难以让人们对整个六朝宫城形成整体的概念。根据六朝遗址的发掘情况和历史信息推测出六朝宫城复原图,并将复原图置于每一处遗迹旁,能够使人们在观看遗迹时了解到六朝宫城的整体布局和该遗迹的相对位置,从而形成一个整体的概念。

在现代城市建设中曾有一些重要的遗迹被发现,比如六朝宫城的正南门"大司马门",以及东吴时期南京城内的主要的水道框架"潮沟""运渎"等,它们对于六朝宫城格局确切位置的推测至关重要。但这些遗迹已大多被填埋,在地面难觅踪迹。通过设立标识牌与开放空间的方式,能够在现代城市的投影上对这些重要的历史遗迹予以再现,向人们展现深埋于地下的六朝宫城的历史格局。

3.5 建设六朝文化博物馆,科学展示文化遗产,使之成为六朝文化活动的载体

博物馆是保护、收藏人类文化的殿堂,往往以其深厚的文化内涵而成为一座城市的文化坐标。建立六朝文化博物馆不仅能够对六朝遗物进行科学的保护、收藏和展示,还可以提供一个关于六朝文化的学习、研究和交流的基地,成为南京六朝文化旅游活动的起点和终点。六朝文化博物馆将不仅是一个物质的博物馆,还是一个让人们流连忘返的文化体验场,一个具有公益性的社会教育机构,一座南京的文化新坐标。

4 构建考古遗迹保护的制度保障

4.1 划定地下遗址埋藏区,确定基本保护原则

在历史文化名城保护规划与保护条例中明确划定六朝遗址地下埋藏区的保护范围与基本保护原则。保护范围内的一切城市建设必须服从相应的法定程序和法定原则。必须优先保护都城格局,发掘出的地下遗址必须纳入城市公共空间及半公共空间。

4.2 制定先考古再建设的法定程序

在划定的埋藏区内的建设活动,必须在动工之前完成考古勘探,如发现地下遗产应纳入该地块的规划条件。建设单位办理建设工程规划许可证时,必须附上文物部门的考古勘探报告。

4.3 制定遗址保护优先的法定原则

在施工中发现地下文物和重要遗址,必须立即停止施工,保护现场,报告有关行政主管部门进行处理;建设单位必须重新修改设计方案,将新发现的历史遗迹的保护与展示要求纳入到新方案中。对于积极将遗址保护与城市公共空间相结合的建设部门给以容积率或建筑高度上的奖励,或异地补偿等。改变以往建设部门总是在遗产保护中扮演被动角色的状况,激发他们的主观能动性。

4.4 建立财务保障制度,确保资金来源

市政府设立六朝地下遗址保护的专项基金。对于社会自发组织的专门用于六朝遗址保护与展示的基金,在立法上给予在税法允许范围以内的减税或免税优惠政策,保证资金的持续来源。

4.5　建立公众参与制度，保证市民的知情权与监督权

通过宣传、展览、教育等方法让公众了解六朝地下遗址的历史、分布、发掘情况以及对城市的意义。建立六朝遗址保护与展示方案在审批前必须经过公示、论证的法定程序，保证公众的参与权。鼓励公众对六朝遗址保护的事前、事中和事后的整个过程进行监督，并提供有关信息和建议。使地下文化遗产保护由"少数的抗争"变成"共同的努力"，使之成为全社会的普遍共识和自觉行动

5　六朝古都的未来展望

进化的演变是城市唯一最恒久的特性，而如何控制这种变化，实现新和旧的最有利结合，是一个永恒的课题。在这片兼具历史记忆和现代风貌的城市中心区进行六朝遗址的保护与展示，既是当代南京城市建设所面临的挑战，也是挖掘并体现历史文化名城文化多样性的机遇。在城市越来越趋同化的今天，文化多样性无疑将成为提高南京城市凝聚力和影响力的关键因素。可以想象，如果能通过多种城市设计手法的运用，将发掘出的六朝遗迹串联并予以展示，使人们在高楼大厦林立的街道、广场以及地下与地上空间的穿行中能够感受到近 2000 年前的六朝文明，那将是多么生动的城市体验。自隋朝时期"平荡耕垦"以来，在城市中已无迹可寻的六朝遗迹将逐渐重新进入人们的视野，它将与现代城市景观交相辉映，因公共性和开放性而充满活力；它将丰富城市的历史意向，与现代城市生活的日常体验融为一体，它将弥补六朝宫城考古的遗憾，成为独特的文化线路与文化景观，成为南京文化旅游的新亮点。

参考文献

[1] 单霁翔.文化遗产保护与城市文化建设.北京:中国建筑工业出版社,2009
[2] 张松.历史城市保护学导论——文化遗产和历史环境保护的一种整体性方法.上海:上海科学技术出版社,2001
[3] [美]ED培根,等,著.城市设计.北京:中国建筑工业出版社,1989
[4] [美]凯文·林奇,著.城市意向.北京:华夏出版社,2001
[5] [美]刘易斯·芒福德,著.城市发展史——起源、演变和前景.北京:中国建筑工业出版社,2005
[6] 陈纪凯.适应性城市设计——一种实效的城市设计理论及应用.北京:中国建筑工业出版社,2004
[7] 芦原义信,著.街道的美学.尹培桐,译.天津:百花文艺出版社,2006
[8] 梁勇.现代城市建设中应重视对地下古城遗址的保护与利用——以徐州地下古城保护与利用为例.中国文物学会传统建筑园林委员会第十三届年会论文
[9] 王志高.关于六朝建康都城和宫城的初步研究.六朝建康都城学术研讨会论文,2008 年 6 月,南京
[10] 王志高.六朝建康城遗址考古发掘的回顾与展望.南京晓庄学院学报,2008,24(1)
[11] 魏正瑾.关于南京六朝建康城研究的几点意见.六朝建康都城学术研讨会论文,2008 年 6 月,南京
[12] 张学锋.六朝建康城的发掘与复原新思路.南京晓庄学院学报,2006,22(2)
[13] 贺云翱.三国两晋南北朝城市考古的主要收获和初步认识.六朝建康都城学术研讨会论文,2008 年 6 月,南京
[14] http://www.cul-studies.com/Article/sixiang/200604/3668.html 2009-4-8
[15] http://www.greece-athens.com/metro/syntagma.php 2009-4-8
[16] http://www.trekearth.com/gallery/photo865108.htm 2009-4-8
[17] http://www.jscut.gov.cn 2009-6-6

[18] 南京市规划局. 城市印记——金陵老地图选萃. 南京, 2006

[19] 杨新华, 主编. 朱偰与南京. 南京: 南京出版社, 2007

The Modern Expression of the Ancient Capital of Six Dynasties

——A Brief Discussion on the Relationship Between the Archaeological Excavation of Palace Cities in Six Dynasties and Urban Design

Abstract: Palace Cities in Six Dynasties are the most precious underground resources of historical cultural of Nanjing, the ancient capital of six dynasties. Because of the destruction in history and the characteristics as a "overlaped" ancient capital, the archaeological excavation and research of Jiankang Palace City in six dynasties has been very lack in our ancient capital research for a long time. With modern city construction, archaeological excavation are faced with a rare opportunity and also faced with a severe challenge. This article studies the relationship between the archaeological excavation of palace cities in six dynasties and modern city construction through case study, urban design and system construction, also puts forward relevant suggestions.

Key words: Palace Cities in Six Dynasties; Archaeological Excavation; Urban Design; Modern city construction

(本文原载于《城市规划》2011 年第 8 期)

土地利用规划与城乡规划差异分析及协调途径探索

赵 蕾 皇甫玥 陶德凯

摘 要：文章以总体规划为例分析了土地利用规划和城乡规划两类规划在编制主体、编制技术标准以及规划期限等层面的差异以及由此给两类规划实施造成的影响。结合当前规划实际工作，指出需要从法律、技术等层面强化两类规划的衔接。最后，笔者简要介绍了南京在规划管理和实践过程中创新两类规划协调衔接的具体操作方法。

关键词：土地利用规划；城乡规划；总体规划；差异；协调

土地利用规划与城乡规划是中国特殊国情下的两种产物，对于引导中国城乡空间发展和土地利用发挥了积极的作用。但随着中国城市化进程的不断加快，土地资源的稀缺性日益凸显，土地利用规划与城乡规划两者之间的矛盾也随之日益暴露，并逐渐成为中国健康城市化发展的阻碍。正是基于这个背景，实现"两规"的协调发展成为近年来社会各界不懈努力的方向，如国内部分城市尝试将国土部门和规划部门合并，期望通过管理职能的协调保障两个规划的有机衔接（如武汉、深圳），部分专家学者则提出了用城市发展战略规划和近期建设规划替代城乡总体规划，力求从技术层面规避两者的矛盾（尹海林等，2005）等等。本文尝试通过对土地利用规划与城乡规划（简称"两规"）关系的分析，梳理"两规"之间的主要差异，并以南京的实践工作为例，对"两规"的衔接与协调提出建议。

1 现行土地利用规划体系与城乡规划体系

1.1 土地利用规划体系

土地利用规划是对一定区域未来土地利用超前性的计划和安排，是区域社会经济发展和土地利用的综合经济技术措施。我国现行的土地利用规划体系由土地利用总体规划、详细规划和专项规划三个层次组成。其中，总体规划分为全国—省—地区—县—乡五级；详细规划有耕地规划、交通用地规划、水利工程用地规划、城镇用地规划等；专项规划有基本农田保护区规划、土地开发复垦规划、土地整治规划和土地整理规划等。总体规划对详细规划、专项规划进行控制，各规划之间形成了一种相互联系相互制约的关系，从而构成了土地利用规划体系（张莉等，2005）（见图1）。

1.2 城乡规划体系

城乡规划是指对一定时期内城乡的经济和社会发展、土地利用、空间布局以及各项建设的综合部署、具体安排和实施管理。根据《中华人民共和国城乡规划法》第2条，我国的城乡规划体系由城镇体系规划、城市规划、镇规划、乡规划和村庄规划组成。城市规划、镇规划分为总体规划和详细规划。详细规划分为控制性详细规划和修建性详细规划（见图2）。

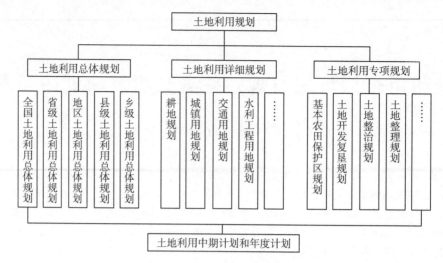

图 1   现行土地利用规划体系

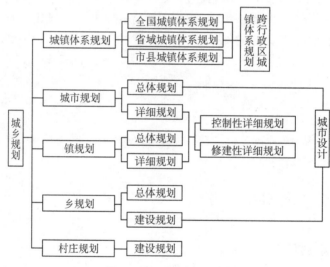

图 2   现行城乡规划体系

1.3 "两规"差异分析

土地利用规划和城乡规划都是以国民经济和社会发展规划为依据,其共同内容是土地资源的合理开发、利用和保护,在实现土地资源的可持续利用和城市的可持续发展这一根本目标上是一致的。《城乡规划法》第 5 条规定,城市总体规划、镇总体规划以及乡和村庄规划的编制,应当依据国民经济和社会发展规划,并与土地利用总体规划相衔接。《土地管理法》第 22 条规定,城市总体规划、村庄和集镇规划,应当与土地利用总体规划相衔接,其建设用地规模不得超过土地利用总体规划确定的城市和村庄、集镇建设规模,可见"两规"对发展规模的控制上也是具有密切联系的。但当聚焦到"两规"联系最为密切的"土地利用总体规划"和"城乡总体规划"时,他们之间的差异很大程度上就凸现了"两规"之间的冲突所在。

1.3.1 编制主体与层次的差异

国土资源部门负责编制、实施土地利用总体规划,城乡建设规划部门负责编制和实施城乡总体规划,两者属于同级行政管理部门。土地利用总体规划是国土规划的组成部分,是国家根据国民经济发展和社会发展的需要以及土地本身的适宜性,对土地资源的开发、利用、整理、复垦、保护等在时间空间上所作的总体安排;而城乡总体规划是根据经济社会发展需求,对城乡空间资源作出科学合理的配置,是城乡建设的具体规划。

1.3.2 发展程度与内容的差异

从发展进程上讲,土地利用总体规划的发展滞后于城市总体规划。我国自80年代起开展土地利用总体规划,先后组织开展了两轮土地利用总体规划编制和实施工作,但由于体系等种种客观原因,导致规划的可操作性较差。城乡总体规划起步较早,国内编制最早、内容最完整的城市总体规划——《首都计划》诞生于1929年,对南京城市的空间布局、建设计划等做了较为详尽的描述。全国性、大规模的城乡总体规划编制工作始于20世纪50年代,其相关理论体系和规划实践相对较为成熟。从规划的内容上看,土地利用总体规划是国土规划、区域规划中对土地利用进行综合考虑的专业规划。城乡总体规划则是综合考虑城乡经济社会发展,以规划范围内土地资源为载体,对空间布局进行综合考虑和全面安排。

1.3.3 编制技术与标准的差异

土地利用总体规划的编制一般采取从总体到局部、从上到下、分级开展的方法,而城乡总体规划则更多采用自上而下与自下而上相结合的工作路线。土地利用总体规划的编制强调土地的合理利用,尤其是耕地的保护,耕地占用和保护指标的分配采取自上而下、层层下达的方式,不得突破,具有很强的计划性;城乡总体规划侧重在土地资源集中集约利用的前提下,对城市空间资源进行合理的布局,但基本是从各行业用地需求的角度进行各种土地利用的时空安排。

在用地分类标准上,目前土地利用总体规划采用的是国土资源部2001年编制的《土地分类》体系(见表1);而城市总体规划中的用地分类标准是依据建设部1991年发布实施的国家标准G8J137—1990《城市用地分类与规划建设用地标准》(见表2),根据经济社会发展实践需求所研制的最新城市用地分类标准,更加注重了与土地利用总体规划的用地分类标准的衔接,该标准将于2012年1月1日正式启用。

表1 国土资源部的《土地分类》表

一级类			二级类
编号	名称	编号	名 称
1	农用地	11-15	耕地、园地、林地、牧草地、其他农用地
2	建设用地	21-25	商服用地、工矿仓储用地、公共设施用地、公共建筑用地、住宅用地、交通运输用地、水利设施用地、特殊用地
3	未利用地	31-33	未利用土地、其他土地

表2 建设部的《城市用地分类与规划建设用地标准》表

类 别			类别名称
大类	中类	小类	
R(居住用地)	R1-R4	R11-R14	1、2、3、4类居住用地
C(公共用地)	C1-C9	C11-C65	行政办公用地、商业金融用地、文化娱乐用地、体育用地、医疗卫生用地、教育科研用地、文物古迹用地

续表 2

类 别			类别名称
大类	中类	小类	
M(工业用地)	M1~M3		1、2、3类工业用地
W(仓储用地)	W1~W3		普通仓储用地、危险品仓储用地、堆场用地
T(对外交通用地)	T1~T5	T21~T42	铁路用地、公路用地、管道运输用地、港口用地、机场用地
S(道路广场用地)	S1~S3	S11~S32	道路用地、广场用地、社会停车用地
U(市政设施用地)	U1~U9	U11~U42	供应设施用地、交通运输用地、邮电设施用地、环境卫生用地、施工与维修设施用地、其他公用设施用地
G(绿地)	G1~G2	G11~G32	公共绿地、生产防护绿地
D(特殊用地)	D1~D3		军事用地、外事用地、保安用地
E(水域及其他用地)	E1~E8	E21~E69	水域、耕地、林地、牧草地、村镇建设用地、弃置地、露天矿用地

1.3.4 规划期限与口径的差异

根据《土地管理法》,土地利用总体规划的规划期限由国务院确定,由国家土地行政主管部门正式发文,对全国各级土地利用总体规划的规划基期、规划期及规划基期数据作出明确的规定。而城乡总体规划的规划期限一般由负责组织规划编制的政府部门根据城市的发展条件、发展趋势等自行确定(表3)。

表 3 土地利用总体规划与城市规划期限

类别	规划期限	依 据	颁布单位
土地利用总体规划	15 年	《中华人民共和国土地管理法》	国务院
城市总体规划	20 年	《城市规划编制办法》	建设部
建制镇总体规划	10~20 年		
城镇体系规划	20 年	《城镇体系规划编制审批办法》	

在用地统计口径上,国土资源管理部门将城市工矿用地和特殊用地单独列为一类,没有纳入城市建设用地;在人口统计上,土地利用总体规划统计的城市人口仅仅指城市驻地户籍人口,而城乡总体规划统计的城市人口不仅包含了户籍人口,还包括户籍不在当地但长期在城市中居住、工作的外来人口。因此,从统计口径上分析,土地利用总体规划中的城市建设用地和人口规模的现状及预测值较城乡总体规划的统计值均偏小。

2 "两规"差异对规划实施的影响

2.1 规划"两张皮"现象的产生

由于土地利用规划与城乡规划的编制和实施隶属于不同的行政主管部门,在用地功能布局、用地规模等重大原则问题上常常缺乏有效衔接,导致两类规划常出现相互不一致、脱节甚至冲突的情况。同时,由于"两规"的编制标准、规划期限、统计口径等都存在较大差别,导致"两规"的结论缺乏可比性甚至相互矛盾。两类规划在操作实施过程中难以达成一致,产生两个规划的"两张皮"现象,规划的公共政策属性和法定权威性受到严重削弱,对土地资源的合理利用带来极为不利影响。

2.2 不利于实现对耕地的有效保护

城乡规划、土地利用规划虽然均是由地方政府组织,但由于土地的出让直接受制于城乡规划里的控制性详细规划,地方政府出于追求政绩、地方经济的发展速度和规模、解决当地就业等等因素的考虑,常常需要扩大城乡建设用地规模,以满足各项建设项目的用地要求,耕地保护在城乡总体规划编制和实施过程中就显得越来越轻微。当城乡总体规划划定的建设用地规模突破土地利用总体规划所确定的范围时,一方面,由于"两规"之间较差的协调性,土地利用总体规划难以做出直接的干预;另一方面,由于两规在工作思路与技术路线的差异,土地利用总体规划的分配计划指标要比城市总体规划的需求预测指标偏小,政府部门往往并不会给予积极的关注甚至任由发展,最终导致城乡总体规划屡屡占用耕地,城市建设用地肆意蔓延,不利于实现对耕地的有效保护。

2.3 不利于城乡空间的有序增长

土地利用总体规划从行政区域内土地资源的投放比例、土地结构的均衡配置实现对城乡空间增长的控制;城乡总体规划则侧重从城市功能完善方面对土地资源和布局的优化提升实现城乡空间布局的控制,"两规"对于维护城市空间结构都起到了重要作用。但由于"两规"自身差异性的存在,在规划实施过程中,没有达成两个规划1+1大于2的局面,甚至在城乡空间发展过程中出现了对空间约束性被削弱的局面,城乡空间扩张常常带有较强的主观性,跳跃性扩张、无序性增长的现象随处可见。

3 "两规"协调途径的探索

3.1 完善"两规"在法律层面系统性

《城乡规划法》及《土地管理法》规定了"两规"的衔接关系,但"两法"既没有对"两规"如何实现衔接作出具体规定,也没有明确建立"两规"之间的制约关系,更没有对违反"两规"统一性的行为作出具体的处罚规定。众所周知,法律对于任何行为的发生具有制度化的规范作用,因此,实现土地利用规划与城乡规划的协调尚需建立配套的规定办法对具体工作的开展进行引导和约束。

3.2 促进"两规"在技术层面互通性

城乡规划行政主管部门和土地行政主管部门应建立高效协调机制,促进"两规"在规划期限、统计口径、标准规范等技术层面的互通性,逐步建立"两规"成果的协调机制,实现成果间的可比互通。2011年即将实施的《城市用地分类与规划建设用地标准》(GB50137—2011)加强了与国土部门现行土地利用分类的充分衔接,对应了"农用地、建设用地、未利用地"三大类用地,有利于城乡规划基础用地调查和土地现状资料相互利用、借鉴,有利于各地类空间和数量在"两规"中的落实。但在规划内容、编制方法等深层次的技术互通还尚需更进一步的研究。

3.3 强化"土地利用总体规划"的强制性功能

土地利用规划作为一个全局性的规划应更注重对土地资源的通盘考虑。面对日趋紧张的资源环境条件,尤其是快速城市化过程中耕地及基本农田的不断被侵蚀,《全国土地利用总体规划纲要(2006—2020)》明确提出了"确保全国 18 亿亩耕地红线"的底线,分解下达到各省市后,其确定的规模、空间布局等内容应作为城乡建设规划的一条刚性依据,并由此翻译、转换为规划语言和公共政策在规划实施过程中予以细化、落实。

3.4 开拓"两规"协调的新途径

为适应经济社会发展的总体需求,规划管理部门和学术界正积极探索新的规划类型,诸如城乡统筹规划、区域协调规划等一系列创新型规划正悄然兴起。这些"新型"规划打破传统规划在城乡关系、行政区划等诸多因素上的约束,从城乡建设用地增减平衡、耕地占卜平衡、空间置换等全新的视角审视城市的发展,为探讨"两规"的协调的具体操作和实施路径提供了实践的平台。

3.5 构建和完善"两规"协商机制

在我国特殊国情下,逐步建立和完善城乡规划部门和国土部门的协商机制是近期实现"两规"协调的有效途径之一。在编制城乡规划、土地利用规划的调研过程中征求意见等关键环节应建立制度化、规范化的部门交流对接会议,强化相关意见和建议在规划成果中的回应和落实。此外,利用数字化、信息化平台建设两部门协同维护机制,利用计算机等新技术手段提高数据应用管理水平。

4 "两规"协调方法的实践

南京正处在城市化快速发展时期,城乡建成空间的外延扩张给城乡社会经济发展、城乡空间结构形成了较大威胁,"两规"的不协调给城乡空间的影响尤为明显。近年来,南京市规划管理部门以城乡统筹发展为契机,在各层次、各类型的规划编制、实践过程中逐步开始探索"两规"的协调途径。

4.1 城市总体规划修编工作中的探索

"十一五"期间,南京启动了新一轮城市总体规划和土地利用总体规划修编工作。在区域协调和城乡统筹大的背景之下,为确保"两规"在空间布局、用地规模等核心内容上实现有效衔接,在"两规"编制过程中,市国土部门和市规划主管部门联合开展了《南京市土地利用规划与城市总体规划衔接研究》专题,这项研究开创了南京法定性规划研究"两规"协调之先河。(见图 3)

专题在分析了"两规"之间关系及其衔接工作中的主要问题后,确定了"两规"协调的五项基础工作,即:行政管理机制的协调、规划现状的比较、基础数据的统一、技术平台的对接与表现方式的统一;并将"两规"协调的重点放在区域(城市)发展战略的协调、人口规模的协调、城市(镇)建设用地总规模的协调与土地利用空间布局的协调四项内容上。在此基础上,专题探讨了完善"两规"协调机制的政策建议,以期为"两规"的编制以及实施途径提供科学支撑。专题报告的基本结论在《南京市土地利用总体规划(2006—2020)》和《南京城市总体规划(2010—2020)》主要成果中得到了体现和落实。

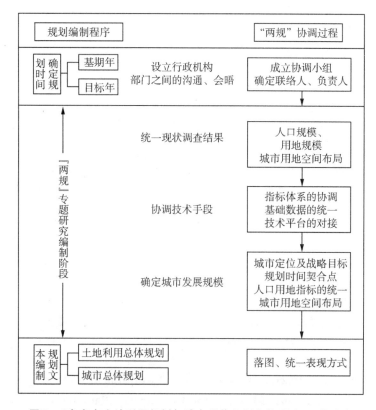

图3 《南京市土地利用规划与城市总体规划衔接研究》工作流程

4.2 城乡统筹背景下的各类创新性探索

为进一步强化"两规"在微观层面的衔接,确保"两规"能够有机引领土地集约利用,指导城乡建设行为,南京市规划主管部门以统筹城乡发展为契机,以破解城乡发展空间资源不足的难题为抓手,在全市选择一批涉农镇街作为试点,开展城乡统筹规划工作。

南京涉农镇街城乡统筹规划在分析现状土地利用存在的主要矛盾的基础上,从规划的三个核心要素——"人、地、钱"之间的关系展开了经济性分析研究,着重指出现阶段规划编制和实施存在一个主要问题,即旺盛的城乡建设需求和有限的土地资源供给问题。为此,市规划主管部门会同国土部门提出,在万顷良田工程和土地增减挂钩等政策的基础上,开展土地综合整治规划,"坚持基本农田不减少、耕地面积适度增加、耕地质量大幅提升的原则",从具体的规划实践中,寻找"两规"衔接的突破口。

土地综合整治是依法对农村地区低效和不合理利用的田、水、路、林、村、房等进行综合整治,提高农村土地利用率和产出率的土地利用活动。南京开展的土地综合整治规划将着力点放在了涉农地区,以镇街为单位统一规划、以村为单位整体推进,主要通过推进村庄整治,优化村庄用地结构布局;加强土地整理,提高农业综合生产能力;完善设施配套,改善人居环境;发展现代农业,促进农民增收;实施增减挂钩等五个方面盘活农村存量建设用地资源、提高农村建设用地集约利用度来破解城乡建设用地紧缺的难题。

实践证明,土地综合整治规划是协调城乡总体规划与土地利用总体规划在土地供给与需求总量和空间位置上矛盾的纽带和桥梁,尤其是"有条件建设区"概念的提出,有效缓解了当前"两规"在空间布局和规模控制两方面的矛盾,是加强"两规"衔接,保障两类规划实施的重要途径之一。

结 论

土地利用规划与城乡规划之间矛盾的协调对于实现我国的可持续发展,保护稀缺的耕地资源意义重大。但由于历史等各个方面的原因,"两规"之间的协调还将是一个漫长而艰巨的任务,未来我们不应单纯地强求二者的完全融合,而应在"求同存异"的要求下借鉴"两规"不同的工作路线,既通过例如国土、规划部门合并的自上而下的行政手段进行努力,又可以通过诸如编制创新型规划的自下而上的自发手段进行探索,充分实现二者间的协调,建立起一个符合中国国情、对土地资源可持续利用的系统性统筹机制。

参考文献

[1] 柯瑶. 城市规划与土地利用总体规划[J]. 城乡规划,2004(5):17-18.

[2] 鲁春阳. 城市规划与土地利用规划的关系研究[J]. 平顶山工学院学报,2007,16(4):1-2.

[3] 王素萍,杜舰. 城市总体规划与土地利用总体规划的矛盾与协调[J]. 河南国土资源,2005(1):17-18.

[4] 殷鹏飞,等. 土地利用总体规划与城市规划协调机制探讨[J]. 现代城市研究,2007(11):10-15.

[5] 张莉,张霞. 土地利用规划与城市规划的协调发展[J]. 国土资源,2005(11):17-19.

Exploration of Discrepancy Analysis and Adjustment Method between Land-use Planning and Urban-rural Planning

Zhao Lei　Huangfu Yue　Tao Dekai

Abstract: Take the comprehensive planning as an example, the paper analyze the influence created by the discrepancy between land-use planning and urban-rural planning through the main body of planning, the technique standard and the planning time. Then combined with the actual working, the paper pointed that it needed the adjustment through aw and technique. At the last, the paper introduced the specific operated method of the adjustment between the two kinds of planning in the process of the management and practice of planning in Nanjing.

Key words: Land-use planning; Urban-rural planning; Comprehensive planning; Discrepancy; Adjustment

(本文原载于《现代城市研究》2012 年第 4 期)

关于控制性详细规划建库及动态维护工作的思考
——以南京为例

赵　蕾　李雪飞　迟有忠

摘　要：在当前城市发展条件下，城市规划的创新性工作和基础性工作需要同步推进、同时加强。控规是规划管理的核心环节，控规动态维护工作不仅仅是一项关于控规的工作，而且是关系城市规划工作全局的一项基础性工作。本文以南京为例，探讨了高低方案并行、逐步建立基于 GIS 的控规维护管理平台的工作思路，提出了建立"规范合法、职责清晰、简便快捷、执行有力的控规动态维护制度"的方案设想。

关键词：控制性详细规划；建库；动态维护；南京

《马丘比丘宪章》(1977)指出："建筑师、规划师与有关当局要努力宣传，使群众与政府都了解区域与城市规划是个动态过程，不仅要包括规划的制定，而且也要包括规划的实施。"作为城市规划管理的主要依据，控制性详细规划(简称"控规")的编制与实施是一项动态、长期、艰巨的工作，需要规划师付出极大的耐心和毅力。应对经济社会快速发展，以及社会民主化与法制化进程加速的工作环境，需要不断主动完善和补充深化控规成果内容，努力维护控规成果的科学性和可实施性。因而，对于各地当前的规划工作而言，尽快建立有效适用的控规数据库及动态维护机制就显得尤为紧迫。本文试图以南京为例，探讨控规建库及动态维护工作的思路、方法和措施。

1　当前控规工作的趋势与要求

1.1　当前控规工作的发展趋势

1.1.1　关于控规的认识以及控规编制与执行的做法基本趋同

随着人们对城市发展规律认识的加深，规划学术界和实践工作者对控规工作的总体认识基本达成一致(李江云，2003；姚燕华等，2007；吴晓勤等，2009；邱跃，2009；徐忠平，2010；)：(1) 控规是城市规划实施的关键环节，是城市规划实施管理最直接、最主要的依据；(2) 在当前快速变化的城市发展条件下，控规需要在规划实施过程中不断地、动态地进行深化、修改和完善；(3) 控规调整是必然、必要和合理的法律程序，是实施规划管理的重要手段、方法和工具。

基于以上认识，各地近年来的控规实践基本上都采取了分层编制的技术方法(韦冬等，2008)。例如北京的街区控规和地块控规，上海的单元规划和控规，天津的单元控规和地块控规，广州的控规导则和控规管理图则，武汉的控规导则和控规细则，成都的大纲图则和详细图则，南京的控规总则和控规细则，济南的街坊控规和地块控规等。

在控规执行方面，各地也纷纷探索过渡时期控规实施管理的操作方法，针对必然和必需的控规调整,建立相应的程序规则,对相关工作进行规范①。此外,部分城市还建立了控规审批专用图章制度,一些城市针对控规仍未全覆盖但有建设项目需求的地区,还探索了局部控规的做法。

1.1.2 对规划基础性工作——控规建库及动态维护工作重视不够

相比于规划学术界和实践工作者对控规编制技术、执行规则等内容探讨的热衷,控规建库及动态维护工作相关内容则鲜有讨论。2000 年以来的控规文献中,80%以上探讨控规编制方法,10%探讨控规执行与调整,只有不到 5%左右的文献讨论或涉及控规建库及动态维护工作。

实际上实时更新的控规数据库是城市规划工作中一项非常重要的基础性工作,对提高规划编制质量与效率,以及辅助规划管理决策有着极为重要的作用。出于实际工作需要,部分城市在这一方面已开始着手探索,如:北京针对"几乎每个项目都会发生投资建设者与规划管理者之间对控规指标的拉锯扯锯式的谈判博弈"、"控规调整随意"等现象,于 2007 年开始探索"按照统一标准和程序进行规划管理"的中心城控规动态维护机制(邱跃,2009);武汉为解决规划管理缺乏技术依据、规划编制与管理脱节等问题,近几年探索建立了"以控规动态维护"为核心的"一张图"管理平台(殷毅等,2010);杭州为整合现状信息、审批信息、控规及各专项规划,实现历史数据的追溯,探索建立了基于 CAD 和 GIS 并行的控规综合分析平台(邵昀泓等,2011)。上述规划实践工作的创新探索为其他城市建立控规数据库及动态维护机制,提供了较好的参考和借鉴意义。但就目前而言,该方面的工作仍然需要大力加强,已有的探索仍然局限于控规编制技术层面的完善,或仍然存在着控规成果数据标准不统一、难以实时更新、实用性不强等问题。

1.2 当前控规工作的新要求

1.2.1 相关法规要求开展控规动态维护工作

《城乡规划法》赋予了控规极为重要的法定地位,对控规的制定与执行程序进行了严格规定。2011 年 1 月 1 日起施行的《城市、镇控制性详细规划编制审批办法》(以下简称"控规办法")进一步要求:"控制性详细规划组织编制机关应当建立控制性详细规划档案管理制度,逐步建立控制性详细规划数字化信息管理平台(第十八条)","控制性详细规划组织编制机关应当建立规划动态维护制度,有计划、有组织地对控制性详细规划进行评估和维护(第十九条)"。

1.2.2 城市发展要求规划工作加快实现更加科学有效的信息化

当前中国城市进入了 21 世纪后的第二个黄金发展时期,"快"+"变"在未来相当长一段时期内仍然是中国城市发展最显著的特征,也是影响城市规划工作的最关键因素。规划工作要引领城市发展,需要对城市进行持续、系统的动态跟踪研究。此外,随着《物权法》的进一步实施,以及公民社会的发展,社会民主化要求越来越高,城市规划必须建立一套行之有效的公布、公开制度。面对上述种种发展要求,都有待于建立一个更加科学有效的城市规划信息化平台。而作为规划管理的核心环节,控规数据库及动态维护制度的建立则是最为关键、最为重要和最能发挥作用的一个工作内容。

---

① 如:《北京中心城控制性详细规划(街区层面)及其实施管理办法》、《成都市规划管理局控制性详细规划编制(调整)、审批管理办法(暂行)》、《武汉市控制性详细规划编制审批调整管理规定(试行)》等。

2 南京控规相关工作回顾

2.1 南京控规工作基本情况

在 2001 年总体规划调整及随后一批次区域规划和专项规划编制工作的基础上,南京全面开展了第一轮控规编制工作,至 2007 年基本实现了近期建设地区的控规全覆盖。

2009 年以来,随着新一轮城市总体规划修编的基本完成以及 13 个区县总体规划编制工作的相继开展,南京开始了新一轮的控规编制、报批与执行工作,工作重点从"编制全覆盖"转向"执行法定化"。近期以"推进控规法定化及动态维护"为核心,进一步完善制度建设,加强执行力度。共完成新编控规(含修编)25 项,其中,市政府已批复 11 项。

2.2 相关工作基础与成效

2.2.1 已有控规成果数据库为日常规划管理起到了较好的辅助作用

为加强控规作为规划许可法定依据的作用,南京于 2007 年集中力量完成了控规"一套图"整合,并完成了控规成果的首次建库工作,所有入库的控规成果数据均可共享、浏览,为随后的规划管理工作提供了有力支撑。2009 年以来,随着新一轮控规修编工作的推进,南京针对已批复的控规开展了新的成果库建库工作,目前已完成入库 9 项,范围约 100 平方公里。实现主要功能包括:(1) 按目录索引的方式查阅单元分布图和原始成果文件;(2) 通过输入条件检索(如:规划编制单元编码、项目名称等),快速查找相应的控规成果数据,并进行浏览;(3) 在 AutoCAD 审批端,实时查询、叠加案件审批范围及指定范围内涉及的规划编制成果的 DWG 文件。

2.2.2 六线数据库较好地保障了城市运行的基本框架

南京 2004 年以来的第一轮控规工作,开创性地确立了以"6211"①为核心的强制性内容。基于第一轮控规编制成果,南京将控规成果中最需要优先予以强制性控制的六线规划内容,单独提取出来,快速形成了基本覆盖全市的六线成果数据库,作为规划管理中最为刚性的控制内容,对保障城市健康运行的基础性骨架要素进行了较好的落实。同时,为控规数据库的全面建立和完善积累了宝贵的工作经验。

2.2.3 基于控规成果数据建立的规划年报制度,基本实现了对南京城市空间和规划发展的动态跟踪研究

在全面推进控规编制工作的同时,南京基于控规成果数据,建立了以"反映用地数据变更为核心"的规划年报制度,形成了对规划基础数据进行动态更新和维护的长效机制,促进了南京城市用地与规划数据管理的规范化与制度化,为规划工作的科学性奠定了基础,为政府决策和规划工作提供了权威参考和数据支撑。一方面,为政府和规划管理部门把握城市建设与发展态势,提供了核心的数据指标;另一方面,为南京城市发展战略研究、南京城市总体规划修编以及相关研究课题和规划编制项目提供了必要的基础数据。

2.2.4 控规编制软件的开发应用,为控规数据库的升级优化奠定了工作基础

直接采用既有软件制作的控规成果,存在着数据格式不规范、标准难以统一的问题。针对这些问题,南京于 2008 年启动了"控规辅助设计软件"的研发工作,目前该软件已开始试点运

---

① 所谓"6211",即分别指:6——六条线:道路红线、绿化绿线、河道蓝线、文物紫线、电力黑线、轨道交通橙线;2——两种用地:公共设施和市政设施用地;1——城市高度轮廓控制线;1——城市空间特色意图区控制线。

用。软件采用严格的数据质量监理手段,保障成果数据格式规范,使控规成果能够快速、方便地实现向 GIS 格式数据(真正的"控规一套图")的转换。依据数据标准对控规成果进行格式规范的同时,该软件实现了总图则与分图则的联动,从总图则自动制作分图则,确保数据内容一致;提供了一批自动化、批量化工具,极大地提高了工作效率。

2.3　存在的问题与不足

面对宏观政策要求和城市发展态势,当前南京控规数据库及动态维护工作主要存在着如下两个方面的问题:

2.3.1　控规成果库定位偏低,不利于便捷维护和高效利用

目前大部分控规成果数据质量不高,两次建库均为成果库,与建立 GIS 数据库的要求还有很大差距。目前的控规成果库难以进行方便快捷的日常维护,不仅维护工作量大,而且容易出现数据内容不一致的问题。在数据的利用分析方面,也存在着功能单一、计算不够准确等诸多方面的局限。

2.3.2　尚未建立有效的更新维护机制

目前,在南京控规编制与实施过程中,规划编制归口部门、规划实施的具体管理部门和控规成果数据的维护部门缺少畅通渠道和制度保证,无法及时取得控规调整成果数据,目前新建成果库数据的时效性仅能维持有限时段。

3　关于南京控规建库及动态维护工作的思考

贯彻落实《城乡规划法》、《控规办法》,建构作为规划编制、管理、审批、执行、监督依据的唯一法定规划图库,尽快着手建立南京控规 GIS 库及控规动态维护机制势在必行。鉴于此,笔者从控规数据库、控规动态维护工作机制、相关配套工作三个方面,提出一些工作思路和建议。

3.1　控规数据库优化思路

结合当前南京规划工作的实际需要,为确保控规成果调用和动态更新维护工作的落实,笔者提出分期逐步实现控规 GIS 库的方案。即:近期仍采用现有的成果库方式开展控规成果数据入库,提供浏览、定位等服务,满足目前工作需求;同时试点运用"控规辅助设计软件",生产一批高质量的控规成果数据,启动 GIS 数据库建设;远期推广运用"控规辅助设计软件",对控规成果数据进行全面的标准化处理和质检,通过"GIS 建库及管理软件"进行 GIS 建库和数据管理维护。总体上实现基于 GIS 库的数据深度应用,实现版本自动管理,从而真正建立全市"一套图"管理机制。具体而言,基于 GIS 的控规数据维护管理平台能实现以下三大功能:

(1) 实现全市控规一张图的 GIS 建库及管理,通过在线编辑、区域裁切更新、整库替换更新等方式,辅助进行控规 GIS 库的动态更新和维护,自动记录更新行为和历史版本管理,并实现控规 GIS 库和控规成果库数据的同步。

(2) 实现控规 GIS 库数据的叠加显示和符号化,快速查询控规地块的指标,以及分图则边界、规划单元边界的属性信息等。

(3) 实现对自定义区域内控规地块的指标统计(如:全市容积率在 2.0 以上的住宅用地)、辅助分析和专项图纸的自动生成等功能。

3.2 控规动态维护工作初步设想

在推进建立控规 GIS 数据库的同时，笔者建议同步推进建立规范合法、职责清晰、简便快捷、执行有力的控规动态维护机制。相关工作主要包括以下三个方面：

3.2.1 结合部门职责，明确工作角色和分工

建议控规动态维护工作分四种角色，按如下分工开展工作：

归口部门：牵头控规成果管理与维护工作，对动态维护工作进行日常监督检查，对控规数据的发布与使用进行归口管理。

会议组织部门：组织规划编制项目审批会议，根据会议纪要代拟控规调整批复文件并按规定程序报审。

责任部门：负责控规调整的前期可行性研究，提交申请和符合入库标准的控规图则，负责辖区内控规整合及数据库动态维护工作。

技术部门：负责技术配合与辅助，包括数据规整、数据格式验收、成果入库，以及计算机技术支持。

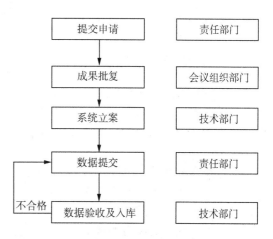

图 1　控规动态维护流程示意图

3.2.2 基于职责分工，制定方便快捷的维护流程

基于上述工作角色分工，控规动态维护工作按提交申请、成果批复、系统确认、数据提交、数据验收及入库等五个环节进行，建构方便快捷的动态维护工作机制。具体流程如下：

（1）提交申请。责任部门牵头完成控规调整可行性研究与论证、批前公示等程序后，在将控规调整方案提交审议的同时，附符合入库标准的控规调整成果（含纸质、电子）。

（2）成果批复。对同意控规修改或局部调整的，会议组织部门按会议纪要代拟批复文件，按规定程序报审批复，批复抄送相关责任部门。

（3）系统确认。相关责任部门取得批复后，方可根据控规新要求核发建设项目规划条件。在规划实施系统中发出规划条件时，需对是否调整控规有关内容进行确认，调整控规内容的，系统自动将该信息发送给技术部门工作人员。

（4）数据提交。技术部门工作人员负责联系相关责任部门经办人，限期收集涉及控规调整的批复、图则及其他相关材料，填写控规动态维护任务表，对数据进行标准化处理和质检，并建立控规调整项目案卷袋，经责任部门负责人审核。

（5）数据验收及入库。技术部门工作人员按控规动态维护任务表对数据库进行数据更新工作，案卷袋统一归档。

3.2.3 突出工作原则，加强工作保障

在总体上，建议在规划管理部门内提高依法行政、依据已批控规进行项目审批的意识，将控规动态维护工作与规划许可挂钩，强调控规动态维护工作的重要性，提高控规成果数据库的地位与作用，如：凡不符合控规成果（一套图）的，原则上不得进行规划许可；经论证需对控规进行调整的，必须通过合法程序审批取得规划调整批复文件并更新至"一套图"数据库后，方可作为规划许可依据，进行项目审批。具体可以采取如下保障措施：

（1）工作前置机制。控规修改或局部调整的图则与规划条件同时提交审议。涉及控规内容

的认定与边界等矛盾的协调,采取例会的形式由责任部门负责确认。

(2) 信息平台机制。借助计算机信息平台手段,近期借助规划实施系统进行信息确认,远期考虑在规划编制管理信息系统中进行信息流转,提高工作效率与质量。

(3) 监督检查机制。突出归口部门的督办职责,对关键环节予以系统自动监督和人工定期检查,在年终进行控规调整项目的梳理与汇总。

(4) 软件辅助机制。适时向社会推行"控规辅助设计软件",进一步规范数据标准与格式,尽可能减轻后期数据规整工作量。

3.3 相关配套工作建议

3.3.1 建立健全工作制度

出台或修完善《控制性详细规划执行规定》、《控制性详细规划动态维护管理规定》等工作规定,及《城市用地分类和代码标准》、《控详计算机辅助制图规范及成果归档数据标准》等技术标准。

3.3.2 加强软件技术支持

研发控规成果 GIS 建库及动态更新软件,包括"规划编制系统""规划实施系统""建库更新工具整合平台"等系统之间的接口。

3.3.3 统一提高成果数据质量

在加强培训指导的同时,适时推行"控规辅助设计软件",对于新编控规,要求各编制单位应采用辅助软件制图并提供符合要求的成果数据;对于已编控规,可委托技术部门进行数据格式规整和标准化处理。

参考文献

[1] 李江云.对北京中心区控规指标调整程序的一些思考[J].城市规划,2003(12):35-47.

[2] 邱跃.北京中心城控规动态维护的实践与探索[J].城市规划,2009(5):22-29.

[3] 邵昀泓,章建明,刘长岐,等.控规综合分析平台促进规划编制管理创新探讨——以杭州市为例[J].规划师,2011(5):88-92.

[4] 韦冬,程蓉.控制性详细规划编制的分层及其他构架性建议[J].城市规划,2009(1):45-50.

[5] 吴晓勤,高冰松,汪坚强.控制性详细规划编制技术探索——以《安徽省城市控制性详细规划编制规范》为例[J].城市规划,2009(3):37-43.

[6] 徐忠平.控制性详细规划工作的制度设计探讨[J].城市规划,2010(5):35-39.

[7] 姚燕华,孙翔,王朝晖,等.广州市控制性规划导则实施评价研究[J].城市规划,2008(2):38-44.

[8] 殷毅,潘聪.建立"一张图"管理平台,推进控规体系建设.[M]//桑劲,夏南凯,柳朴,主编.控制性详细规划创新实践.上海:同济大学出版社,2010:24-26.

[9] 周岚,叶斌,徐明尧.探索面向管理的控制性详细规划制度架构——以南京为例[J].城市规划,2007(3):14-19、29.

Thoughts on Establishing Database and Dynamic Maintenance of Regulatory Detailed Plan

——with a Case of Nanjing

Zhao Lei   Li Xuefei   Chi Youzhong

Abstract：Both the innovative work and the basic work need be synchronically done and enhanced in urban planning process under the conditions of current urban development. Regulatory detailed plan is the core sector of planning management, while its dynamic maintenance is not only a plan but also a basic work related to the entire urban planning. This paper discusses how to establish the platform of dynamic maintenance of regulatory detailed plan based on GIS, and suggests the project of establishing legitimatized, clear, convenient and powerful dynamic maintenance system.

Key words：Regulatory detailed plan; Establishing Database; Dynamic maintenance; Nanjing

（本文为 2011 年中国城市规划年会宣读文章）

南京重要近现代建筑保护与利用探索

刘正平　郑晓华

摘　要:南京在中国近代史上有着独特的地位。百余年来南京留下了类型丰富的重要近现代建筑,成为南京历史文化名城的重要组成部分。南京规划、文物、房产等相关部门在重要近现代建筑保护与利用方面做了许多探索,使这些宝贵的建筑遗产在丰富城市景观、弘扬城市特色方面发挥重要作用。

南京作为六朝古都,已有2500余年的建城史,累计450余年的建都史,先后有十个朝代在南京建都。在中国近代史上南京有着重要地位,从近代史上第一个不平等条约《南京条约》的签订、辛亥革命推翻满清帝制、建立民国、孙中山在南京就任临时大总统,直至1927年国民政府定都南京,《首都计划》的制定实施,从此掀开了南京建设新的一页,使南京成为中国近现代建筑最集中的展示地。其历程可视作中国近现代建筑发展的缩影,已形成"隋唐文化看西安,明清文化看北京,民国文化看南京"的独特地位。

南京的近现代建筑是南京重要的城市资源,如何构建重要近现代建筑保护与利用体系,彰显城市特色,完善城市功能,提升城市核心竞争力是当前的一个重要课题。

1　南京近现代建筑概览

1.1　南京近现代建筑的发展概况

南京近现代建筑发展过程大体可以分为三个阶段,其演变历程和中国近现代建筑的发展历程密切相关。第一个阶段从1842年订立《南京条约》到1898年南京正式在下关开埠为止,这是南京近代建筑发展的早期;第二个阶段则从1898年到1937年日本侵华战争开始,为南京近代建筑发展的盛期;第三个阶段是从1937年直至1949年南京解放,期间经历八年抗战、国民政府还都,这是南京近代建筑发展的晚期。

1927年,国民政府定都南京。特聘美国建筑师墨菲和古力冶为顾问,于1929年制订了《首都计划》。《首都计划》是中国近代史上较早的一次系统城市规划,该计划所涉及的内容范围很广,规定南京分为中央政治区、市行政区、工业区、商业区、文教区和住宅区等,对道路骨架也制定了系统规划。其中中央行政区计划设在中山门外紫金山南麓,但由于种种原因,各行政机关,主要分布在中山大道沿线,后来《首都计划》修改将中央行政区计划改在明故宫一带。

《首都计划》对南京的城市建设起了相当大的指导作用,自那以后南京出现了宽阔的林荫大道(中山大道为代表)以及街道两旁形形色色的各类行政、公共、文教、官邸建筑……使南京在上世纪30年代成为近现代建筑发展的鼎盛时期。当年《首都计划》确定并实施的道路骨架至今仍是南京的主要城市干道,当时形成的林荫大道仍是市民心目中最能代表南京的独特城市景观。

1.2 南京近现代建筑的地位及价值

南京近现代建筑风格表现出中西兼容,既有纯正的西方古典式,又有对中国传统宫殿式的继承,还有对新民族形式、西方现代派的探讨和发展。

南京近现代建筑类型可谓一应俱全,包括行政建筑、纪念建筑、文教科研建筑、宗教建筑、使馆建筑、公共建筑、官邸建筑、工业建筑、交通建筑、民居建筑等等。与其他城市相比最大的特点是作为民国政府的首都保留大量的中央级建筑,如国民政府的"五院八部",另外如中央研究院、中央体育场、中央医院、中央博物院的等级和规模均属当时全国(甚至东亚)之最。

上世纪二三十年代南京汇聚了当时中国最优秀的一批建筑师,他们负笈海外,学贯中西,具有高深的专业造诣。他们在南京进行了广泛类型的建筑设计活动,从而打破了外国建筑师的垄断地位,同时也使千余年全靠经验的建造方法逐渐走上了科学设计的道路,具有重要的历史和艺术价值。从建筑师的创作活动来看,这一时期几乎集中了当时中外著名建筑师们的作品。如美国的墨菲、英国的帕斯卡等,中国第一代建筑大师吕彦直、杨廷宝、童寯、赵深、范文照、卢树森等。

在当今旅游业迅速发展的情况下,近现代建筑中有许多具有重要的旅游价值及历史文化价值,特别是国共合作、两岸交流这一特点的题材,值得大做文章,加强宣传力度,充分利用这些文化遗产来推动两岸统一的进程,南京有着得天独厚的条件。

2 南京近现代建筑现状

2.1 现存近现代建筑的数量及分布

南京的近现代建筑分布受《首都计划》影响较大,但也受当时民国政府国力的影响分布比较分散,主要沿中山北路—中山路—中山东路—中山陵这一民国历史轴线分布。

现存的建筑主要分布在老城,主城内现存近现代建筑数千处,近现代建筑有相当一部分已被列为各级文物保护单位。其中国家级有 11 处 23 点,省级有 53 处 55 点,市级有 102 处 111 点,遍布南京城郊,影响面较大。

2.2 现存近现代建筑的状况

在现有近现代建筑中,位于东郊风景区的纪念性建筑群、官邸及体育建筑,本体及环境均保存完好,行政办公建筑、公共建筑、宾馆饭店、教堂等保护状况也较好,老城内近现代建筑外观基本保持完整,内部有的已改造、有的已添加设施。

但是这些近现代建筑对城市特色塑造、城市竞争力提升的作用远远未得到发挥,而且随着近年来城市建设的快速发展,缺乏针对近现代建筑保护的法律和具体措施,这些近现代建筑处境不容乐观。

(1)由于城市的快速发展,相当一部分近现代建筑已在道路拓宽、城市改造中拆毁消失。如胜利电影院、中央银行等。

(2)近现代建筑周围环境有较大改变,有的重要建筑群轴线上或旁边新建的高层建筑对近现代建筑群造成了建设性景观破坏,如金陵大学北侧的消防大楼等。

（3）近现代建筑的展示不够，南京有大量的民国优秀建筑处在"养在深闺无人识"的状态，老百姓"不知道""看不见"。如若没有专人介绍，普通居民和游客很难从城市建设的表象中了解近现代建筑。

（4）近现代建筑周围存在插建、搭建，破坏建筑的整体风貌。部分近现代建筑主要立面上商业性装潢破坏了建筑原有形象，如广告、店招、空调室外机乱挂影响了立面的完整性，严重影响建筑物的历史价值。

3　保护南京近现代建筑的意义

3.1　进一步发挥这些历史建筑的效益

应该客观地对待文化资源，不能简单地将它们看作旅游资源，只进行追求经济利益的开发利用。南京的许多近代历史建筑都与特定时代背景、历史事件和历史人物联系在一起，其中不少具有重要的教育和宣传意义，如适当整修，改建为小型纪念馆、展览馆开放，可以发挥出积极的社会效益。例如青云巷41号的原八路军办事处目前尚处在空关状态，房屋年久失修，周边环境脏乱，急需维修改造后即可成为理想的爱国主义教育基地。

3.2　提升城市核心竞争力

南京的重要近现代建筑，是中国近现代建筑史的缩影、民国文化的重要代表，也是南京宝贵的文化资源和城市名片。保护和利用好重要近现代建筑，对于记述和传承历史，保护人类文化遗产，提升城市形象，彰显城市特色意义重大。

4　保护重要近现代建筑的措施

建筑的保护和利用本身就不应该是矛盾的，保护的目的是为了更好地利用。《世界遗产公约》中讲到，与艺术品相反，保护文物最好的办法就是继续使用他们。对各级文物保护单位的保护也是为了更好的展示和传承民族文化，对众多未纳入文物保护范畴的近现代建筑而言，同样需要积极有效的保护。2006年伊始，南京市市政府提出"民国建筑亮出来"的保护与利用的新思路。并在此基础上，集中人力财力，着手实施《南京市2006—2008年民国建筑保护和利用三年行动计划》，切实保护和合理利用一批近现代建筑。

4.1　保护条例的出台

在市人大、市政府及相关部门的共同努力之下，于2006年9月27日在江苏省第十届人民代表大会常务委员会第二十五次会议批准通过《南京市重要近现代建筑和近现代建筑风貌区保护条例》，使得近现代建筑保护与利用工作有法可依。

4.2　保护对象的确定

参考国内其他城市的经验，结合南京实际情况，我们确定了从19世纪中期至20世纪五十年代建设的，具有下列情形之一的建筑物、构筑物，可以作为重要建筑保护对象：① 建筑类型、建筑样式、工程技术和施工工艺等具有特色或者研究价值的；② 著名建筑师的代表作品；③ 著名人物的故居;④ 其他反映南京地域建筑特点或者政治、经济、历史文化特点的。

4.3 保护名录的公布

重要建筑和风貌区保护名录由市规划行政主管部门会同市房产、文物行政主管部门提出,征求有关区、县人民政府和单位意见,并向社会公示,经专家委员会评审后,报市人民政府批准、公布。

4.4 保护规划的编制

保护规划对重要建筑和风貌区制定了相应的保护图则,图则对保护价值进行描述,划定保护范围,并对下列要素提出保护要求:① 建筑立面(含饰面材料和色彩);② 结构体系和平面布局;③ 有特色的内部装饰和建筑构件;④ 有特色的院落、门头、树木、喷泉、雕塑和室外地面铺装;⑤ 空间格局和整体风貌。同时根据具体情况提出管理要求。

4.5 展示体系的建立

为了更好的展示近现代重要建筑,建立标识系统,标明位置,并挖掘其历史文化内涵,介绍说明近现代建筑的历史沿革和文化艺术价值。将有特殊历史意义和艺术、技术价值的近现代建筑,开辟成博物馆、展览馆、纪念馆,或有展览空间的小型公共建筑,在赋予资源点一定使用功能的同时详细介绍历史。

建立近现代建筑旅游线路。按照不同主题、采用不同方式串联,形成合力,放大社会影响力。利用城市道路和旅游线路串联。按照不同主题形成特色旅游线路,扩大南京近现代建筑文化在国内甚至国际的影响。

4.6 保护对策的实施

(1) 拓宽保护与利用的思路采用多元化保护措施,变"死保"为"活保"。根据近现代建筑的历史、艺术价值和保存状况,采用不同的保护方式。突出重点,采用多元化保护措施,变"死保"为"活保"。根据近现代建筑的历史、艺术价值和保存状况,采用不同的保护方式。

(2) 整治近现代建筑的周边环境,拆除插建、搭建,使周边建筑、街道等与近现代建筑有机融合、协调。

(3) 拆除近现代建筑立面上的遮挡广告,整治出新,恢复近现代建筑的外观原貌。

(4) 与城市功能提升相结合,通过道路拓宽、绿地建设等将近现代建筑展示于市民。

(5) 在近现代建筑周边尽量安排绿地、广场等开敞公共空间,打通近现代建筑面向公共空间的视线通道,使近现代建筑得以充分显露,并做好夜间亮化展示。

(6) 结合城市重要活动空间的功能组织,适当选择部分近现代建筑,在保持外观原貌及环境尺度协调的基础上,转变内部使用功能,形成富有特色的场所空间。

5 结语

南京市近现代建筑保护和利用是一个复杂的系统工程,其涉及城市发展、老城改造与建设、历史文化传承等多方面的工作,同时还涉及多方面的利益群体,这不是一蹴而就的工作,而是长期性的工作。

参考文献

［1］刘先觉.中国近代建筑总览·南京篇.北京:中国建筑工业出版社,1992

［2］国都设计技术专员办事处.首都计划,1929

［3］周岚,等.南京老城区保护与更新规划.南京市规划局,2004

［4］刘正平,等.南京近代优秀建筑保护规划.南京市规划设计研究院,1998

［5］刘先觉,周岚.南京近代非文物优秀建筑评估与对策研究.东南大学建筑学院,2002

(本文原载于《建设科技》2007年第9期,曾获南京市第八届自然科学学术论文优秀奖)

南京城南历史城区保护的回顾与反思
——借鉴法国历史地段保护经验

刘正平　宣　莹

摘　要：城南是南京历史积淀最深厚的老城区，也一直是规划重点保护的地区。但是由于保护资金不足、社会保护意识缺乏和保护措施不足等原因，城南历史城区的保护状况一直不尽如人意。本文对南京城南历史城区的保护历程进行回顾与反思，借鉴法国历史地段保护的相关经验，并提出相关建议。
关键词：南京城南历史城区；法国历史地段；老城保护

1　城南历史城区保护历程回顾

1.1　保护概况

　　城南位于南京老城以南，由秦淮河围合的区域，是南京历史积淀最深厚的老城区，凝聚着六朝、南唐以至明、清、民国各代的深厚历史痕迹和信息，是古都南京历史的一个缩影。"朱雀桥边野草花，乌衣巷里夕阳斜。旧时王谢堂前燕，飞入寻常百姓家。"描述的就是古时城南乌衣巷的情景。1992版和2001版《南京市历史文化名城保护规划》分别将城南中的部分传统民居街巷划为重点保护区和传统民居风貌区。在规划的控制下，城南的整体格局风貌和丰富的历史信息基本得以保留（图1、图2）。但是，由于城南老民居的建筑以砖木混合结构为主，大多年久失修，再加上具体保护措施的不足，除了靠近秦淮河、夫子庙地段、南捕厅九十九间半等质量较好的传统

图1　1980年代初的老城南

（图左为中华门瓮城，弯曲的为内秦淮河）

图2　如今的老城南

（中华门城堡北眺，远处高层区为市中心地区）

民居得到保护并有所修复以外,城南大部分民居都没有得到有效的保护和修缮,逐渐破败,与城市其他新建成的现代化地区形成巨大反差。2006年年初,地方政府急于改变城南面貌,拆除了一批老房子,甚至历史建筑,导致舆论哗然。引发侯仁之、罗哲文等16位老专家联名上书国务院,紧急呼吁保护老城南,温家宝总理对此作了重要批示,建设部也向南京派驻了督察组。至此,城南问题真正进入广大公众的视野。周干峙、吴良镛、谢辰生等学术界权威亦不断呼吁,要"有整体保护的观念",要"保持历史遗存的原真性"。

1.2 最新保护规划动态

2008年,为了推行整体保护的观念,塑造南京城市类文化景观,最新版历史文化名城保护规划扩大了保护范围,将以城南民居为核心的约800 ha的范围划为城南历史城区实行整体保护(图3),从而将城南传统民居的保护上升到整体城市层面。规划提出要强化城南历史城区的文化功能主导地位,打造以夫子庙为核心、秦淮河明城墙为纽带,展现明清文化、市井文化、民俗文化为特色,以明清风格为主的历史城区;在此范围内,规划划定了5片历史文化街区:夫子庙传统商贸区、南捕厅传统住宅区、门西荷花塘传统住宅区、门东三条营传统住宅区、金陵机器局历史建筑群;以及5片历史风貌区:内秦淮河传统住宅区、花露岗

图3 城南历史城区保护范围图

传统住宅区、边营传统住宅区、钓鱼台传统住宅区、评事街传统住宅区。重点保护这些历史文化街区和历史风貌区内的历史建筑和环境要素,维持它们的历史原真性(图4)。对于在城南历史城区内,除上述两类街区之外的地区,规划提出控制建筑高度,保护传统肌理,限制大流量交通和大尺度道路穿越;改造更新要以院落为基本单位、界定"危房"与"旧房"、建立长期修缮机制,达到改善人居环境和整体保护文化遗产的目标(图5)。

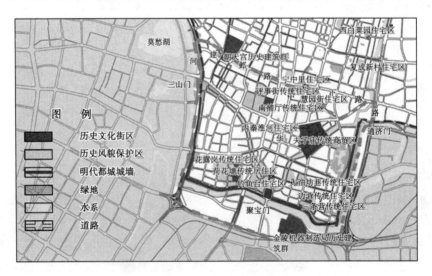

图4 城南的历史文化街区和历史风貌区分布图

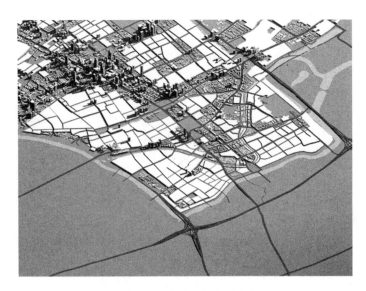

图5　城南历史城区的规划意向图

1.3　主要矛盾

然而,老城南保护不是一个在规划层面就能解决的问题,而是一个综合的社会经济问题。南京目前在现实情况中已经暴露出的主要矛盾有:

1.3.1　老建筑的逐渐破败与维护资金的缺乏和社会保护意识不足之间的矛盾

对年久砖木建筑的修缮需要较大的资金投入,而在这些老建筑中的居住者多为低收入群体和一些年长的老人,他们无力承担修缮房屋的费用。而且政府也没有这方面的专项资金。很多老建筑的主人,尤其是使用者都缺乏保护意识,认为这些老建筑不值得保护,任其自生自灭或对其随意改建,致使老建筑逐渐破败。

1.3.2　老城保护的长期性与实施主体追求短期效益之间的矛盾

老城保护是一个长期的过程,肌理的更新、建筑的修缮都需要人力、物力的持续投入,而现实中的实施主体往往是以追求短期经济效益为目标的开发商。在开发商眼中,老建筑修缮耗资巨大而又回报缓慢,因此他们往往崇尚推倒重来的方式。

1.3.3　历史城区的市井特征与改造工程的贵族化倾向之间的矛盾

历史城区所具有的密集的城市肌理、开放的城市空间催生了大量的小手工业者和小商业者,他们的存在构成了历史城区特有的市井气息。然而,现在采取的居民整体搬迁、推倒重来后建成为高档住区、会所或高档休闲场所的方式,将历史城区改造成服务于特定阶层的贵族化地区,使历史城区所特有的市井气息和生活氛围荡然无存。而倘若没有这些与城市空间相伴而生的,属于普通居民的各种日常活动,很难想象一个历史城区还能保持其活力。

2　法国历史地段保护的经验借鉴

在上个世纪50年代末,法国的大多数传统街区的衰败景象比起今天南京的老城南有过之而无不及:老城区封闭拥挤、房屋层层叠叠、街区脏乱不堪……拆除重建的力量空前强大。为了挽救不断消失的历史街区,将保护范围扩展到整体的建筑群落,法国政府于1962年8月4日通过的《马尔罗法》，将历史城市中的某些体现出"历史地、美学的特征，或者这里的房屋群落应该得到保护、修复和发展"的区域划为"城市保护地段"。《马尔罗法》不仅是一部关于遗产保护的法律，而且是一部关于城市规划的法律，它维护了城市活力与城市历史相互依存的密切关系。因此它反对对传统城区的清除、毁灭和翻新的做法，支持采用法规和经济工具进行保护与发展。根据《马尔罗法》，保护区要制定一个长期的《保护与发展规划》(PSMV)，在保护区内，PSMV 是唯一有效的城市规划文本，可以取代土地利用规划。它要全面地考虑保护地段内人民的各个方面的需求：居住、职业、服务、交通……因此可以说，《保护与发展规划》是法国保护与发展城市遗产的基础。

2.1 规划编制过程

2.1.1 范围划定

保护地段范围的划定需容纳进构成城市遗产的所有真实的组成部分，不仅包括历史核心区，还包括与传统街区紧邻的周边街区，只要它们确实关系到保护区的形成与发展。

2.1.2 前期研究

保护地段属于一种在城市尺度上的、活生生的文化遗产，保护规划需涉及城市的社会、实用和经济等各个层面的内容。前期研究的内容包括：分析城市形态的构成及演变，理解该城市当前形态的产生机理和未来发展的内在趋势；对建筑进行普查与鉴别，明确单体建筑与城市整体之间的关系；研究城市中的公共空间和私人空间的尺度、形态、功用；对涉及人口状况、就业状况、商业发展演变以及公共设施、交通状况等社会经济领域范畴的问题进行分析。

2.1.3 规划内容

《保护与发展规划》包括三个文件：现状调查报告、规章条例和规划图纸。现状调查报告概括了前期调查研究的成果，解释了《保护与发展规划》制定的目的和有助于实现目标的法律、行政和经济手段。规章条例对土地利用、交通设施、建筑布局、高度和形象、室外空间与绿化等方面的内容制定控制原则与措施。

2.2 规划实施保障

2.2.1 法律保障

《保护与发展规划》是法国目前唯一由国家起草和管理的规划文件，它将取代用地范围内之前的所有规划方案和《土地利用规划》。《保护与发展规划》中的规范条例对公众和个人都具有法律约束力。

2.2.2 财政保障

已经批准和公布的《保护与发展规划》的城市保护地段内的工程项目，和政府划定的"房屋整体修缮区"内的工程项目，可以享受从个人所得税中扣除修缮房屋花费的优惠财政政策。

2.2.3 技术保障

修缮工程离不开传统的建造技艺，但如今大多数的房屋建造已经不再使用这些传统的技艺了。因此，在大多数情况下，为了保证保护规划的条例得以实施，法国政府需要面向参与保护修缮工程的各方面人员：甲方、建筑师、施工企业、学徒、手工艺者等进行教育和培训，保证修缮工程的质量(图 6、图 7)。

图6 法国莎拉古城老建筑修缮前　　　　图7 法国莎拉古城老建筑修缮后

3 反思与建议

3.1 老城保护涉及公共利益,因此它必须是政府行为,或由政府主导的开发行为

历史文化遗产属于城市居民共同所有,成功的保护规划应当让广大居民从中受益,而不只是让少数开发商和有钱人分享。老城保护不是为了旅游者,而是为了生活在城市中的人,只有当一个城市的市民了解自己城市的遗产和文化,并以向人们展示为荣时,这个城市的旅游资源才会长盛不衰。因此,老城保护与公共利益相关,它涉及一个城市的长远发展目标,如果没有真正的政治意愿,老城保护根本就无从谈起。

3.2 保护规划应当尊重城市中的"平凡",避免贵族化倾向

老城中存在许多"平凡"的建筑,和"平凡"的生活。单一的城市肌理赋予了老街区以历史遗产价值,其中建筑物的多样性能使其更加丰富。老城亲切的空间尺度、多样的空间形态成为小商业者、小手工业者成长的摇篮。这些由普通的建筑物所构成的街区可以因其独特的经济社会活动而变得与众不同。保护规划应当尊重这些普通的建筑,保护旧城空间的多样性,应当以改善老城的人居环境、提高老城的生活品质为目的,保护原有的业态和生活方式。简单的推倒重来,兴建高档社区的方式不但是对普通大众公共利益的侵犯,还会使历史街区沦为虚假的布景。

3.3 旧城保护需要一套有别于新城的规划指标和评价体系,以保护历史要素为首要目的,不能以功能城市的规定和办法来解决旧城保护的问题

老城在漫长的发展进程中形成了自己独特的街道、广场、城市生活空间,而新城所采取的功能化城市的开发方式无一例外地排斥这些老城的基本要素。老城不可能与新区在交通、日照、

大型基础设施等方面相竞争。老城保护与开发应当建立起一套有别于新区的规划指标和评价标准,例如:亲切性,建筑和遗产的质量,步行品质,多样化的城市服务等等,以保护老城的历史要素,充分发挥老城的开发优势为目的。

3.4 历史建筑的修缮需要代代相传的技艺,需要长期的跟踪与监管,急功近利的做法只会对历史建筑的价值带来无法挽回的破坏

老建筑物上由时间积淀而成的岁月痕迹具有独特的审美感和历史感,修缮工程应当仔细鉴定哪些印记应当予以保留,哪些部分应当进行改造。法国的房屋修缮工程往往长达数年之久,对修缮方案的各种细节问题进行反复的研究比较之后才能确定。而我国现在常常对大片房屋进行快速的翻新和改造,这种缺乏深思熟虑的盲目行为往往造成历史痕迹的丧失、历史城区风貌的雷同,对历史建筑的价值带来无法挽回的破坏。在历史城区内进行房屋修缮与改造工程,应当加强建筑师与规划师的作用,培养一批掌握修缮工艺的专业人士,对修缮工程进行长期的跟踪与监管,确保修缮工程的质量。

3.5 老城保护需要长久持续的经济来源,我们应该在税法允许的范围内,制定鼓励旧城保护活动的各种减免税等优惠政策

历史城区的保护需要付出高昂的代价,但是,历史文化遗产是独一无二的,它的价值无法估量。长期以来,法国政府为历史街区的修缮与改造提供了坚实的财政保障,各种优惠的财政政策又不断激发了社会团体和私人修缮历史建筑的积极性。而在我国,政府用于老城保护的款项往往只够给部分历史文化街区或风貌区"涂脂抹粉",相关鼓励政策的缺乏难以调动社会和私人资金的投入。我们应该在税法允许的范围内,制定减税、免税、土地置换等鼓励旧城保护活动的优惠政策,为老城保护提供长久持续的经济保障。

参考文献

[1] Sarlat le Guide. Editions du patrimoine,2006:92-93.

[2] Plan de sauvegarde (PSMV) dt de mise en valeur. Bayonne,2006:16-19.

[3] 兰德.法国的建筑、城市和景观遗产保护.历史、考古与社会——中法学术系列讲座.法国远东学院北京中心,2002

[4] 张松.历史城市保护学导论——文化遗产和历史环境保护的一种整体性方法.上海:上海科学技术出版社,2001

[5] 奚永华,裘行洁,王桂圆.南京历史文化名城保护的过去与未来.科学发展观与南京"两个率先"高层论坛专辑,2004

[6] 邵勇,阮仪三.关于历史文化遗产保护的法制建设——法国历史文化遗产保护制度发展的启示.城市规划汇刊,2002(3):57

[7] 南京市规划局,等.南京历史名城保护规划.2009

[8] 南京大学建筑学院.南京城南历史风貌区保护与复兴规划研究项目.2008

Review and Reflection on the Historical District of South Nanjing

——Learning the Successful Experience of Historical Area Conservation in France

Abstract: Having the most profound historical accumulations of Nanjing, South Nanjing has always been the key area in Nanjing conservation plans. However, the deficiency of protection funds, protection consciousness and protection measures leads to the unsatisfactory of conservation condition in south Nanjing. This paper is a review and reflection on the protection course of the historical district of south Nanjing, learning the successful experience of historical area conservation in France, and putting forward some suggestions.

Key words: the historical district of south Nanjing; historical areas in France; urban conservation

（本文原载于《中国名城》2009 年第 11 期，并在 2009 年福州"三坊七巷"国际学术研讨会作主题发言）

GIS 技术在南京市三条营历史文化街区保护中的应用

郑晓华　马菀艺

摘　要：应用地理信息系统(GIS)技术及因子分析方法，对历史街区内建筑遗存进行综合价值评价，并以此为基础将建筑分为文保单位、保护建筑、历史建筑、文物古迹、一般建筑等级别，针对不同级别给予针对性地规划措施。对传统街区保护规划方法进行改良、创新，增强规划的客观性、科学性，并为历史街区的保护与管理提供动态更新平台。

关键词：地理信息系统(GIS)；历史街区；价值评估；保护规划

1　前言

近几年，城市中的旧城更新越来越重视城市历史文脉的传承与发展，而历史街区是城市历史文脉得以展现的主要区域，具有重要的历史价值和文化内涵。三条营历史街区位于南京老城南部，是南京城南一处具有代表性的典型民居聚居区，也是《南京市历史文化名城保护规划》确定的 9 片历史街区之一。为使历史文化遗产保护规划和实施管理工作更加科学、合理、有效，运用 GIS 技术对街区内的每栋建筑进行综合价值评价，以期避免人为评判的随意性，为规划提供量化、客观的评价结果。评价思路主要为：以建筑的年代、质量、层数、风貌四项属性作为本次评价的指标(单因子)，为各指标赋予不同权重并将之加和运算得到综合分值，据此就各单体建筑得到建筑的综合分值，根据分值结果对建筑做出综合评价。基于客观评价基础的规划工作，改良传统规划方法，对历史街区保护规划具有积极意义。

2　研究技术路线

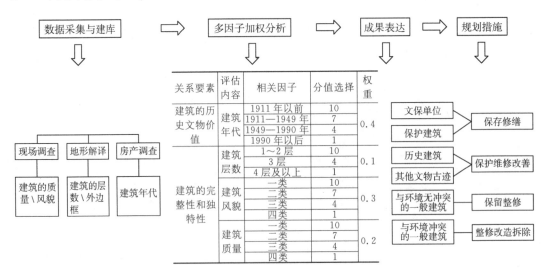

图 1　技术框架路线图

2.1 GIS 数据的采集与建库

地理信息系统(GIS)具有数据采集、输入、存储、管理、空间分析、查询、输出、显示等功能,并可以整合、关联空间数据和属性数据,空间数据与属性数据通过公共编码相链接。

图形数据:在 Autocad 平台以 1:500 地形图为基础,提取建筑单体边框线,同时在单独图层中输入与图形相对应的编码。

属性数据:包括建筑年代、功能、用途、层高、产权、建筑材料等属性,将上述属性输入 Excel 表格,运用公共编码将图形数据与属性数据相关联,实现图形数据与属性数据的一一对应关系。

数据建库:将单体建筑的图形数据与属性数据输入数据库。

2.2 因子加权分析与综合评价

分析的目的是对街区内建筑的历史价值、艺术价值进行评价、分级,从而给予针对性的保护与改造措施。传统规划方法对历史遗存的价值评估,多采用人为判读方式,这样不仅工作量较大而且难以客观。基于 GIS 技术的综合评价方法,将多个影响因子按照不同的权重,利用公式进行加和计算生成专题图,评价结果直观,手法便捷。

2.3 规划措施

表 1 建筑分类与对应的整改措施

建筑分类	文保单位	保护建筑	历史建筑	其他文物古迹	一般建筑	
					与环境无冲突	与环境有冲突
保存修缮	▲	▲	▲	▲		
保护修缮改善			▲	▲		
保留整修					▲	▲
整修改造拆除						▲

将街区内建筑分级,确定文保单位、保护建筑、历史建筑、其他文物古迹,并给予保存、保护、修缮、改善等规划措施;而对于街区内其他新建建筑、一般建筑的整治方式,根据其与环境的协调程度,确定为保留、整修、改造、拆除等。

3 基于 GIS 的南京市三条营地区历史文化街区现状建筑调查

本着保护历史文化街区的历史环境、整体风貌、空间尺度、周边环境的原则,并为更好地开展后续规划工作寻求依据,我们对历史街区内的建筑(依据表2)、院落、街巷等要素进行详细调查,并建立档案。基于 GIS 的建筑价值评估需要获取建筑单体的年代、层数、质量、风貌等要素,并应用调查表,对每栋建筑及院落进行档案管理。

表 2   历史文化街区保护建(构)筑物一览表

类别 \ 状况	序号	名称或地址	建筑年代	结构材料	建筑层数	使用功能	建筑面积(m²)	用地面积(m²)	备 注
文物保护单位	▲	▲	▲	▲	▲	▲	▲	▲	△
保护建筑	▲	▲	▲	▲	▲	▲	▲	▲	△
历史建筑	▲	▲	△	▲	▲	▲	△	△	△

注:1. ▲为必填项目,△为选填项目;2. 备注中可说明该类别的历史概况和现存状况。

图片来源:《历史文化名城保护规划规范》(GB 50357—2005)

表 3   建筑档案表

针对调查结果,提取建筑年代、风貌、质量、层数要素作为评价因子。

其中,建筑年代是历史街区中评价建筑历史价值的重要因素。

建筑风貌即建筑形态、空间、色彩、材料等要素构成风貌完好程度;建筑风貌是街区建筑文化价值的重要评估标准。

建筑质量即建筑的保存现状,它反映现有建筑未被损坏的状况;建筑质量影响建筑保护利用的可能性及其维修方式,对于同一年代的单体建筑,建筑质量越好,建筑可利用价值越高;但是一般越是年代久远、具有较高历史价值的建筑,一般其建筑质量越差。

建筑层数:传统民居建筑多为一层或二层,建筑层数对于整体轮廓及街区整体风貌产生重要影响。

4   GIS 在三条营地区历史文化街区规划编制中的应用

4.1   信息入库

通过调查获得大量的文字、图形和图像等资料,应用 GIS 技术对所调查的数据存储和分析,并以此作为历史街区保护规划编制的依据。

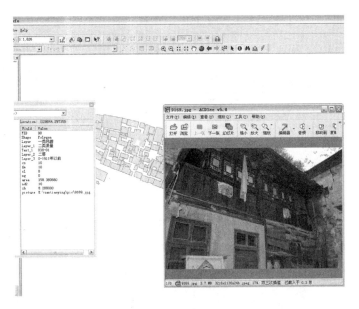

图 2 数据建库

我们通过现场调研、地形数据解读、产权调查生成建筑档案表,完成数据采集与整理工作。建筑调查包括建筑年代、层数、布局形式、建筑结构、建筑风格、建筑质量、建筑风貌等建筑基本属性,以及房屋产权、使用功能等社会属性。对现状建筑调查依据现状建筑调查表进行调查,对每幢建筑物进行拍照。为实现调查的现状建筑图形数据(是指现状建筑的平面位置)与其属性(是指现状建筑调查表数据)、图像数据(是指在现状建筑调查过程中对建筑所拍摄的照片文件)的关联,即点击现状建筑的平面,可以快速查到调查的属性数据,需要对调查的现状建筑进行编号。同时,对现状建筑调查表进行属性数据填写。以期实现建筑的图形资料与输入的属性数据关联外,应用建筑编号建立文件目录,用来存放现状调查过程中所获取的图形、图像数据。

GIS 数据库中现状建筑调查表的数据输入工作,一般在 Excel 表中进行,通过 Excel 表中的建筑编号栏和现状建筑数层中的建筑编号字段相连接(两者数据完全相同),实现建筑的图形数据与属性数据关联;建筑的图像数据关联,是通过程序查询到建筑的编号,获得建筑图像数据所存放的具体位置,由图像控件来显示所查询建筑拍摄的图像,实现建筑与图像数据关联。

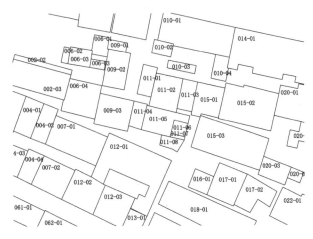

图 3 建筑单体与编码的一一对应关系

4.2 绘制单因子专题图

根据单栋建筑对应的属性信息的分级进行打分,生成单因子专题图,单因子分析。

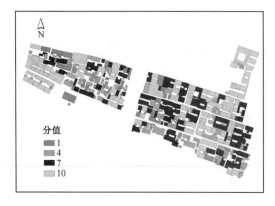

图 4　年代分析

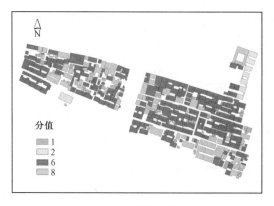

图 5　质量分析

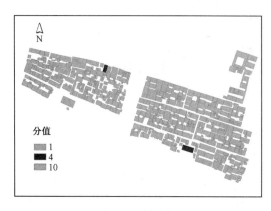

图 6　层数分析

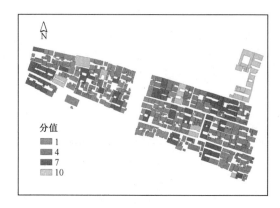

图 7　风貌分析

建筑年代:街区建筑年代主要分晚清(1911 年以前)、民国(1911—1949 年)、新中国成立后(1949—1990 年)、1990 年以后四个时期;

建筑层数:街区建筑层数分为三级,一至二层、三层、四层及以上;

建筑风貌:街区建筑风貌分为四级,其中一类(风貌良好)、二类(风貌较好)、三类(风貌一般)、四类(风貌较差);

建筑质量:街区建筑质量按照现存建筑完好程度建筑分为四类。

4.3 建立建筑价值评估体系

根据年代、质量、层数、风貌等要素对建筑历史价值的影响程度,为这四个单因子赋予不同权重,同时针对各单因子内部分类,赋予不同分值,建立建筑价值评估体系。

4.4 对建筑单体的价值评定

根据建筑价值评估体系,运用 GIS 进行加权加和运算,对建筑进行综合价值评定。根据评价结果,得出每个建筑单体的综合分值,同时将分析结果进行分级,根据《历史文化名城保护规划规范(GB 50357—2005)》中确定的建筑类别,将建筑分为文保单位、保护建筑、历史建筑、文物古迹及一般建筑。其中,文物保护单位(officially protected monuments and sites):经县级以上人民政府公布应予重点保护的文物古迹。

保护建筑(candidacy listing building):具有较高历史、科学和艺术价值,规划认为应按照文物保护单位保护方法进行保护的建(构)筑物。

历史建筑(historic building)：有一定历史、科学、艺术价值的，反映城市历史风貌和地方特色的建(构)筑物。

文物古迹(historic monuments and sites)：人类在历史上创造的具有价值的不可移动的实物遗存。

一般建筑：本街区内除了文保单位、保护建筑、历史建筑、文物古迹以外的建筑，均属此类。

表 4　建筑价值评价表

关系要素	评估内容	相关因子	分值选择	权重
建筑的历史 文物价值	建筑年代	1911 年以前	10	0.4
		1911—1949 年	7	
		1949—1990 年	4	
		1990 年以后	1	
建筑的完整性 和独特性	建筑层数	1~2 层	10	0.1
		3 层	4	
		4 层及以上	1	
	建筑风貌	一类	10	0.3
		二类	7	
		三类	4	
		四类	1	
	建筑质量	一类	10	0.2
		二类	7	
		三类	4	
		四类	1	

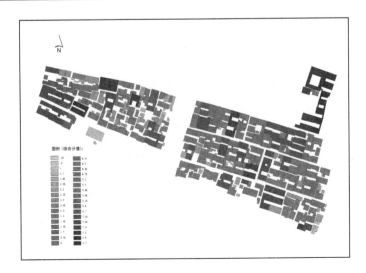

图 8　建筑综合分值分析

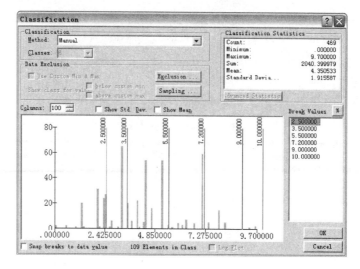

图 9　建筑综合指标分为 6 级

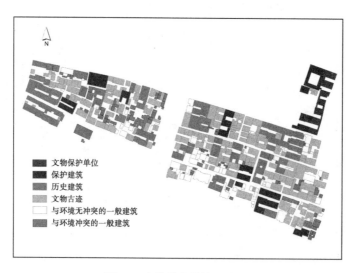

图 10　建筑综合价值评价图

4.5　基于 GIS 分析基础的历史街区规划措施

针对建筑不同价值等级,在规划措施上给予针对性的保护与整治方式。本次采用"保存、保护、保留、修缮、改善、整修、改造"等整治方式。如表 5 所示:

表 5　历史文化街区建(构)筑物保护与整治方式

分类	文物保护单位	保护建筑	历史建筑	其他文物古迹	一般建(构)筑物	
					与历史风貌无冲突的建(构)筑物	与历史风貌有冲突的建(构)筑物
保护与整治方式	保存修缮	保存修缮	保护维修改善	保护维修改善	保留整修	整修改造拆除

注:其他文物古迹是指除文物保护单位、历史建筑之外的,具有一定历史价值的建(构)筑物。

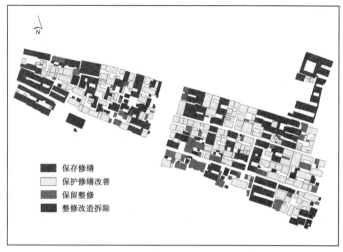

图 11 针对单栋建筑的规划措施图

5 结 论

将 GIS 技术应用于历史街区保护规划的现状调查、保护规划编制、历史要素档案管理及对具有历史价值的建筑进行有续保护等方面,以现状资料为基础,存储与历史遗存相关的资源;并应用多因子加权叠加分析方法,生成综合评价图,对建筑单体进行综合评价与展示。利用 GIS 数据管理与分析功能提供对历史街区内历史要素的价值评价、查询检索、动态维护等方面要求,对改良传统历史街区保护编制方法具有积极意义。基于 GIS 的多元价值综合评价方法为文保单位、保护建筑、历史建筑等的确定及对保护措施的指导提供客观依据,从而提高历史文化街区保护规划的真实性、合理性。

参考文献

[1]《江苏省历史文化街区保护规划编制导则(试行)》(苏建规〔2008〕110 号)

[2] 胡明星,董卫. GIS 技术在历史街区保护规划中的应用研究. 建筑学报,2004(12):63-65

[3]《历史文化名城名镇名村保护条例》

[4]《历史文化名城保护规划规范(GB 50357—2005)》

[5] 胡明星,董卫. 基于 GIS 的镇江西津渡历史街区保护管理信息系统. 规划管理研究,2002(3):71-73

[6] 李和平. 历史街区建筑的保护与整治方法. 城市保护与更新,2003(27):53-56

Study on Preservation Planning of San Tiaoying Historic Conservation Area Based on GIS

Zheng Xiaohua Ma Wanyi

Abstract:By GIS and the way of factor analysis, evaluate the comprehensive value of every buildings in the historic conservation area. Divide the buildings to candidacy listing building、historic building、historic monuments、other buildings grades, and give the buildings directed preservation planning. Further, provide the technical supporting platform for management.

Key words:GIS; historic conservation area; classific evaluation conservation

(本文原载于《2010 年数字城市规划论坛论文集》,获 2010 年江苏省建设行业信息化应用优秀论文)

基于数字城市的城市土地利用现状调查数字化实践
——以南京市城市总体规划为例

郑晓华　杨纯顺　陶德凯

摘　要：本文通过对"数字城市"建设背景下城市总体规划编制的解析，诠释了当前数字技术在城市总体规划土地利用现状调查中的作用。阐述了城市土地利用现状调查数字化实践的数据来源、规范标准、构建模式及技术保障，通过对比传统城市规划土地利用现状调查存在的问题与不足，强调了建立城市土地利用现状数据系统的优势和意义。并对系统建立后成果的完善方向及专题应用分析进行了展望。

关键词：数字城市；城市总体规划；土地利用现状调查；数字化；南京

引 言

1998年美国副总统戈尔提出了"数字地球"这一概念，尽管这个概念至今还没有一个统一的定义，但国内外许多专家学者对其进行了讨论研究及应用实践，使其在短短十多年的时间里，迅速得到充实和完善。其结果是，信息技术的飞速发展所带来的现今数字化的生活现实，对身处其中的每一个人来说，已经不再显得那么新奇。正如陈述彭所说"对地球进行数字化的概念，绝不是戈尔的发明。也并不是由于戈尔提出'数字地球'，大家崇拜他的名人效应，政治家和科技界随声附和，大张旗鼓地炒起来的。数字化是本世纪中叶早已出现的一种科学技术思潮。"所以，"数字地球"的兴起必然会带来经济、社会、文化发展的数字化变革。

每种新概念的诞生，在其不断完善的过程中，都将给人类社会带来无比广泛的应用领域，而随着应用领域的不断扩展交叉，又会产生出新的概念。而"数字城市"作为"数字地球"的重要组成部分，就是在这样的发展背景下产生的。

1　传统城市规划土地利用现状调查存在的问题

城市总体规划是促进城市科学协调发展的重要依据，是保障城市公共安全与公众利益的重要公共政策，是指导城市科学发展的法规性文件。它直接关系到城市总体功能的有效发挥，关系到经济、社会、人口、资源、环境的协调发展，因此，城市总体规划必须尊重城市发展的客观规律，尊重城市发展实际情况，对城市空间的未来发展做出前瞻性、战略性和综合性的部署。鉴于此，城市土地利用现状的调查工作就显得尤为重要，它是城市总体规划各项工作开展的基础性工作，是宏伟的总体规划编制工程的基础，只有夯实了这个基础，才能编制出科学合理的规划，才能有效指导城市的科学发展。

传统城市总体规划编制在土地利用现状调查阶段，由于受到城市地域面积广、基础地理信息对照单一、区域参考数据时效不同步、各片区调查统计精度及口径不一致、整图覆盖范围内的各要素表达不够精准等因素的限制,使其在专业技术方法上主要关注局部情形,在统计对照各部分缺乏现势性及时效不同步的调查数据过程中,或东拼西凑,缺乏一致性;或覆盖不完全,整体表达不清楚,难以形成对城市区域性土地利用现状的全面认识和整体把握,错误或者不全面的现状调查结果,直接导致了规划成果与发展意向的脱节或者背离;缺乏数据组织标准的成果无法得到维护更新,很难被再次利用,造成了大量工作量的浪费。

传统城市规划一般只是运用 CAD 辅助技术,然后借助一些功能比较分散的统计工具来进行统计,这样的统计模式比较单一,不够灵活。我们都知道,CAD 的图形拓扑功能是相当弱的,简单举个例子,如果在同一市域范围内,以不同专题的片区单元进行用地指标统计,由于要进行大工作量的人为干预的图形分割,纯粹的 CAD 平台显然无法非常方便快速的得到统计成果。

从此次总体规划编制的背景来看,城市化进程的不断加快带来的行政区划调整以及城市建成区的快速拓展,使得土地利用现状调查关注的重点范围也在成倍的增长。调查的广度和深度对成果数据的采集、绘制、整理、表达都不是以外传统规划技术手段得以胜任的了。同时,总规确定的 18 个专项规划更是牵动了数十家协作单位和机构,现状数据用户需求的多元化以及规划编制的长周期带来的对现状数据的阶段性更新需求等诸多因素,对现状基础数据提供单位来说,都提出了很高的要求,使其必须寻找到一条解决传统规划手段无法实现的思路。

2 "数字总规"编制下的城市土地利用现状调查的任务及特征

2.1 "数字总规"的概念

近年来,随着信息技术的迅猛发展,我国以"数字城市"建设为契机开展了基础地理信息的标准化制定、平台搭建、系统集成等多方面工作。"数字城市"建设的发展构架由理论阶段过渡到应用化实践过程中,逐渐衍生了许多学科交叉领域的新兴技术。在这些新技术的支撑下,城市总体规划作为城市建设发展的纲领也被提升到数字化进程上来,或者我们可以直观地称之为"数字总规"。

"数字总规"不是一个专门的技术概念。笔者认为,从技术层面上讲,它是指综合运用 3S (GIS,GPS,RS)、多媒体网络、虚拟仿真等信息科学技术,将城市总体规划编制由开始到完成所包含的所有基础信息、组织进程、编织成果进行数字化采集、共享、监管及应用,为辅助决策提供了一个综合的信息服务平台。因此,它涵盖了基础地理信息、土地利用、景观生态、环境资源、人口、经济、建设指标等诸多领域。从管理层面上讲,它代表了城市总体规划在编制和实施体制上的一个新的尝试,这种创新对建设数字城市背景下的城市总体规划土地利用现状调查提出了新的要求,它的意义在于充分利用数字技术对传统编制方法的变革更能优化决策支持,引领更高效、更科学的城市规划管理。

2.2 "数字总规"编制下的用地调查的任务及特征

城市土地利用现状调查是南京"数字总规"的重要基础。它的任务就是要满足多元化的编制用户需求、丰富的专题应用分析以及阶段性的更新要求。"数字总规"编制下的城市土地利用现状调查具有覆盖范围广、数据量巨大、组织管理复杂、应用需求多样等特点,不管从数量还是质量上都要比一般规划的现状调查要复杂得多。因此,对于大数据量的城市总体规划而言,构建一个数据整合方便、专题统计快捷、规划信息互联、维护更新灵活的现状数据平台,对提高规划编制效率,减轻重复工作强度,完善编制参照数据具有不可替代的作用。

3 城市土地利用现状调查数字化的基础数据来源

城市土地利用现状调查的基础数据为现状调查提供了直接的参照。因此，其自身的丰富性和精确度直接影响着现状调查的精度与效率。准确合理的组织整理这些基础数据不光可以为现状调查工作的开展指明方向，更大大缩短了现状调查的工作周期，提高了工作效率。这些数据主要包括四个部分，即基础地理数据；历年规划审批数据；历年规划编制数据；历年用地年报数据。各层面数据相互参照，互为补充，为现状调查的前期数据梳理提供了充分的参考。各部分的主要数据来源及参照重点见表1。

表1 城市土地利用现状调查的主要数据来源及参照重点

各层面数据	来 源	参照重点
基础地理数据	涵盖了各比例尺地形图及影像图	地理数据的现势性
规划审批数据	规划管理系统按年份导出	建设实施状况的判定
规划编制数据	编制单位报审成果中的现状调研部分	现状与规划实施的矛盾
用地年报数据	历年用地年报的用地现状数据统计	行政区与规划单元的调整

4 城市土地利用现状调查数字化的规范标准

4.1 城市建设用地的界定与土地利用的划分

城市土地利用现状调查最基本的任务就是要得到城市现状建设用地的分布情况及城市现状土地利用的分布情况。对于建设用地的分布，每个城市划分的界限有所差别，以南京市此轮总体规划为例，将规划确定的1个主城3个副城8个新城及34个新市镇的范围作为划分建设用地的界定边界。而确定的所有城市建设用地又参照《南京市控制性详细规划技术标准文件汇编》中的用地分类进行细分，依托大比例尺基础地理数据覆盖范围的不断扩展，以"尽量分到小类，至少分到中类，不存在大类"的分类原则，将全市建设用地进行细分，同时配合自行开发的专用插件，对制图数据的用地图层，名称，颜色，线型等所有制图要求进行统一设定，实现了详细与便捷的统一。

4.2 土地利用现状图形数据的拓扑规则

合理的图形数据组织形式可以大大缩减数据容量，提高图形拓扑分析的计算效率，降低出错几率。首先，土地利用现状图多以地块为主，在图形表达上为封闭多边形，而所有的封闭多边形应做到无缝邻接并彼此不重叠，这与后期的数据入库检查及统计分析是紧密联系起来的。其次，在对于铁路、公路、城市道路等线型要素在图形表达上也作了相应要求。道路以双线表达，并按照高速公路、快速路、主干道、次干道与支路分级，且与地块边界尽量保持一致。对于铁路、公路等对外交通用地，除了达到图面表达上的线型要求外，同时应具备地块封闭以满足用地面积的统计。最后，为了增强数据在各平台使用的通用性，取消了CAD环境下的自定义实体，所以，遇到由于地块包含而引起的图形嵌套情况时，对地块进行了分割处理，避免了图形的重叠。

4.3 土地利用现状数据的成果表达

为了满足多用户，多平台间的数据互转，在对最终成果的数据格式上进行了统一划分。在纯粹的图形表达与编辑修改层面,以 CAD 环境下的 DWG 格式文件为准;在纯粹的统计报表层面,以 OFFICE 环境下的 EXCEL 格式文件为准;在结合图形与数据报表统计为一体的专题应用分析层面,以 ArcGIS 环境下的 GeoDataBase 等通用数据库格式为准。以上数据格式的选定也并非是固化的,只是出于对各方数据方便整合互转的考虑,对时下比较流行通用的软件平台进行归类划分而得到的几大类流通度较高的数据存储形势。在没有最终形成一个比较系统而全面的一体化数据组织、流通及存储模式之前,应尽量避免规定特有的数据格式,这对推动各建设部门之间的数据共享、互转及整合有着非常积极的意义,最大限度地降低了因工作方向调整、关键技术路线变更和人员变动带来的技术风险,体现了数字规划的科学性,使得先前的数据成果在日后的工作中得以连贯使用成为可能。

5 城市土地利用现状调查数字化的构建模式

5.1 现状调查的数据组织形式

"数字总规"土地利用现状调查涉及范围广,处理数据量庞大,全市域各片区在现状调查过程中用地数据时不时需要调整修改,为了精简修改环节,缩短编辑周期,提高调整效率,应引入系统的概念,化整为零,把对全市域的整体调整划分为对各片区的局部调整,以自下而上的工作模式来达到自上而下的工作目标。因此,调查数据从开始收集、整理、编辑、汇总到最终成果的整合,为了避免在整张图上操作,确定了以规划编制单元为基本单位,对全市现状数据进行拆分;对每个规划编制单元,按控详、其他规划、审批数据、地形图、影像图等现状资料进行整理。对总规确定的各规划单元的片区边界进行数字化加工,实现单元到市域化零为整的无缝拼接(见图1)。

图 1 现状调查数据过程

5.2 现状调查的软件平台

城市土地利用现状调查的数字化成果从开始制作到成果入库这一整个过程中,所要解决的问题主要包括三个方面:资料收集、编辑整合及成果入库。涉及的所有数据在兼顾操作效率与互转共享的前提下,确定了以 CAD 为前台编辑环境和以 GIS 为后台存储管理及分析应用环境,对前期图形编辑到后期的监理入库实行分项操作,两者相对独立,互不干扰。前台编辑还是延续了业内早已熟识的 CAD 环境界面,依据先前的规范要求,通过专有的插件工具,可以对图形数据进行方便的编辑操作,最后编辑完成的成果通过监理工具进行检查,达到要求即能打包递交入库。如果没有达到要求,则以报表清单的形式将错误一一指出,提醒用户修改。后台管理主要还是在 GIS 平台下,通过专有的空间数据引擎对建立的图形数据库进行管理操作,同时部分空间数据对应的属性数据也可以在 GIS 平台下进行编辑整理。最后,考虑到各平台间数据的兼容性,最终成果作为共享数据在对外提供时,由 GIS 对入库数据进行整理导出,以通用 CAD

环境下得 DWG 格式输出,保证其他平台对数据的兼容,这也是之前提出的避免自定义实体在通用 DWG 格式文件中出现的重要之处。

5.3 现状调查的工作流程

城市总体规划土地利用现状调查工作由于涉及范围广,信息数据量庞大,组织协调复杂,技术门类多样,编制调整周期较长,其难度非同一般规划的现状调查,因此,在前期的工作流程与系统规划上要尽量详细周密,在把握关键技术路线指导的前提下,对整体流程中的每个环节应进行自查自检,做到发现问题,立刻解决;对不可确定或预见的问题,在确定解决思路的方法上应留有余地,做好备选方案。整体工作思路大致遵照表 2 流程进行,部分环节也进行过局部调整,不再详述。

表 2　现状调查的工作流程

流程图	阶段		工作内容
	前期工作准备		制定工作计划
			整理基础数据
			制定操作规范
前期工作准备 ↓ 制定工作计划、操作规范,基础数据整理 ↓ 第一轮整合工作 ↓ 整合控详DWG数据 数据统计	第一轮	整合	各片区整合控规现状数据(DWG)
		核对	使用地形图、影像图、用地审批数据核对第一轮成果
			分局核对第一轮成果(同时确定已批未建和意向性用地)
			遗留问题现场核对
		总结	图形成果验收(控详验收软件)、统计数据验收
			整理和解决存在问题
			下一轮工作安排
第二轮整合工作 ↓ 整合其他规划数据 数据统计 ↓ 第三轮整合工作 ↓ 无规划地区现状 绘制数据统计	第二轮	整合	各片区整合其他各类规划编制成果(DWG、JPG)
		核对	使用地形图、影像图、用地审批数据核对第二轮成果
			分局核对第二轮成果(同时确定已批未建和意向性用地)
			遗留问题现场核对
		总结	图形成果验收(控详验收软件)、统计数据验收
			整理和解决存在问题
			下一轮工作安排
第四轮拼合工作 ↓ 各片区数据拼合 统计数据汇总 ↓ 成果输出	第三轮	整合	各片区叠加地形图、影像图、用地审批数据绘制现状数据
		核对	分局核对第三轮成果(同时确定已批未建和意向性用地)
			遗留问题现场核对
		总结	图形成果验收(控详验收软件)、统计数据验收
			整理和解决存在问题
			下一轮工作安排
	第四轮	拼合	各片区图形数据无缝拼接,统计数据汇总
			整理和解决拼接存在的问题
		完成	成果入库及专题统计分析

5.4 最终成果的数据管理与专题分析应用

作为"数字总规"的重要组成部分,土地利用现状调查的成果数据经入库后接受维护应用。通过搭建空间数据库对各片区成果进行组织管理,实现全市域土地利用现状图形数据的无缝拼合,从而完成了后期应用分析所需的图形元数据的全覆盖,使各专题分析在空间上方便快速地进行单元划分统计成为可能。在保证空间图形数据能满足各类拓扑需求操作的前提下,对整个市域现状用地图形数据进行空间提取,对提取的过程数据再进行指标的统计,主要涵盖任意范围内的用地指标,包括用地面积、构成比例等等,从而快速方便地完成总规编制中对局部地区现状建设情况的了解(见图2)。对于总体规划确定的都市发展区范围内,建设用地分类详细,对一类居住用地 R1(环境良好、以低层住宅为主,一般为别墅用地),二类居住用地 R2(配套齐全、布局良好、以多层及中高层为主),三类居住用地 R3(布局不完整、环境一般、存在与工业混合交叉)以及四类居住用地 R4(配套不完整、以简陋住宅为主、城中村),行政办公,商业金融,设施配套,城市及对外交通,绿地等城市建设用地都进行了清晰的表达(见图3)。重点对城区分布的居住用地和公共设施用地进行细分;对于外围地区,在对城市建设用地和非城市建设用地布局表达的基础上,重点对总规确定的新城、新市镇范围内,按照用地分类,将工业产业布局,区域公共设施和市政设施配套,对外交通组织在现状图上进行明确表达。整个数据管理体系可以概括为:后台空间数据分类由总到分,逐层细化;前台数据表达由分到总,逐层合并。数据从存储到表达相互独立,互不干扰,根据不同的专题需求,配置各自的图层表达属性,并可以将配置过程保存下来,以备方便快速地制作出不同的专题图。

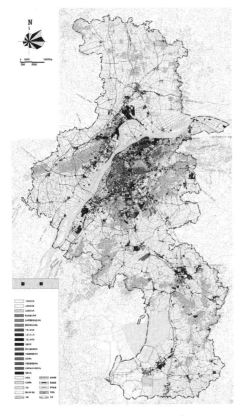

图2 市域土地利用现状图

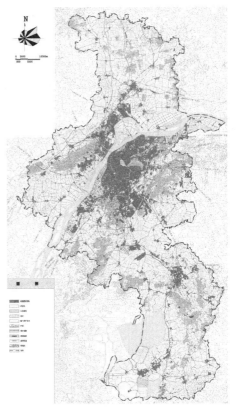

图3 市域建设用地分布图

6　城市土地利用现状调查数字化的技术保障

6.1　数字化成果统一口径

以规划编制的技术规范来要求现状数据的成果表达,与规划成果统一的数字化各式标准,统一的用地分类和编制范围,都保证了全市域各个专题单元(行政区、规划编制单元、管理单元等)在数据统计口径上的一致性,降低了统计误差,增强了单个及多个单元间的数据可比性。同时,对历年传统的用地统计数据进行比照修正,逐步纠正历史用地统计数据中存在的错误,增加了数据的可信性。

6.2　专用的数据处理硬件平台

市域级大范围的土地利用现状数据涉及海量的空间数据信息,它的存储、管理、应用及维护也需要专用的硬件平台作支撑。高频率的处理器、大容量的内存、海量硬盘存储空间及高显存视频显示卡都是保证空间数据在显示、存储及运算分析过程中得以顺畅运行的关键,同时,存储空间及运行系统的定期整理维护也是空间信息系统顺利运行的保障。

6.3　专有的建设用地跟踪人员与更新机制

城市土地利用现状本身就是一个不断变化的过程,花大力气做一两次全范围的更新核对并不是此项工作的初衷,随着新的《城乡规划法》的颁布和实施,两年一次的规划实施核查,对城市现状土地利用工作更是提出了新的目标。它要求:城市的土地利用现状调查必须是一个动态的、不断更新的持续性工作。这就要求建立一个对现有城市土地利用现状数据库进行动态维护的更新机制。将全市范围进行管理单元的划分,并对每个单元的用地建设及数据更新配备专有人员,实行建设用地的动态跟踪,并对维护更新的周期进行严格的界定。更新的内容主要是对当前季度内已审批用地案件及以往已批未建用地的实际建设情况进行调查以后进行确认,以分局管辖范围各自进行,最后提交整合部门统一入库更新见表3。

表3　专有的建设用地跟踪人员与更新

时间	专有人员	工作内容
年度	建设用地跟踪人员	负责全年数据的检查、拼合工作
季度	建设用地跟踪人员 规划审批跟踪人员	建设用地跟踪人员负责整理分局提交的修改数据,更新所在片区现状图和有关数据,保证数据的现势性
周	规划审批跟踪人员	整理本周审批数据,跟踪提交现状用地变化情况和数据,按季度提交给对接的建设用地跟踪人员,负责与分局经办人员核对数据

结　语

随着技术的不断发展,新的规划手段应运而生,它是对传统的总结,更是对今后发展的启迪。我们运用新的技术手段解决了传统方法中需要花大力气、长时间才能解决的问题,这是一种进步,CAD工具提供了良好的构图环境,GIS平台提供了电子统计表格、专题图,科学的应用分析,更好了辅助了决策的制定,拓展了框架构思与表现手段,为"数字总规"土地利用调查提供了科学详尽的数据支撑,使总体规划得以高效、有序地展开。

与此同时,我们也应看到,规划科学性的逐步提升为规划手段的变革不断提出新的需求,以此次数字化实践为例,城市土地利用现状调查数据成果不光为满足此轮总体规划现状分析提供统计数据,还应以此为基础,不断完善,例如地块的属性数据信息有待补充,各专题数据之间的关联关系、人地关系、产业布局、城乡统筹等大量的专题分析模型所需要的各类现状数据更是不胜枚举。

城市发展不光要靠好的规划,更需要好规划的顺利落实,城市土地利用现状调查工作在新的《城乡规划法》颁布落实的背景下,正有序快速地发展起来,它的发展不仅促进了大型规划的科学编制,更为以后的规划实施核查工作指明了方向。

参考文献

[1]宋玲,等.数字城市技术应用与发展.北京:知识产权出版社,2006
[2]吴庆双.建设数字城市的若干问题探讨.中国科技信息,2007(6)
[3]张永强,等.构建数字城市地理空间数据共享机制.计算机技术与发展,2007(3)
[4]杜灵通,韩秀丽.基于数字地球思想的数字城市研究.地理空间信息,2007(5):1
[5]建设部.关于加强城市总体规划修编和审批工作的通知.建规[2005]2 号
[6]广州城市规划局.中国城市规划创新与数字城市规划探索.2005
[7]南京市规划局,南京市城市规划编制研究中心.南京市控制性详细规划技术标准文件汇编.2005
[8]南京市规划局,南京市城市规划编制研究中心.2005 年、2007 年南京市城市规划年度报告

Digitalizing Practice of City Land Use Survey Based on Digital City

——A Case of Urban Master Planning of Nanjing

Abstract: Through the analysis of urban master planning and research in the context of the building "Digital City", this article explained the current digital technology's effect in urban master planning land use survey, and described the data source, normative standard, construction mode and technical support of digital practice in urban master planning land use survey. By comparing the problems and lack of traditional urban master planning land use survey, this article stressed the advantages and significance of the establishment of urban land use status data system, and predicted the results' Improving direction and special application analysis after the founding of the system.

Key words: Digital City; Urban Master Planning; Land Use Survey; Digitalising; Nanjing

(本文原载于《国际城市规划》2010 年第 2 期,在 2009 年中国城市规划学会国外城市规划学术委员会作主题发言)

发展中的"城市规划第四支队伍"
——城市规划编制研究中心定位和职能探讨

何 流 沈 洁

摘 要：城市规划编制研究中心于近年来在全国多个城市得到了组建和发展,成为中国城市规划行业中的一个重要角色。笔者在回顾城市规划编制研究中心成立背景的基础上,认为城市规划编制研究中心未来的发展可以谋求定位上的提升,成为规划行业中继规划管理者、学术研究者以及市场化的规划师之后的"第四支队伍",并进一步拓展其职能,包括承接传统规划院的职能,向规划局提供规划技术服务以及专职的审图、追踪研究城市等新职能。

关键词：城市规划编制研究中心;第四支队伍;定位;职能

1 引言

城市规划编制研究中心作为中国规划界的新生事物,已迅速在全国多个城市相继得到了组建和发展,如南京、广州、深圳、昆明、苏州等。经过数年来的运作,各地的城市规划编制研究中心都积累了一定的工作经验和感触,也对自身的职能与定位有了更加深刻的理解和认识。此时适时地梳理、总结与展望,将帮助这一新兴机构更加持续、稳定地立足于国内规划界,并进一步推动中国城市规划行业的改革与发展。

2 城市规划编制研究中心成立的背景:夹缝中的需求

改革开放前,城市规划一直被作为一项从属于国民经济计划的空间技术工具在城市的发展建设中得到运用;改革开放后,城市规划工作得到了恢复,尤其是自 1985 年城市经济体制改革全面展开以来,到 20 世纪 90 年代末,城市规划已逐渐演化成为一项独立的政府职能,其制度、机构及技术等各项机制均得到了建立和完善;2000 年以来,伴随改革开放不断向纵深推进,我国在总体制度环境上进入了市场经济体制的完善阶段,这包括三个方面的核心内容:① 健全市场机制,更大程度地发挥市场在资源配置中的基础性作用;② 切实转变政府职能,推进政府行政管理制度的改革;③ 坚持和落实科学发展观,转变经济发展方式,构建和谐社会。伴随城市规划 30 年来的发展变迁,目前中国规划界已形成以行政、学术以及市场为代表的三种主导力量,但就这三者的发展来看,仍各自存在相应的不足,也就意味着存在夹缝中的需求,支撑城市规划编制研究中心的成长。

首先是行政管理人员的精力有限。在经济持续 20 多年高速增长的轨道上,中国城市的建设量持续高涨,规划的审批量也在逐年增加,但作为地方政府职能机构的规划局,其工作人员由于受到国家编制及政府财力的制约,无法与业务量保持同步增长。"量"增长的同时,对规划的"质"的要求也在面临变化。社会参政、议政的积极性越来越高,市民维权的意识也越来越强烈,保护公共利益、扩大公众参与,以及对上访、诉讼等事件的应对,都是规划职能机构所必须面对的问题。同时,伴随行政体制改革的深入,政府执政理念和方法更新,城市规划部门面临"建设服务型政府""提高公共服务质量"等新的要求。业务量的猛增和对质量越来越高的要求使得规划行政管理人员在日常工作的应对中花费了大量的精力,无暇顾及其他。

其次是纯学术界的不全面,主要表现在对规划的实践性、可操作性等的研究不充分。近年来,尽管以高校为代表的学术界始终高度关注城市规划向公共政策的属性转化,对于市场经济条件下城市规划的重新认识和定义已经形成广泛共识。但需要指出的是,对于城市规划与公共政策的内涵关系以及规划如何成为一种有效的公共政策仍处于探讨之中,缺少连接理论与实践、学术研究和具体操作的现实途径。

再次是市场中规划院服务的欠缺。城市规划作为市场体制下政府重要的宏观调控手段,是在市场环境中对资源分配的调节和安排,包括:对有关公众权益的资源,如开敞空间、社区配套用地等进行保护;约束土地使用者的建设行为,降低负面效应发生的可能;为公众参与、行使公民权利提供平台;关注社会公平等。因此,规划编制的进一步市场化和开放化,使得市场化之后的规划院发生了一些转变。一方面,多元化的社会中出现多元的利益群体,而相对强势的利益群体有着更多的话语权,对利润的诉求造成规划院在规划编制的过程中难免会存在一定的立场倾向;另一方面,规划院的服务对象由原先的所在城市扩大到全国,也在一定程度上影响了它对其属地提供规划设计服务的专心程度以及项目完成后的后续服务质量。

总的来说,是时代发展的需要造就了城市规划编制研究中心。快速城市化的宏观发展环境和规划编制的市场化等多重因素促成了规划设计人员的分化以及城市规划编制研究中心的成立。与传统的规划院相比,城市规划编制研究中心以"较少承接市场项目、更加纯粹的为政府服务"为宗旨,在一定程度上弥补了政府规划资源不足的问题。此外,城市规划编制研究中心从本质上说还是一个公益性的研究机构。作为政府部门的下属单位,它在政府政策方面有着先天的敏感;作为研究机构,又同时高度关注着理论界的发展。这为城市规划编制研究中心成为理论连接实践、学术研究通往具体操作的桥梁创造了条件。对城市而言,城市规划编制研究中心作为一个长期跟踪、研究城市的机构,能够在前沿及时地为政府提供相关信息作为政策制定的依据,起到了对市场进行辅助性调控与引导的作用。所以,城市规划编制研究中心的成长有其现实的需求,且城市规划编制研究中心的队伍也在不断的壮大,并迅速在全国得到业界的认可。

3 对城市规划编制研究中心角色定位的深入探讨——成长中的"第四支队伍"

3.1 城市规划编制研究中心成立之初的职能与作用

城市规划编制研究中心在成立之初,其职能可以分为规划编制组织和规划设计与研究两个方面,即:分担规划编制组织的部分职能;承接规划设计项目,同时开展对城市的规划研究。

就城市规划编制研究中心的作用而言,结合石楠曾经做过的小结,主要是起到了行政、技术与市场之间、规划设计与实施之间的桥梁作用。笔者将之归纳为三点:

(1)政府与市场之间的桥梁:公共产品的"技术"采购。

这主要是指城市规划编制研究中心代表规划主管部门组织编制城市规划,包括各类方案竞赛、招投标等。城市规划作为一种技术性极强的公共产品,城市规划编制研究中心的这一作用是充分发挥其专业才能,为政府实现"技术"采购提供途径。

(2) 行政与技术之间的桥梁:规划设计与规划管理的衔接。

城市规划编制研究中心的另一项作用是充分衔接规划设计与规划管理,在很大程度上促进了规划设计成果的法制化和政策化。按照管理的需要,城市规划编制研究中心把规划设计成果转化为规划局日常所需的规划管理文件,或对不同层面的规划成果进行梳理和整合,协调并解决不同规划之间的矛盾。此外,还对管理中的问题从技术的角度及时反馈,有利于解决规划设计与规划管理相互脱节的问题。

(3) 规划编制与实施之间的桥梁:规划实施效果的监控与分析。

与传统的规划院以及现在市场上的各类规划设计公司不同的是,城市规划编制研究中心通过对一个地区长期的跟踪研究,可以形成如规划实施回顾、对比分析等类似的研究,改变以往只管编制不管实施的状况,在规划的预期与城市的实际运作中找寻规律,建立互动。

3.2 城市规划编制研究中心定位与职能发展的探讨

近年来,各地城市规划编制研究中心的成立和运作已充分表明其在上述三方面起到了不可或缺的重要作用,并在事实上强化了原已存在的"政府规划师"这样一群人的角色与职能,给中国规划界的原有格局带来了新的分化与发展,成为继规划管理者、学术研究者以及市场化的规划师这三类人之外的、成长中的"第四支队伍"。我们认为,城市规划编制研究中心的起源是中国社会发展的需要,其未来发展前景广阔,在定位与职能上可以谋求以下提升与拓展:

3.2.1 城市规划编制研究中心
发展定位的提升

(1) 从"填补空缺"到立稳规划界"一席之地"的价值实现。

城市规划编制研究中心的诞生是为了弥补行政、学术与市场之间的空缺,但从近年来各地城市规划编制研究中心的发展情况来看,城市规划编制研究中心所承担的工作以及所取得的成绩已经超越了"填补空缺"的范畴,不仅仅是作为一种可有可无的"替补"角色而存在。事实上,许多设立了城市规划编制研究中心的地方规划局已经将城市规划编制研究中心作为自身一个重要的部门,并且在很大程度上依赖于城市规划编制研究中心所提供的各种技术服务;同时,城市规划编制研究中心的工作成绩得到社会的广泛认同,积累了相当的社会知名度并建立了良好的声誉。所以城市规划编制研究中心正在积累进一步发展的基础,有着立稳规划界"一席之地"的潜力,这也应该作为各地城市规划编制研究中心的行业奋斗目标。

(2) 从附属服务单位向独立研究机构的进步。

各地的城市规划编制研究中心都是作为规划局的下属单位而获得成立的,并且以为规划局提供技术服务为主要工作内容。但在完成规划局指派的各项日常工作之外,还积极、主动地追踪和研究城市发展,并形成相应的研究报告,就存在问题提出一定的政策建议以供城市政府参考,这为城市规划编制研究中心向独立研究机构的拓展创造了条件。

3.2.2 城市规划编制研究中心
职能的拓展

就城市规划编制研究中心的职能而言,笔者认为,相比于传统的规划院,可以划分为两大部分,一是固有职能,二是新兴职能。

(1) 固有职能的强化。

城市规划编制研究中心的固有职能主要是承接传统规划院的职能,包括规划设计类的技术服务,如:各类规划设计项目的编制——包括城市发展战略层面的规划,如城市战略规划、城市总体规划与近期规划等以及各种专项规划、详细规划;规划项目的前期研究与咨询——如项目选址研究、可行性分析、出让用地的规划设计条件划定等。

这些职能在未来的发展中仍可得到保留和强化,但更关键的是要强调"以对局服务为主、快速反应、不斤斤计较于报酬"的宗旨。

(2) 新兴职能的发展。

城市规划编制研究中心的成立主要源于规划院的市场化运作,但是城市规划编制研究中心在承担起传统规划院的固有职能以外,还逐渐发展出了一系列新兴的职能,这是传统规划院所不具有的,也是城市规划编制研究中心未来发展的主要倚重点,包括:

① 规划项目编制的组织。

主要是发挥专业优势,代表规划局组织和开展各类规划项目的编制。

② 规划法规、技术标准的制定。

包括汇总、整理以及参与制定城市规划的相关法规、规范与技术标准,成为城市规划的法规中心。以南京为例,南京城市规划编制研究中心自 2003 年成立以来已经在开展类似的工作,并且在 2005 年南京市规划局研究制定控制性详细规划地方标准的过程中,也积极参与了相关的研究与讨论。如果能够进一步明确南京城市规划编制研究中心作为地方城市规划的法规中心,将更加有效地促进城市规划的法规化与规范化发展。

③ 专职的审图职能。

1999 年由建设部成立的城乡规划管理中心,其主要职能之一就是负责配合部有关司局,承办由国务院审批的省域城镇体系规划、城市总体规划在上报国务院之前的有关审查工作。对地方规划主管部门而言,也确实需要有一个类似的专职审图机构来承担技术责任,同时实现各地区及各类规划项目的有机衔接与整合。

新的城乡规划法着重强调"技术责任",但就目前传统的专家评审制度而言,首先"专家"不具备成为责任追究主体的条件,其次他们在短暂的评审会期间所能关注的也只能是宏观的、战略的、原则性的问题,没有办法对整个规划内容进行"细查"。所以,由城市规划编制研究中心来承担专职的审图职能以及承担相应的"技术责任"就成为一种必需。以控制性详细规划为例,如果能够明确由城市规划编制研究中心进行审图,城市规划编制研究中心将结合对地方发展情况的熟悉程度,发挥专业特长,减少不同地区规划相互矛盾与冲突产生的可能,极大地提高规划实施的效率。

④ 管理数据库的建库、维护与更新职能。

从各地城市规划编制研究中心的实际运作来看,作为法定审批依据的管理数据库的建库及其维护更新也是城市规划编制研究中心的重要职能之一。仍以控制性详细规划为例,作为规划审批的最直接依据,一方面需对已批的控详成果进行标准化的入库,另一方面控详还需要根据城市发展建设的实际情况不断修正。城市规划编制研究中心可以承担这些量大且零碎的局部调整工作,解决经市场采购获得的规划成果的后续服务问题,并且及时更新入库,保证规划依据的合法性、时效性和准确性。

⑤ 长期追踪研究城市、对比与分析规划实施的职能。

城市规划编制研究中心作为一个根植于地方的规划研究机构,基于对当地社会、经济环境的深厚了解以及较为便利的数据获取途径,城市规划编制研究中心在针对整个城市以及各次区域的长期、跟踪研究中具有先天的优势,同时其分析的结果也将更加贴合发展实际,并有利于研究成果向实施政策和策略的转化。

以南京城市规划编制研究中心编写的城市规划年报为例,即建立在对城市综合分析的基础之上,以持续跟踪城市发展、进行长期动态研究为主要方法,收集、汇总各类数据,以形成目标明确、序列化的研究报告,为城市未来发展决策提供了重要的基础资料。类似的研究还包括对城市总体规划或次区域规划实施的检讨回顾、对某地区控制性详细规划与实施情况的对比等,主要集中于对规划实施效果的分析与监控。这也是城市规划编制研究中心在规划研究方面能够异于市场化的规划院和大学的突破点所在。

4 未来发展的动力与发展中主要存在的问题

4.1 发展动力

城市规划编制研究中心的未来发展动力主要来源于以下三个方面:

一是城市规划编制研究中心定位的明确、职能的强化、地位的巩固。如果上述关于城市规划编制研究中心职能、定位的论述能够得到实现,将从根本上改变其诞生之处"替补性"的角色和身份,有效提升城市规划编制研究中心在中国规划界的地位,促进其加快发展。

二是"政府规划师"的价值实现。伴随社会对城市规划编制研究中心认同感的增长以及城市规划编制研究中心职能的进一步强化,城市规划编制研究中心作为规划界独立于官员、学者、市场化的规划师之外的"第四支队伍"的身份将得到明确和肯定,也是其作为"政府规划师"价值的完全体现。

三是规划职业道德、社会责任感的加强,这有赖于社会意识的进步以及规划师个人素养的进一步提高。

4.2 发展中主要存在的问题

城市规划编制研究中心在未来发展中可能遇到的最大问题就是人才的流失,这主要源于三方面的原因:一是薪资、福利待遇,二是个人事业发展的空间,三是事业单位改制的可能。

首先,城市规划编制研究中心的薪资、福利虽然在社会上具有一定的吸引力,但在本行业中却不具优势,福利不如公务员,薪资、收入则远远不如规划院。其次,城市规划编制研究中心作为附属的事业单位,其人员编制受到限制,在岗位晋升上也缺少类似公务员的完善机制,对个人事业的发展缺少关注。此外,社会上关于事业单位改制的猜测也在一定程度上影响了城市规划编制研究中心的稳定。

5 结 语

城市规划编制研究中心作为中国城市规划行业的生力军,在成立与运作的数年来,引起了社会各方的关注,并以其实际成绩获得各界的肯定。在此基础上,城市规划编制研究中心也在审视过去的历程并展望未来,谋求更高、更广的发展。希望文中所述能引起国内所有城市规划编制研究中心以及关心城市规划编制研究中心的人们的关注,共同帮助城市规划编制研究中心这一年轻的机构在未来不断进步。

参考文献

[1] 何流.城市规划的公共政策属性解析[J].城市规划,2007(6).

[2] 石楠.关于城市规划编研中心的若干思考[J].城市规划,2006(10).

(本文原载于《规划师》2009 年第 11 期)

宁镇扬同城化视角下南京东部地区功能重组*

官卫华 叶 斌 王耀南

摘 要：后金融危机时代，随着国家战略导向由对外开放转向内外并重，区域竞合与城市发展掀了新一轮的高潮。借助新一轮南京城市总体规划修编的契机，从南京都市圈的发展要求出发，南京中心城市功能作用亟待进一步强化和发挥。东部地区作为南京竞合长三角的东向前沿阵地，并且在空间上正处于宁镇扬经济板块的地理重心，区位优势显著。应对区域一体化发展的新形势，必须抓紧对地区功能重组、空间整合、区域对接等问题深入研究，积极探索提升南京中心城市功能的可行路径，一方面对内产生较强的反磁力，推促老城疏散；另一方面对外则形成较强的辐射力，带动宁镇扬同城化，进而不断壮大南京都市圈、竞合长三角。

关键词：同城化；功能重组；都市圈；空间管治；宁镇扬；南京；东部地区

1 引言

1.1 中国城市正迈向区域战略合作新时代

改革开放 30 年，我国社会经济发展所取得的成就令人瞩目，但世界金融危机使我国外向型经济遭受巨大冲击，以往"内紧外松"式的发展道路越来越难以为继。"内紧"是指我国城市对内开放水平不高，甚至存在设置种种壁垒限制对内开放的情形；"外松"是指我国城市开放型经济更多地表现为注重与海外合作，走外引驱动型发展道路。在科学发展观的战略指引下，在我国社会主义市场经济体制改革不断深化的新形势下，国家主导战略思想正在发生重大转变，从强调出口导向转为内需驱动，从强调对外开放转为内外兼顾。目前国内广佛、郑汴等城市已纷纷提出同城化发展要求，通过强化对内开放，推进区域一体化进程。

1.2 南京城市总体规划修编的新要求

南京城市总体规划(2007—2020)提出了构建"南京都市圈、协作联动圈和战略联盟圈"三大区域协调发展圈层的总体设想，以充分发挥南京长三角西部中心城市的承东启西作用(图 1)。其中，南京都市圈是指以南京为核心的一小时通勤圈，跨两省涉及 6 地市 9 县市 1 500 余万人，2万余平方公里，以推进同城化发展战略为主导；协作联动圈是指以南京为核心的一日生活圈，跨两省涉及 9 地市 28 县市近 3 500 万人，5.5 万平方公里，主要推进区内各城市在产业功能、城镇体系、基础设施、生态环境等方面的全面协作与协调；战略联盟圈则主要为泛长三角西部，跨三省涉及 27 地市 11 500 余万人，23 万余平方公里。

---

* 《南京市城市总体规划(2010—2020)》和《南京市城市规划工作"十二五"规划》项目资助。

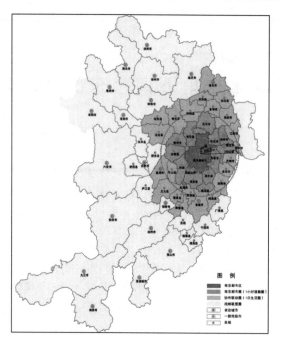

图 1　南京市区域协作三大圈层空间范围示意图

1.3　南京中心城市功能建设的新需求

目前南京都市圈的发展虽已得到圈内城市的广泛认同,但总体来看,南京中心城市的功能还不完善,综合实力还有待提高。在当前国家战略转型、对内开放升级、区域竞合发展等新形势下,南京必须加快探索南京中心城市功能提升的可行路径。南京东部地区作为中心城市的重要组成部分,占据承接和传递南京主城东向辐射的优势区位,成为加快推进都市圈同城化的重要战略空间。其空间范围北至长江,西至绕城公路,南至宁常高速,东至市域行政边界(图2),土地总面积约 488.8 km²,主要涉及栖霞、江宁、白下、玄武等 4 个行政区。

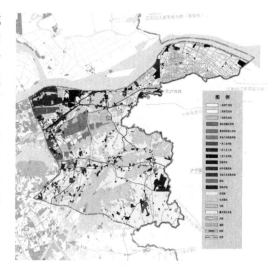

图 2　2007 年南京东部地区用地现状图

2　宁镇扬同城化发展趋向

宁镇扬三市空间邻近效应明显,南京相距镇江、扬州分别约为 70 公里、100 公里(图3),且三市具有相似的历史文化渊源,均为国家历史文化名城。目前三市已签署全面合作框架协议,启用公交一卡通,并在长三角地区内率先实现医保互通。而且,随着长江四桥、沪宁城际铁路、宁通城际铁路、沿江高等级公路等一批区域交通基础设施的建设,地区交通可达性将进一步提高,同城化效应将更为凸现。2008 年宁镇扬地区 GDP 总量达到约 6 769 亿元,土地总面积为 17 063 km²,常住人口 1 510 万人。与上海、苏锡常和杭绍甬板块相比,宁镇扬地区经济总量与地均产出仍较落后,地区发展亟待整合与优化。本着功能互补、空间整合、区域协调、对接周边的原则,宁镇扬同城化总体发展导向为:创新行政管理体制,完善城际合作机制,深化合作领域,促进区域要素资源自由流动与优化配置,把宁镇扬板块建设成为接轨上海、带动苏北、辐射皖东南、全面融入长三角城市群的重要平台,成为富有特色的生态型和文化型城市联合体,成为长三角城市群中潜力大、后劲足、活力强的重要区域之一。

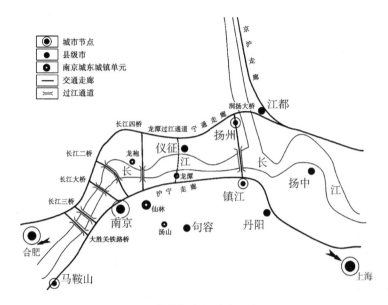

图3 宁镇扬空间分布示意图

3 南京东部地区发展条件及功能重组

3.1 优势与机遇

比较周边地区,东部地区具有以下竞争优势与发展机遇:(1) 优越的区域交通条件。沪宁、宁芜、宁铜、312 国道、长江二桥、地铁 2 号线等一大批公路和轨道干线穿越本区。目前在建绕越二环和长江四桥,并规划有 7 条地铁线、2 条都市圈轨道交通线以及 3 条过江通道。龙潭港还具有建设深水枢纽港的巨大潜力。(2) 优美的自然生态环境。西靠钟山风景区,东邻宝华山和汤山风景区,南抵青龙山—大连山风景区,地区环境优良、生态宜居。(3) 雄厚的科教文化基础。南大等 10 所高校已入驻仙林大学城,成为服务地方经济发展的人才储备基地和智力资源库,再加上地方优良的自然山水环境,具备发展知识经济的优越条件。(4) 丰富的土地资源。2007 年东部地区已建设用地为 104.4km²。扣除基本农田、河湖水系、湿地、风景(名胜)区、潜在地质灾害防护区等不宜集中建设地区,地区内尚有适宜建设用地近 100 平方公里,可满足城市重大建设项目的用地需求。(5) 城市空间结构调整契机。伴随老城功能的更新,老城内一大批医疗、教育、文化、体育等优质资源将到外围新区寻求新的发展空间。(6) 地区资源整合联动开发契机。2009 年初南京市政府作出以国家级开发区带动东部地区发展的战略决策,将栖霞经济开发区、三江口工业园、龙潭物流基地、仙林高科技产业园整体托管并纳入南京经济技术开发区(国家级),实现产业发展整合和一体化服务管理。(7) 国家区域发展的最新趋势。目前国家区域政策指向由大区域推动向重点地区集中,更为强调区域经济增长极的推动作用。南京东部地区正处于长三角城市群、浦东新区国家综合试验区、江苏沿海开发等国家级政策区多重叠合影响的交汇之处,应当与主城乃至周边城市实现更深层次、更大范围的联动,整合资源、联合市场,合力提升区域竞争力。

3.2 问题与挑战

当前南京的区域地位面临巨大挑战。其间,其东部地区则成为区域竞争最为激烈交错的敏感地带,面临的问题错综复杂,可概括为"五个化":(1)战略思想分散化。南京中心城市功能发挥不佳主要与南京区域服务与辐射战略不明确、缺乏区域联动发展机制密切相关。回顾东部地区发展历程:各时期地区实际发展仍偏于局域,总体缺乏整体的、长远的战略指引。(2)组织实施离散化。2000年以来,在以河西开发为标志的南京城市建设重心西移的政策导向下,地区内除沿江和仙林大学城外的其余地区,发展动力以自下而上为主,表现为市级开发权下放和地方管理主体多元化,形成市、区、街道、各类管委会等条块分割、多头管理的局面,造成各片区独立发展、资源内耗、产业低质、配套不足等问题。(3)产业发展简短化。地区产业体系发展不齐全,工业发展以石化、能源等大用水量和大用地量的重工业为主导,固定资产投资量大,专业化分工协作系数小,地方化效应不强;商贸物流、公共服务、基础设施、文化旅游等三产发展水平不高,服务能力不足。(4)资源利用低质化。由于机制体制不健全,投资创业的政策保障欠佳,缺乏科技创业园和中小企业发展的激励机制、利益分享与风险共担的产学研合作机制等,造成高质量、高技术含量的优质项目难以引进,同时地方优秀科研成果转化为现实生产力的通道与路径不畅通,科技就地转化率低。(5)城际合作形式化。虽然城市间已签署了诸多合作框架协议,但实质性推动不足。龙潭港并未充分发挥出其深水良港优势;与句容、宝华、仪征等邻接地区在基础设施、产业载体、旅游发展等方面缺乏有效对接,且存在同质竞争问题。

3.3 目标与定位

按照国务院批准的《长三角地区区域规划》,南京城市总体定位为"两基地两中心一门户"即先进制造业基地、现代服务业基地和长江航运物流中心、科技创新中心以及长三角辐射带动中西部地区发展的重要门户。作为南京竞合长三角的东向前沿阵地,作为宁镇扬板块的地理重心,南京东部地区必须在城市总体定位的指导下,合理分解和细化,尤其是在区域一体化方面承担起更大的责任,其发展目标为:进一步做大做强地区综合服务功能,对内产生较强的反磁力,推促老城疏散,对外则形成较强的辐射力,带动宁镇扬同城化,进而不断壮大南京都市圈、竞合长三角。具体来讲,主要体现为"三城定位":(1)产学研一体的科技创新城。以推进国家科技体制综合改革试点城市和创新型试点城市[①]建设为契机,进一步整合优化地区科技资源,打破体制分割、力量分散、封闭运作的配置格局,实施开放式创新,推动产学研一体化创新载体(园区)和平台建设,健全自主创新的制度机制,以科技创新推动发展转型。(2)服住游一体的生态宜居城。以青奥会、地铁、高铁、过江通道等重大项目建设为契机,依托地区山水城林港桥等景观资源,与主城相协同,积极发展信息服务、现代物流、教育培训、研发设计等生产服务业,商贸商业、科教文卫、休闲旅游等生活服务业以及高新技术产业,建成功能独立、配套齐全、职住平衡、充满活力、特色鲜明的宜居城市。(3)港产城一体的交通枢纽城。以龙潭江海联运枢纽港和铁路货场建设为契机,充分利用东进主城的门户区位,加快港口后方腹地的基础设施、集疏运体系(含

---

① 2009年4月南京被国家科技部批准为全国唯一一个科技体制综合改革试点城市和全国首个"中国软件名城"创建试点城市。2010年1月南京又与全国其他19个城市(区)一起被国家科技部批准为我国首批"全国创新型试点城市"。

线路、场站)建设,形成以信息化为支撑、多种运输方式无缝衔接、承东启西的交通物流枢纽,形成从港口至纵深腹地的港口直接产业→港口共生产业和港口依存产业→港口关联产业的完整产业链条,实现以港带产、以产促城。

3.4 结构与功能

结合地区现有发展基础以及绿色生态廊道分布格局,空间组织应遵循"点线面"结合的总体布局思路:"点"即城市中心,以提升中心功能为核心,积极培育和建设由副城综合性反磁力中心和片区中心组成的城市中心体系;"线"即城市发展轴线,集中城市建设地区沿主城为核心的放射状交通走廊两侧呈串珠式分布;"面"即城市组团,体现一种通过有机分散而达到选择性集聚、组团空间优化的理念,组团之间以交通走廊和绿色开敞空间相间隔,形成尺度适宜、布局紧凑、指状串珠、轴向组团、拥江发展的空间布局结构。具体来讲,主要包括"二轴、三环、六组团"(图4)。其中,"二轴"即沿江城镇发展轴和沪宁城镇发展轴;"三环"即绕城公路、绕越公路和汤铜公路两轴、三环串联起区内六大功能组团,包括仙林副城①三个片区、龙潭和汤山两个新城②以及青龙山—大连山生态廊道组团。

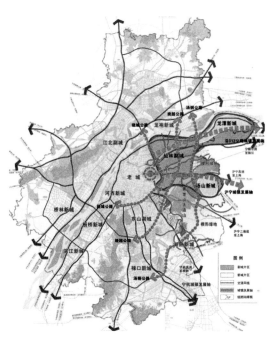

图4 南京东部地区空间结构分析图

根据地区功能定位,本着选择性集聚的原则,结合上述空间布局要求,明确六大组团的主导功能,并采取差别化管治措施。具体来讲,各组团功能配置为:(1)仙林副城沪宁铁路以北新尧—栖霞地区组团。是仙林副城以加工工业为主体,兼顾生活配套服务的北部片区。以南京经济技术开发区为基础,整合尧化门、南京炼油厂和栖霞老镇区,建设片区中心,形成产城一体的发展格局。严格控制污染企业发展,鼓励发展与外贸港口相关的保税加工、高新技术产业加工和其他先进制造业。(2)仙林副城沪宁铁路以南、沪宁高速公路以北之间的仙林地区组团。是仙林副城产学研一体发展的中部片区,主要依托仙林大学城科教资源,加强高新技术产业研发、无污染和科技含量高的加工配套产业发展,并鼓励发展商务服务、文化体育、休闲娱乐等第三产业,服务周边地区。(3)仙林副城沪宁高速公路以南的麒麟地区组团。是仙林副城以科技创新、物流服务、居住配套为主的南部片区,积极发展科技创新产业,并保护好青龙山与紫金山的生态联系。(4)龙潭新城组团。是长江下游重要的港口工业新城,引导发展现代物流、外贸加工以及临港型先进制造业。加强与句容的协调发展,

---

① 《南京市城市总体规划(2007—2020年)》中明确了1个主城3个副城9个新城34个新市镇的市域城镇体系。其中,东部地区涉及1个副城,即仙林副城。副城是南京中心城市功能的集中承载地,是现代都市区功能的核心区,重点发展现代服务业和高新技术产业。

② 东部地区空间范围内规划有2个新城,即龙潭新城和汤山新城。新城是一定地区内产业、城市服务功能和城市化人口的集聚区。

联合句容相邻地区发展成为"江港城山"融为一体的现代化滨江新城。(5)汤山新城组团。是长三角重要的旅游休闲新城,引导发展休闲度假、旅游服务、会议会展等产业,建设全国知名的温泉旅游度假基地,禁止发展环境污染性产业。(6)青龙山—大连山非建设地区组团。以生态涵养功能为主,允许适度发展生态兼容性项目,加快废弃矿山的植被恢复、郊野公园建设、垃圾填埋场环境整治与生态修复等,恢复生物多样性。

4 带动宁镇扬同城化发展策略及行动建议

南京东部地区应在城市中心体系、产业空间整合、区域交通设施和区域协调机制等重点领域和关键环节率先突破,加快地区功能重组与结构调整,引领、带动宁镇扬同城化进程。

4.1 强化中心体系,提升区域辐射能力

在大规模全面铺开东部地区开发前,必须加快建设城市中心体系,形成"强核",辐射带动周边地区;而在建设强大的综合性反磁力中心之前,要先期启动各片区和新城中心的建设,形成南京东部都市区鲜明的中心城市意象,以提振地区开发的信心。(1)仙林副城要重点推进新尧、栖霞、仙鹤、青龙、白象的片区中心建设。在完善片区中心综合服务功能的同时,可适当向中心周边推进居住和产业配套,重点加快白象片区国际大学园区和科技产业建设,加快新港经济开发区产业升级,有效改善新尧地区人居环境水平。(2)在灵山地区规划预留并控制好仙林副城中心区用地,保证对高端服务功能和重点项目的空间储备,加强中心区的规划研究和行动策划,适时启动开发。(3)结合地铁8、16号线站点布局,加快麒麟片区中心建设。(4)龙潭新城结合龙潭港四期、五期扩建工程,充分利用南京市经济技术开发区的发展平台,大力推进临港产业的发展,同步推进新城居住和配套服务建设,强化对句容宝华的辐射。(5)以休闲度假旅游和科技研发为重点,推进汤山新城的发展,加快配套建设综合服务设施,大力推进休闲旅游业的发展,并促进与句容县城的合理衔接,特别是在道路、轨道交通线位走向和接口预留上做好跨市协调。

4.2 聚合产业空间,实现产业转型升级

目前地区产业空间分布较为零散:沪宁铁路以北地区主要为制造业主导发展地带,有南京经济技术开发区、南京炼油厂、栖霞经济开发区、龙潭物流园、三江口工业区、金箔产业园等;312国道沿线地带主要为产学研一体化发展的科技智慧谷,分布有若干科技"孵化器",如徐庄软件园、马群科技园、液晶谷、金港科技园、南京大学科技园等;312国道以南主要为科教文化区、人居环境区和休闲旅游区。按照市场经济规律和创新发展要求,地区产业空间必须通过空间串联、制度整合等有机组织(图5),才能发挥出应有的规模效益和集聚效益,从而提高产业发展层次与水平。(1)借鉴美国"硅谷"和波士顿128号公路发展经验,近期侧重312国道沿线区域,以沪宁城际站点为据点,打造科技孵化带,成为一条沟通北部沿江制造业带和南部科教文化带的纽带和桥梁,真正实现南部科技有效转化并应用于北部加工制造,强化各类产业空间的相互关联性。并且,通过312国道发展轴线东延,实现与主城内模范马路软件基地等主城一批现代服务业集聚区的联动发展。(2)建立空间准入机制,使各类产业均能在各自适宜区位上有条件分类集聚,促进园区特色化发展。(3)在大学城内部,鼓励利用富余土地,创办科技园,吸引科技研发企业到园区内租地、设置研发机构,加强企业与高校的技术联系。(4)对传统产业发展空间,强调"关小限大",实行技术改造、节能减排,近期重点推进南京炼油厂周边小化工整治工作。(5)改变开发区与行政区各自为政的局面,创新开发实施组织机制。实行"大带小"模式,近期重点结合栖

霞区、南京经济技术开发区和仙林大学城体制调整,加强对栖霞经济技术开发区、龙潭物流园、三江口工业园和仙林高科技产业园的整合力度,引导各类要素向省级以上开发区集中,延伸产业链、培育产业集群;实行"园区带街道"模式,近期重点推进南京经济技术开发区与尧化街道、仙林大学城与马群街道的整合,将周边街道捆绑纳入园区管理,实行规划、用地、项目及政策的一体化管理,同步改进考核方式和招商方式,促进开发区向城市功能区的实质性转变。(6)着力控制和预留好远期弹性发展空间如龙潭、汤山等。在不具备开发条件和开发能力时,应严格控制此类地区的低水平开发,禁止小规模、零碎、低效开发,做好应对未来重大项目和突发事件的空间准备。

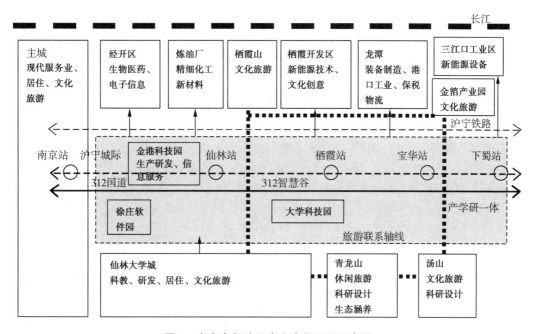

图5 南京东部地区产业空间组织示意图

4.3 加大交通投入,建立同城交通网络

以南京、镇江、扬州三个中心城区为核心,加快包括轨道交通、高快速路系统、航运、航空和过江通道等在内的现代化综合交通体系建设。(1)加快禄口国际机场、南京南站与镇江、扬州的快速联系通道建设以及绕城公路城市化改造,扩大服务范围;(2)积极推进长江四桥和龙潭过江通道建设,预留好仙新路(新港—玉带)、七乡河路过江通道,鼓励多种过江交通方式复合共用通道,同时加快都市圈快速轨道交通S5线(龙潭—仪征)的建设,加强与扬州的联系;(3)加快宁常高速公路建设和312国道、宁杭公路快速化改造以及都市圈快速轨道交通S6线(汤山—句容)、宁常沪城际铁路的建设,加强与镇江方向的联系;(4)加快建设区域公共交通网,实现区域客运公交化;(5)加强南京港、扬州港、镇江港的合作与整合,组建区域港口联合协作体,并加大芜申运河、滁河等内河航道疏浚力度,充分发挥江海联运、水陆联运中转港口群的作用;(6)调整沪宁高速、312国道等收费站位置,尽量位于绕越公路城市出入口西侧,促进区域交通无障碍衔接与通畅运行。

4.4 完善协调机制,全面深化区域合作

全方位、多层次开展区域合作,完善协调机制。(1)在省统筹指导下,由宁镇扬三市共同筹建"宁镇扬同城化领导小组"。成员主要由各市党政一把手组成,负责重大区域事项的决策和协

调。领导小组下设城市规划、交通基础设施、产业协作、环境保护等专责小组,落实具体事项。(2)建立跨行政区、多元化、多形式的"公共财政与金融联动"的同城化基础设施投融资机制,联合组织招商引资活动。按照"谁受益、谁投资"的原则,通过转让土地收益、共同开发建设等模式,建立宁镇扬同城化基础设施建设基金,就区域性基础设施建设加强市际之间的协调和建设资金平衡。(3)加强跨区域土地联合储备,为同城化创造良好的外部正效应。近期应尽快启动编制S5、S6都市圈轨道交通线的衔接规划,落实相应线位和站点位置,对沿线土地先期控制和储备;尽快开展龙潭与华华、汤山与句容等重点地区的同城整合规划,在道路交通、城市功能、产业发展等方面充分对接,预留空间、提前储备。(4)建立水、气、固废等区域性环境污染联防联治长效机制,加强城际协同执法;以长江饮用水源地和生态敏感区为重点,共建长江水源监控系统,共建共享区域供水和污水处理设施;在产业集中区与城市之间共建生态防护隔离带,联合制定激励政策和特许经营制度,加大绿地建设力度。

4.5 适时调整区划,加快空间资源重组

匹配地区定位,调整和完善管理体制,适时推动行政区划调整。近期可考虑将区内江宁区麒麟街道划入栖霞区,将栖霞区在主城内部分划入相邻玄武区,进一步明确栖霞区主导功能定位,并加强市级层面的推动力,保证地区开发的品质与效率;远期在条件许可时,可推动跨市的行政区划调整,将句容等相邻县市划入南京行政管辖范围,进一步拓展南京发展腹地。同时,加快建立、健全差别化的考核制度,对区、街道不再完全进行经济指标考核,还必须兼顾民生福祉、社会管理、环境保护等方面。

5 结语

目前,国家主导战略思想正在发生转变,"拘于行政区而各自为政发展"的热潮正渐趋消退,区域合作与一体化发展正成为新一轮大发展的内生动力。因此,南京东部地区的发展不能仅就"东部而论东部",或"就南京而论东部",而应该放到更大区域范围统筹考虑。应以宁镇扬同城化为导向,积极协同主城,建设反磁力中心,同时强调体制创新、强化开放、跨界整合、深化合作,争当南京转型发展的实践区、创新发展的试验区和跨越发展的先行区,带动宁镇扬同城化、壮大都市圈、竞合长三角。

参考文献

[1] Chung C, Gillespie B. Globalisation and the Environment: New Challenges for the Public and Private [M]//OECD E. OECD Proceedings: globalization and the Environment. Paris: OECD Publications, 1998.

[2] Friedmann TL. The World is Flat: a Brief History of the Twenty-first Century[M]. New York: Farrar, Straus and Giroux, 2005.

[3] Hall P. Cities of Tomorrow: an Intellectual History Urban Planning and Design in the Twentieth Century[M]. Oxford: Blackwell, 2002.

[4] Wu Chung-tong. Chinese Socialism and Uneven Development[M]//Forbes D, Thrift N E. The Socialist Third World: Urban Development and Territorial Planning. New York: Basil Blackwell, 1987.

[5] Lin George CS. Toward a Post-Socialist City? Economic Teriarization and Urban Reformation in the Guangzhou Metropolis, China[J]. Eurasian Geography and Economics, 2004, 45(1):18-44.

[6] Shieh L, Friedmann J. Restructuring Urban Governance[J]. City, 2008, 12(2):183-195.

[7] 仇保兴.我国城镇化中后期的若干挑战与机遇[J].城市规划,2010,34(1):15-23.

[8] 国家发展改革委员会.长江三角洲地区区域规划[R].2010.

[9] 陈爽,姚士谋,吴剑平.南京城市用地增长管理机制与效能[J].地理学报,2009,64(4):487-497

[10] 南京市规划局,南京市城市规划编制研究中心,编.2007 年南京城市规划[R].2008.

[11] (民国)国都设计专员办事处编.首都计划[M].南京:南京出版社,2006.

[12] 崔功豪.长三角城市发展的新趋势[J].城市规划,2006(12):41-43.

[13] 于涛方,吴志强.长江三角洲都市连绵区边界界定研究[J].长江流域资源与环境,2005,14(4):397-403.

[14] 陆玉龙.宁杭城市带发展战略研究[M].南京:河海大学出版社,2006.

[15] 官卫华.国家级风景名胜区管理体制创新研究[J].现代城市研究,2007(12):45-53.

[16] Simmie J. Citizens in Conflict: The Sociology of Town Planning[M]. London: Hutchinson, 1974.

[17] Bounds M. Urban Social Theory: City, Self and Society[M]. Melbourne: Oxford University Press, 2003.

[18] Miller Zane L. Pluralism Chicago School Style: Louis Wirth, the Ghetto, the City[J]. Journal of Urban History, 1992,(18):265-272.

[19] 周岚,张京祥.江苏城乡规划建设:集约型发展的新选择[J].城市规划,2009(12):16-20.

[20] 张兵.保护规划需要有更全面综合的理论方法[J].国外城市规划,2001(4):1-5.

[21] 邹建平.郊区城市化发展的动力新模式.现代城市研究,2007(1):46-50.

[22] 王旭,黄柯可.城市社会的变迁[M].北京:中国社会科学出版社,1998.

[23] 钟坚.世界硅谷模式的制度分析[M].北京:中国社会科学出版社,2001.

[24] 杨明俊,林坚,李延成.港城模式与港口城市发展战略探讨:以潍坊滨海经济开发区为例[J].城市规划,2010,34(4):80-85.

[25] 欧向军.江苏省城市化发展格局与过程研究[J].城市规划,2009,33(2):43-49.

[26] 陈前虎,吴一洲,郭敏燕.杭州城市服务业及公共建筑的空间分布[J].城市规划学刊,2010(6):80-86.

Functional Restructuring of Eastern District of Nanjing in the View of Integration of Neighbouring Cities of Nanjing, Zhenjiang and Yangzhou

Guan Weihua   Ye Bin   Wang Yaonan

Abstract: After global economic crisis, with the transformation of Chinese national strategy from external openness to integration of interior and exterior, regional competition and cooperation as well as urban development begin to enter a new-round rapid development era. Relying on the opportunity of re-edition of urban Master Plan of Nanjing, Nanjing central city necessarily reinforces and promotes its own function in order to facilitate the form of Nanjing Metropolitan Area. Nanjing eastern district is located in the direct position where Nanjing confronts drastic competition coming from other cities of Yangtze River Delta. Moreover, it is on the geographical barycenter within Ning-Zhen-Yang region. Obviously, it has dramatically advantages of economic location. Under the new environment of regional integration, it is necessary to do some researches on functional restructuring, spatial integration, and regional coordination of eastern district for the purpose of exploring the feasible approaches to internally producing stronger anti-magnetic force to achieve evacuation of old city and to externally forming stronger radiating force to lead integration of neighbouring cities within Ning-Zhen-Yang region.

Key words: Integration of Neighbouring Cities; Functional Restructuring; Metropolitan Area; Spatial Governance; Ning-Zhen-Yang Region; Nanjing; Eastern District

(本文原载于《城市规划》2011 年第 7 期)

区域竞合与都市圈成长:南京的探索与实践[*]

官卫华　宋晶晶

摘　要:南京是长三角北翼重要的区域性中心城市,这一特殊的空间区位条件使得南京都市圈的成长必然为长三角地区向中西部地区辐射、南北交流过程中发挥不可或缺的枢纽性作用。所以,正确处理好南京、南京都市圈和长三角三者的关系,实现在产业、空间、制度等方面的合理对接,最终实现区域经济的整合,是今后南京进一步优化和提升城市功能、挖掘城市发展潜力的重要路径。

关键词:区域竞合;都市圈;城市群;产业集群;南京

1　引言

21 世纪将是城市的世纪。目前国家之间、区域之间、城市之间的竞争态势越演越烈。大都市圈间的竞争与协作将决定新世纪世界经济发展的格局。都市圈是一种具有职能的社会、经济与文化实体,是经济、社会、生态、文化等多重因子耦合优化的城市群体组织形式[1]。所谓"都市圈"(metropolitan area,以下简称 MA)是指由一个或多个核心城镇以及与这个核心具有密切社会、经济联系的,具有一体化倾向的临接城镇与地区组成的圈层式结构[2]、[3]。它是一个国家和地区经济发达的城市化区域,在区域发展中处于"龙头"的地位,并对区域经济、社会和文化等产生多方面的影响。都市圈是城市化的高级形式,是推动地区经济发展的重要动力之一。都市圈的形成是中心城市与周边地区双向流动的结果,健全的都市圈的运作是以内在的社会经济联系为基础,以便利的交通、通讯条件为支撑,以跨地区的行政协调为保障的。

在当前我国的区域开发与发展中,应重视以大都市圈作为国家产业结构协调的单元,发挥其在国民经济与社会组织中的效用。都市圈是城市发展的一种空间表现形式,是以空间联系作为主要考虑特征的功能地域概念。借鉴日本都市圈建设的经验:日本由于其人多地少,平原面积少的现实,只能采取"都市圈"式的区域布局模式。日本以都市圈作为产业结构协调的单元,在东京大都市圈、大阪大都市圈和名古屋大都市圈中分别配置了三套相对独立的产业体系,走以大中城市为主的城市化道路。东京大都市圈中,东京的职能是综合性的;大阪大都市圈中有三个中心城市即大阪、神户、京都,它们各有特色,形成协调的职能组合。大阪为商业性城市,神户是其外港,以大阪和神户构成阪神工业区,京都为文化旅游城市。名古屋大都市圈是日本的第三大工业地带,汽车工业是其核心的专业化部门。整体来看,日本的这几大都市圈中各城市之间联系紧密,分工合理,促进了其区域经济一体化的发展。另外,荷兰兰斯塔德城市群体空间也是职能整合均衡型的典型代表,不是将所有职能都集中聚集在一个重要城市中,而是在许多城市中分散体现,实现了相互之间功能的整合。相对应美国,则由于其地多人少和

＊　本文得到《南京市城市总体规划(2007—2020)》项目资助。

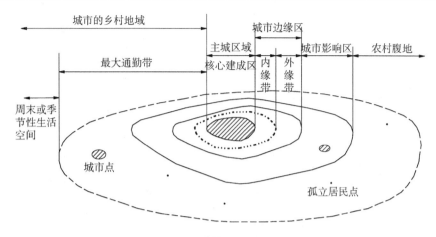

图1 城市圈层式地域结构

平原面积的辽阔,采取全国大分工式的区域布局模式和以中小城市为主的城市化道路。综上所述,我国人均国土资源条件与日本类似,根据当前我国的国情,特别是东部沿海经济发达地区的现实情况决定了我国区域经济发展战略的取向应该参考都市圈的发展模式。我们借鉴日本都市圈发展模式,但是又有所区别,日本大都市圈中城市化运作主要依赖于大中城市,而我国都市圈则应充分发挥大中小城市的作用,促进其协调发展,这是由我国的具体国情所决定的。可以说,都市圈是中国城市化面临新的发展机遇和时代背景条件下比较切合实际的模式。目前国家、区域、城市之间的竞争态势呈愈演愈烈的态势。今后通过构建若干都市圈,以实现社会经济发展在空间上的多极带动,提高城市化增长的效率和经济增长的效益,实现大中小城市的协调发展与合理分工,构建良好的市场环境,提升都市圈整体竞争力。

2 南京都市圈的建构

2002年国务院批准的《江苏省城镇体系规划(2001—2020)》中将南京定位于江苏省内唯一的一级一类中心城市,并提出以南京为核心构建都市圈的设想(见图2)。随后1年,南京都市圈规划(2002—2020)也编制完成,进一步明确了南京都市圈的发展战略与空间范围(见图3),即南京都市圈是长江流域与东部沿海交汇地带的枢纽型都市圈,其空间范围跨越江苏、安徽两省,覆盖八个城市(南京、镇江、扬州、淮安市的南部、马鞍山、滁州、芜湖市、巢湖市的部分地区)。南京都市圈土地总面积4.8万平方公里,现状总人口3 190万人(见表1)。

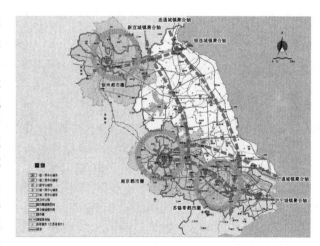

图2 江苏省城镇体系规划空间结构示意图

表1 南京都市圈社会经济发展情况一览表(2009)

	户籍人口(万人)	土地面积(km²)	GDP(亿元)	人均GDP(元)	地方财政收入(亿元)	社会消费品零售总额(亿元)	全社会固定资产投资(亿元)	实际到账注册外资(亿美元)	城镇化水平(%)
南京	629.77	6 582	4 230.26	55 290	434.51	1 961.58	2 668.03	23.92	77
扬州	458.8	6 638	1 856.39	41 406	128.08	619	1 063.9	22.66	52.9
镇江	306.9	3 847	1 672.08	54 732	101.57	488.5	1 010.57	14.41	60
淮安	534.16	3 218	1 121.15	23 277	127.85	399.89	1 100	6.14	43.1
芜湖	230	3 317	902	39 142	69.41	241.51	900.69	6.05	45.6
马鞍山	128.61	1 684	665.9	51 777	63.73	125.75	546.14	5.72	65.7
巢湖	458.6	9423	529.36	12 880	30.94	179.69	444.03	2.50	38
滁州	450.25	13 398	576.18	14 002	37.07	183.6	524.85	1.20	22

图3 南京都市圈空间范围图

2.1 南京都市圈的成长

目前伴随着南京区域中心城市功能的发展与完善以及区域性交通设施条件的改善,南京都市圈获得了周边城市的广泛共识,区域一体化发展趋势逐渐显现。1986就由南京发起,江苏、安徽和江西三省共建"南京区域经济协调会",发展至今成员城市已有20个,空间上覆盖了三省大部分地区。自2003年《南京都市圈规划》实施以来,南京都市圈内8市就自发成立了南京都市圈发展论坛(迄今已召开7次)和都市圈市长峰会(迄今已召开4届),成为政府、企业、学者等多主体参与、面向城市利益诉求、发展研讨、信息交流和政策制定的重要平台。在上述制度框架下,各种城市已经先后共同发布了《南京都市圈2006—2010五年建设规划纲要》、《南京都市圈共同发展行动纲领》等系列实质的合作性文件,使得南京都市圈认同度不断得到提高。以都市圈合作为基础,南京正不断外延和扩大区域合作范围,促进生产要素在更大地域流动,充分发挥出南京"承东启西"的作用。2009年5月南京、合肥、南昌三市主要领导在"宁合昌发展战略对接与合作座谈会"上达成共建"宁合昌新三角经济共同体"的共识,即主要以南京为中心的南京都市圈、以合肥为中心的合肥经济圈和以南昌为中心的鄱阳湖生态经济区公共构成长江中下游地区的重要经济协作区之一,推进"泛长三角"的区域合作,实现国家通过"东部率先"承东启西带动"中部崛起"和"西部开发"的战略意图。2010年5月国务院刚批准通过的《长江三角洲地区区域规划》,对南京作为长三角区域中心城市的定位有所提高,要求南京加强区域协作,尤其是加强与周边地区和长江中上游地区的联合与协作,强化服务和辐射功能,带动中西部地区发展。

2.1.1　独特的空间区位

南京位于长三角的西北边缘,距离上海超过300公里,已经脱离了其紧密的影响范围,成为一个拥有自身影响腹地的区域性中心城市。南京都市圈地处中国东部与西部经济发展的转换地带。南京都市圈东承上海等城市的辐射,并且将其影响通过自身的组织转移至西部广阔的空间地域,成为长三角向中西部地区辐射的"增压站"和"传感器"。

2.1.2　区内各城市具有近似的自然地理条件

南京都市圈内各城市大多沿长江两岸分布,自古以来就存在着密切的历史联系和区域文化的整合性,是吴楚文化的交汇地和北部中原文化与南部吴文化的交融地。因此,山水相连,习俗相近,经济相系,特别是在经济协作、长江港口、铁路、金融等方面已建立了各种区域性的管理机构。

2.1.3　区域交通体系不断完善,基本形成了以南京为核心的放射圈层状结构

随着长江二桥、三桥以及沪宁、宁芜(马)、宁合、宁通、宁连、宁杭等高速公路相继建成通车,初步形成了南京向周边辐射的四通八达的高等级对外交通网。区域交通的快速化和便捷化带动了圈内城市间人口、资金、物资、商品等要素的频繁流动。

2.1.4　都市圈整体工业基础较好,南京产业门类齐全,已经对周边城市形成了一定的辐射力

区域工业化水平总体上处于工业化中期,其中南京已进入工业化后期阶段。南京作为中国经济最发达省份的省会城市,是长江中下游地区综合实力仅次于上海的二级特大中心城市,是长三角城市群北翼的重要一极,在南京都市圈区域内具有较高的首位度,具备相对完备、齐全的产业体系。随着自身综合实力的提升和中心城市功能的完善,南京对其周边腹地的辐射作用也在同步扩大,带动了区域的共同发展。南京是中国东部地区重要的综合性工业基地,目前已经形成以电子信息、石化、汽车、钢铁和一批地方特色产业为主导的综合性工业体系,拥有国家级开发区4个,工业经济及技术基础雄厚,工业门类齐全,工业化基础稳固;南京是长江下游仅次于上海的商业中心城市和金融中心城市,服务行业总体水平发展较高,已发展成为物流、旅游会展、金融、信息、商贸等五大区域中心,服务于"1小时都市圈"内的3190万人口。2009年南京市社会消费品零售总额为1961.58亿元,占南京都市圈内所有城市总量的48%;南京具有比较好的文化积淀,高校和科研院所高度集中,教育、科研资源具有较大优势,有比较丰富且高质量的人力资源供给,具有较强的人才竞争力,具有创新源的良好条件。南京所拥有的体育、文化、医疗等一批高质量、高水平的公共设施已经有效服务于周边多个城市,构成南京参与区域竞争的重要竞争优势。

总之,顺应区域经济一体化发展的趋势,建设南京都市圈是增强圈内城市综合实力、提高竞争力的内在要求,为城市发展提供了广阔的空间和动力。

2.2　发展中面临的问题

伴随着南京都市圈的逐步成长,近年来长江三角洲其他中心城市的辐射面也正在成倍地放

大。特别是,伴随区域网络化大交通格局的改变和高快速交通的发展,苏通和崇明岛大桥的建设以及沿海开发战略的实施,使得上海对周边城市的辐射力进一步增强,进而南京的影响腹地也受到了挤压,目前镇江丹徒区一带已经成为其与南京都市圈空间影响范围的"断裂点",并逐渐接近南京市域行政边界,南京正面临着东向腹地日益被"袭夺"的尴尬局面。面对日益激烈的区域竞争,南京中心城市地位却呈现下降趋势,城市竞争力还显不足,区域性中心城市地位日益受到挑战,主要归结于以下几个方面的原因:

2.2.1 城市发展的结构性矛盾突出

从产业结构上看,南京"倚重少轻",重工业比重大,部分导致了南京城市辐射力不强。2008年南京规模以上工业企业总产值(当年价格)为6 635.74亿元,其中重工业总产值为5 507.26亿元,是轻工业总产值的4.9倍,占全市规模以上工业总产值的83%。重工业的专业化分工协作系数小,产业关联效应不强,因此中心城市工业及其配套产业发展对周边地区辐射力弱;从企业隶属关系上看,南京的中央部属经济势力较大,其辐射范围不仅仅局限于南京市域,而是全省甚至全国范围内的,而地方中观经济组织协调能力不强,缺乏在市内以生产零部件为主要内容的专业化生产体系的配套,导致了经济发展的自下而上的拉动力不强;从空间结构上看,南京城市总体规划中提出的"多中心、开敞式、轴向、组团"的空间结构是为城市空间发展理论和国内外城市尤其是大城市发展的实践所证明的最符合大城市实施可持续发展的成功模式,也是契合南京自然山水条件下城市发展的必然选择。但是从南京城市空间发展现状来看,目前在主城东部和南部地区等局部地区已经出现与主城连片蔓延发展的态势,造成对生态化地区的侵占,损坏了城市发展的系统性结构。城镇间的绿色空间实际上是构成南京城市空间格局的重要因素,这些空间若遭到蚕食,实际上是对南京城市整体空间格局的结构性破坏。以上因素都直接造成了都市圈内各个城市间职能分工不明显,产业关联度低,尚未形成整体优势,相互之间的联系还较松散。

2.2.2 腹地经济基础薄弱

南京经济发展以城区为主,呈现出"大城市、小郊区"的发展格局。外围腹地特别是周边郊县的经济薄弱,与中心城市的差距正不断拉大,城乡二元结构矛盾突出,已成为严重制约区域发展的瓶颈。2008年南京全市GDP达到了3 814.62亿元,其中郊县GDP为322.24亿元,仅占全市的11.9%,人均GDP也低于全市平均水平(见表2)。市域城市化水平达到77左右%,而郊县城市化水平仅为31%左右,郊县城市化严重滞后,严重影响了农村剩余劳动力的转移,没有充分发挥郊县在区域经济发展中的枢纽作用,加大了主城就业的压力,对都市圈发展的支撑作用较弱。

表2 2008年南京市社会经济发展情况

		户籍人口(万人)	土地面积(km²)	GDP(亿元)	人均GDP(元)	地方财政收入(亿元)	社会消费品零售总额(亿元)	全社会固定资产投资(亿元)	实际到账注册外资(万美元)	城镇化水平(%)
市区	城区	243.84	260.05	979.26	40 160	104.24	1 072.97	439.65	73 075	100
	郊区	297.4	4 463.02	1 395.87	46 936	132.09	472.92	1 082.41	102 283	66.77
	合计	541.24	4 723.07	2 375.13	43 883	236.33	1 545.89	1 522.06	175 358	83.04
郊县		83.22	1 859.24	322.24	38 721	19.04	105.93	227.1	9 168	30.57
全市		624.46	6 582.31	3 814.62	61 445	386.56	1 651.82	2 154.17	237 203	76.8

资料来源:《南京市统计年鉴》(2009)

2.2.3 区域深度合作机制缺乏

目前尽管南京都市圈内各城市已开展有一定形式的区域合作,但南京都市圈跨省(苏皖两省)、市(8市)两个层次行政界限,因此都市圈的建设涉及多方面的利益与关系,给城市间的协作与交流造成一定的困难。长期以来,南京中心城市功能发挥不佳实际上与南京的区域服务和辐射战略不明确、缺乏区域联动发展机制密切相关。未来城市的发展不能仅追求外延式扩展,还要注重其内涵的发展,需要在转变政府职能、加快区域联动等方面进行必要的探索和研究,特别是在区域性基础设施、环境治理、空间管治等方面建立起新型的区域协调机制和城市协作关系。

总之,如何合理配置南京都市圈内金融功能、物流功能、信息功能、技术功能、土地功能和各种生产要素,促进功能与特色的结合,在激烈的区域竞争环境中有效发挥南京都市圈的功能,已成为当前面临的难点问题。

3 加快南京都市圈融入长三角城市群的实施策略

南京是长三角北翼重要的区域性中心城市,这一特殊的空间区位条件使得南京都市圈的成长必然为长三角一体化西进和东部地区向中西部地区、南方向北方辐射过程中发挥不可或缺的枢纽性作用。所以正确处理好南京、南京都市圈和长三角三者的关系,实现在产业、空间、制度等方面的合理对接,最终实现区域经济的整合,是今后南京进一步优化城市功能,进一步挖掘城市发展动力的重要路径。

3.1 功能整合

城市发展的原动力是城市功能的发展、调整及区域功能结构的整合。城市在区域范围内的功能整合范围越大,城市发展的动力就越强。当只有当城市的生长动力与区域发展趋势保持协调,不断拓展其生产性与服务性功能,才能获得持续的发展动力。产业发展是城市功能的基本体现,产业结构调整和升级是城市功能不断优化的可靠保障。

3.1.1 加快产业结构调整,提升中心城市功能

一方面必须引进先进技术加以改造传统产业,积极发展现代制造业,重视发展零部件专业化生产体系,加强产业集群化建设。依托南京的科技优势,完善技术创新机制,以高新技术改造电子信息、石油化工、车辆制造等传统优势产业,促进高新技术与传统产业的融合,延伸产业链,提高产品的科技含量和附加值。学习美国硅谷、波士顿附近的128号公路、日本北九州、筑波科技园、"台湾"新竹科技园等先进经验,充分发挥南京的科技优势和环境条件,建立高新技术产业化创新体系,积极发展电子信息、通讯设备、生物医药、新材料产业,实现大学研究机构与企业生产真正的联合与融合,建立高新技术研究开发→产品生产→市场销售的完整的高新技术产业链。另一方面,改造传统服务业,积极发展面向都市圈的区域性现代服务业,培育物流中心、现代服务中心和科技研发中心。这样,将制造业和服务业共同作为经济增长的双引擎。

3.1.2 加快区域经济组织,实现专业化生产制造环节的地域延伸和深化

实现区内城市间产业结构的协调配置,创造有序竞争的市场环境,形成群体优势。重视建立起相对独立的区域产业体系,组织区内各城市专业化协作、推动经济联合发展,形成自己的特色产品和优势产品。应充分利用地缘、交通上的优势,主动呼应上海,加强与都市圈外围城市多领域、多层次、多形式的联合,从优化资源配置、提高整体效益的角度出发,推动互补合作,在联合和优势互补中不断壮大自身实力。如南京与上海在传统产业方面,对于技术、原料、市场、资金等方面的依赖日益减少,更多需要的是在高新技术、信息、资本市场、国际市场、物流等方面的

服务。响应地区专业化发展的要求,南京在产业分工上要与上海形成协作互补、错位发展的关系。上海作为国际性的金融、经济、贸易、航运中心,而南京则应巩固其重化工业基地的地位,重点发展石化、钢铁、建材、机电等产业集群,并依托于其强大的科研优势,加强研发功能,培育自己的高端核心创新技术,形成自己的核心技术产品和优势产品。同时,积极吸引跨国公司在区内设立生产基地、研发中心和地区总部的激励机制,引进与跨国公司配套协作的加工企业,力争区内企业和配套产品进入跨国公司的全球生产链和营销网络。

3.2 空间引导

空间作为一种重要的资源,不仅仅是城市发展的载体,空间结构的优化成为提高城市竞争力的重要手段。较高的空间结构效益能大大降低城市发展的成本,提高城市的竞争力。首先,在城市内部空间治理上,根据南京市城市总体规划要求,依托以"一主三副"①为重点的南京都市区②空间发展框架(见图4),进一步填充补齐和完善功能,强化其作为都市圈核心功能载体的作用,这是南京实现带动南京都市圈区域范围内其他城市共同发展的先决条件。值得注意的是,在提升主城功能的同时,要加快外围副城和新城中心区建设,形成具有较强反磁力作用的多级新增长中心,吸引和疏散主城功能和人口,使得城市在扩大规模的同时能够避免单中心城市的种种大城市病,形成更加有序弹性的发展空间。各城市组团之间则形成能发挥生态效应的绿化隔离带和楔型绿地,形成城镇与自然之间的相互交融,保证在为城市提供更大发展空间的同时,强调保持空间的生态宜居性和生物多样性。其次,在城市外部空间的对接上,南京都市圈空间组织应该体现一种通过合理分散发展而达到选择性集聚、群体空间优化的理念,寻求社会、经济、生态、空间与时间的耦合。南京都市区"多中心、开敞式、轴向组团"的空间结构,为南京与南京都市圈的契合发展提供直接的空间框架。这一可持续的空间结构不仅能够较好地适应与引导未来南京城市内部空间高质、高效的发展,而且能够较好地与周边城市的发展相衔接,也有利

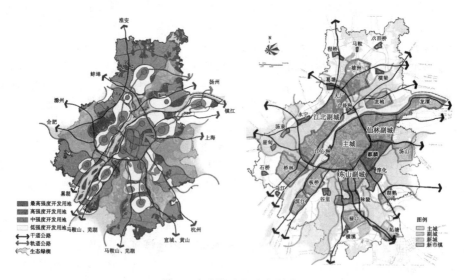

图4 南京都市区空间结构

---

① "一主三副"包括主城、东山副城、仙林副城和江北副城。
② 南京都市区是指以现代服务、高新技术产业为主导,城市公交与公共服务高度覆盖,城乡发展品质基本均等的高度城市化地区,是南京区域中心城市职能的主要承载区。规划南京都市区形成包含1个主城、3个副城、8个新城和19个新市镇的城镇空间布局形态。

于长三角超大城市群网络型群组空间的形成。首当其冲要实现都市发展区主要功能轴线与区域城市发展轴线的有效对接(见图5),这样真正疏通城市与区域发展的联系通道,合理引导主城功能向都市圈内其他地域的合理扩散,进一步优化城镇布局和生产力布局,实现圈内资源的共享,提高区域整体竞争力。

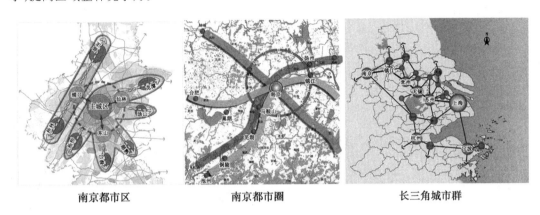

| 南京都市区 | 南京都市圈 | 长三角城市群 |

图5 南京都市区与区域空间的契合

3.3 区域协调

建立以省级协调为主导,以城市政府间协调为主体,以省市各部门协调为基础的多层次、多元化的区域协调体系,来协商解决区域性事务、推进区域合作。借鉴西方大都市区政府的实践,基于市场化的发展机制,为落实跨行政规划的制定及实施,都市圈地区有必要建立一个区域性的、法制化、更有力的跨行政区的联合协调机构和监督机构,管辖区域事务,沟通和平衡各方利益,协调解决对区域发展有重大影响的问题。建议可建立跨地区的"南京都市圈区域协调委员会",下设若干专业委员会。本着"互惠互利、优势互补、共同发展"的方针,制定具法律效力的区域协调公约和协调机制。主要包括两方面的协调重点:其一,建立圈内相关城市参与的重大区域性事务的协商与协调机制,共同解决区域性争端和问题,实现交通、市政、公共服务、环境治理等区域性基础设施的共建共享,避免重复建设和资源的浪费。如禄口机场航班和航线布局要与浦东国际机场协调一致;按照上海建设国际航运中心的总体规划要求,长江南京港要作为上海港口体系的一部分,即江海联运、水陆联运的枢纽港之一来规划建设和营运。其二,兼顾各方利益,建立区域共同发展的利益重整与补偿机制。探索区域发展的利益调整机制,在区域共同政策实施中采取税收、统计转移、项目投资、生态补偿等形式对可能带来的地方利益损失进行补偿。

4 结语

在全球化背景下的城市竞争,已经不是单一的城市间竞争,而是以中心城市为核心及其周边城镇共同构成的城市区域或城市集团的竞争,城市区域成为国家参与全球竞争的基本空间单元。城市之间的竞争是激烈的,合作与协调是需要的,而实现错位发展、形成特色是必然的选择。但是在此过程中,必须考虑到自身的历史文化底蕴、自然环境、社会经济基础等具体条件,同时区域产业协同、空间结构对接、区域协调联动在竞争中的作用也是不容忽视的。

参考文献

[1] 姚士谋,陈振光,朱英明. 中国城市群新论[M]. 合肥:中国科学技术大学出版社,2001. [Yao S M, Chen Z G and Zhu Y M, 2001. Urban Agglomeration in China. Hefei: Chinese University of Science and Technology Publisher.]

[2] 张京祥. 城镇群体空间组合[M]. 南京:东南大学出版社,2000. [Zhang, J X, 2000. Spatial Combination of Urban Agglomeration. Nanjing: Southeast University Publisher.]

[3] 张京祥,邹军,等. 论都市圈地域空间的组织[J]. 城市规划,2001,25(5):19-23. [Zhang J X, Zou J. etc, 2001. Orgnization of Territorial Space of Metropolitan Area. City Planning Review, 25(5), 19-23.]

[4] 姚士谋. 中国大都市的空间扩展[M]. 合肥:中国科学技术大学出版社,1997. [Yao S M, 1997. Spatial Expansion of Chinese Metropolis. Hefei: Chinese University of Science and Technology Publisher.]

[5] 崔功豪,魏清泉,等. 区域分析与区域规划[M]. 北京:高等教育出版社,2000. [Cui G H and Wei Q Q. etc. , 2000. Regional Analysis and Regional Plan. Beijing: Tertiary Education Publisher.]

[6] 姚士谋,顾朝林,Kam wing Cheng. 南京大都市空间演化与地域结构发展策略[J]. 地理学与国土研究,2001,17(3):7-11. [Yao S M, Gu C L and Cheng K W, 2001. Developmental Strategies on Spatial Evolvement and Territorial Structure in Nanjing. Geography and Country Research, 17 (3), 7-11.]

[7] 南京市规划局. 南京市城市总体规划(2007—2020). 2010. [Nanjing Urban Planning Bureau, 2010. Nanjing City Master Plan (2007—2020). Nanjing: Nanjing Urban Planning Bureau.]

Regional Competition and Cooperation, Development of Metropolitan Area
——Exploration and Practice in Nanjing

Guan Weihua   Song Jingjing

Abstract: Nanjing is the regional central city in the north-wing area of Yangtze river delta. Resorting to such unique location, Nanjing metropolitan area plays an essentially pivotal role in the process of transferring radiation and influence of Yangtze river delta to the central & western regions of China. Therefore, reasonably tackling the relationship among Nanjing, Nanjing metropolitan area and Yangtze river delta, achieving a reasonable docking in the industry, space and institution, finally achieving regional economic integration are the important paths to optimize and upgrade urban functions, to motivate the potential of urban development.

Key words: regional competition and cooperation; metropolitan area; urban agglomeration; industrial clusters; Nanjing

(本文在 2010 年"国际数字城市群建设和管理学术研讨会"(香港)作主题发言)

城市生态性地区概念规划探讨

——以南京江心洲为例

沈 洁

摘 要："城市生态性地区"是在城市生态格局当中居重要地位的地区,传统的空间规划并没有很好地解决这类地区的规划要求。笔者提出以"生态概念演绎"的思路来进行这类地区的概念规划,并以南京江心洲为例开展了规划实践。

关键词：城市生态性地区；概念规划；南京江心洲

所谓"城市生态性地区",在学术界并没有出现过相应的概念,我们之所以这样提,是为了强调地区在城市空间格局当中所具有的生态属性。从现有空间规划的成果来看,尽管没有明确提出,但是每一座城市都会有属于自己的"生态性地区",它可能是城市内部的一条河流,可能是一座山,也可能是一座岛屿,对城市的生态格局、生态环境起着重要作用。但是,传统的空间规划并不是普适的,所以没有与之相适应的、明确的规划方法提出。正是因为传统规划在该领域的空缺,所以我们选择了这样一个视角来做研究,希望能够通过生态概念的引入使生态与规划更好地结合,为解决这类地区的规划提供一些思路,使之能够得到更好的保护和更合理的开发利用。

1 对"城市生态性地区"的理解

就城市中的某一区域而言,我们认为,它具有三种属性特征。一是自然属性,包括它的区位关系、空间范围和地理特征等;二是社会属性,包括人口属性、行政隶属关系、社会结构等以及表征经济价值的用地类型、地价、投资密度和经济产出等。前两点属性通常比较容易引起规划师们的关注,并得以在规划编制及建设管理中加以体现。但是,城市地区的第三种属性——生态属性,却往往被忽视。在这里,我们将生态属性理解为,基地在城市空间格局(尤其是城市的生态格局)当中所具有的关键性作用。

城市中的任何地区都具有生态属性,但是,通常只有城市的生态廊道,或者是位于生态廊道上的某节点,又或者对城市生态环境起重要调节作用的某斑块,这种生态属性才会表现得较为突出。我们在这里提出的"城市生态性地区",就是指,在城市生态格局当中处于关键性位置、具有重要作用、生态属性突出的地区。

2 城市生态性地区概念规划的本质

概念规划注重规划理念而非详细的规划设计,它在城市规划的引入,是对过于具象的传统规划的突破。从本质上说,概念规划是建立并演绎概念的过程,即一个连续的、完整的概念具体化的过程。

城市生态性地区的概念规划与一般城市地区的概念规划理应有所区别。就我们的理解,这个区别应该表现在规划理念的选择和表达上。笔者认为,城市生态性地区概念规划所表达的规划理念应结合生态的概念,而不仅仅是传统的空间的认识,这类地区概念规划的本质应该是一个生态概念于规划过程的具象过程。

具体地说,这个过程首先来源于一个生态的概念,以之作为构建规划方案的基础;其次,是概念的解构,通过分析基地所具有的空间特征,从抽象的生态概念与具象的空间特征中抽取基本元素;再次,是元素的拼合和结构的优化,将抽取得到的基本元素再重新赋予基地,演绎、发展得到优化的空间结构;最后,是规划的深化和完成。简言之,城市生态性地区概念规划的过程就是一个生态概念的"建立→解构→拼合→优化→深化"的过程。

3 城市生态性地区概念规划的方法探讨——以南京江心洲为例

基于上述认识,笔者尝试以"生态概念演绎"的思路来开展城市生态性地区概念规划的实践。

江心洲是长江南京段的一座岛屿,现状用地以绿地和农田为主,尤其是岛屿四周的沿江地区基本保持了岛屿原生的环境特征,分布有一定量珍贵的湿地和自然植被。根据南京市城市总体规划,江心洲是南京都市发展区西南方向生态廊道上的重要节点,同时还是主城四大结构性绿地的重要组成部分,它在城市生态格局中居重要地位,决定了它成为重要的城市生态性地区,也因此成为本次研究选择的对象。

3.1 基地概况

江心洲位于河西新城区的西部,西侧为长江主航道,平均宽度约 1.5 km,东侧为夹江,平均宽度约 0.4 km。岛屿整体呈西南—东北走向,形状狭长,总面积 15.04 km²,位列长江第四大冲击洲岛。

图 1 江心洲在城市生态格局中的位置示意图

表 1 江心洲土地利用现状构成表

用地类型	面积(ha)	比例(%)
城镇及独立厂区	18	1.20
村舍及村居住用地	124.7	8.29
交通用地	11.4	0.76
耕地	800.0	53.19
绿地(含林地)	707.0	47.00
总用地	1 504	100.00

从用地构成来看,岛屿现状仍保留着传统的乡村生活的特征,用地以绿地和农田为主,建设用地所占比例较小,虽然隶属新城区,但是开发建设尚未大量介入。岛上现有居民约 1.3 万人,三次产业齐全,工业在经济中占主导地位,但近年来依托观光农业发展起来的旅游业也呈现快速增长的态势。根据地区政府的发展思路,未来岛上的工业将逐步搬迁。

目前岛屿的对外交通主要依赖渡船,包括人渡和汽渡。岛上交通主要依赖环岛路和穿洲路,其中,环岛路围绕江堤环岛一周,穿洲路则贯穿岛屿南北,但道路的通畅性较弱。此外,还有一些垂直于穿洲路的乡村小路分布其间,连接着岛屿上自然散落布局的村舍与建设点。

3.2 生态概念的建立

生态概念的建立对整个规划过程至关重要,是规划核心思想的依据,也是城市生态性地区概念规划与传统空间规划的本质区别所在。

在研究过程中,笔者选择了景观生态学当中最基本的两个概念作为本次规划所引用的生态概念。

3.2.1 "斑块—廊道—基质"的基本模式

斑块(patch)、廊道(corridor)和基质(matrix)是景观生态学用来解释景观结构的基本模式,普适于各种景观,包括荒漠、森林、农田、草原、郊区和建成区等。这一模式已经成为生态与规划之间相互交流的一种通俗和可操作的语言。

3.2.2 "集聚间有离析"的最优景观格局

"集聚间有离析"(aggregate with outlines)被认为是生态学意义上最优的景观格局。这一模式强调规划师应将土地分类集聚,将不同类型、属性的斑块间隔分布,包括在建成区和开发区内保留小型的自然斑块,或者在自然基底上分布一些人工斑块。这种景观格局具有生态优越性,且能满足人类活动的需要,并提供丰富的视觉空间。

3.3 概念的解构

生态概念的解构是抽象的概念于规划对象的第一次认知,即根据概念的内涵来拆解、辨识基地所具有的空间元素。

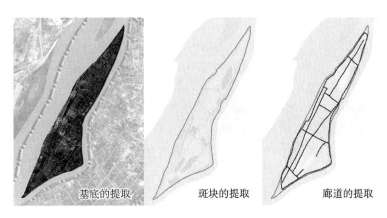

基底的提取　　　斑块的提取　　　廊道的提取

图 2　空间元素的提取

根据"斑块—廊道—基质"的基本模式,结合基地的空间特征,笔者从中抽取出基地所包含的空间元素,包括:

基底:整座岛屿;

斑块:岛上的面状要素,即反映在基底上具不同属性和形态的用地,包括自然的、人工的各种地块;

廊道:岛上的线性要素,即道路,包括环岛路、穿洲路和若干乡村小路以及河流,其中环岛路是岛屿形态界定的主要元素,而穿洲路则是岛屿南北连通的主要通道。

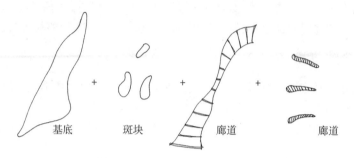

基底　　　　斑块　　　　廊道　　　　廊道

图3　空间元素的抽象表达

3.4　元素的拼合

　　简单地说,元素的拼合就是将拆解得到的各类空间元素加以叠合的过程。但是,这个过程并不是不假思索的罗列,其中有一个判断的问题。并不是所有的空间元素都是有用、有益的,在此期间需要规划师充分运用传统的空间规划的理论素养来加以识别和取舍,得到一个基本的空间结构。

　　本例中,在三类生态空间元素叠合的基础上,经过取舍,得到一个基本结构,即:在以整个岛屿为基底的基地上,各种斑块分布其上,其间以各条主要道路作为廊道,加以连通。

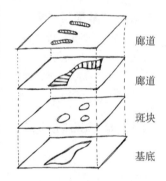

廊道

廊道

斑块

基底

图4　元素的叠合

3.5　结构的优化

　　在由元素拼合得到基本结构之后,笔者加以"最优景观格局"的生态概念进一步组织空间结构。针对基地"城市生态性地区"的属性特征,笔者认为,应该突破传统规划的思路,把整个岛屿作为一个受到控制和保护的绿色基底,而把人工建设区域作为相对少量的斑块像"岛"、像"斑纹"一样散布在生态的基底上面。

　　根据这样的思路,由基本结构演化得到一个生态学意义上的"最优结构"的雏形:穿洲路成为主要廊道串联起若干人工建设斑块,投影在由环岛路界定的绿色基底的岛屿上。之后,笔者结合规划的理论对此加以分析,在经历了由"糖葫芦→串珠→枝叶"三种结构的改进之后,最终确立了"枝叶"状的规划结构。

　　(1)"糖葫芦"结构

　　该结构是完全由理论衍生的初始结构。穿洲路作为主要的空间轴线从所有的人工斑块当中穿过,并将它们串连起来,形成一个形似"糖葫芦"的结构。

　　(2)"串珠"结构

　　在"糖葫芦"结构当中,穿洲路作为岛屿最重要的空间通廊,要从每一个人工斑块中央穿越显然是不合理的。因为,无论是斑块的完整性还是廊道的贯通性都将因这种穿越式的结构而遭到破坏。所以,笔者移动了人工斑块的位置,使斑块与廊道相接但并没有穿越,这样既可以保证连通,又可以避免彼此间的干扰,并且为原本平淡的结构增加了一些变化。

(3)"枝叶"结构

"枝叶"结构是进一步的优化。它较"串珠"结构的区别在于,"枝叶"结构强调了乡村小路的功能,在与穿洲路垂直的东西向上增加了廊道。如此,穿洲路成为主干,支撑着整个结构,东西向的小路成为附着在主干上的小枝,人工斑块则像树叶一样生长在小枝上。这个结构的优点在于,更好地保证了斑块的独立性,解决了通道在畅通性和独立感上的问题,同时为每个斑块提供一定的灵活的生长空间,也满足了主干与腹地连通的需要。

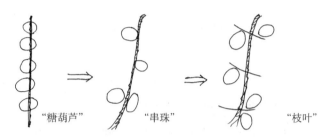

图 5 由"糖葫芦→串珠→枝叶"结构的改进过程

3.6 规划的深化

在确立了"枝叶"状的空间结构以后,该结构成为江心洲空间布局的基本模式。

规划首先整理环岛路,将其作为界定岛屿空间形态的重要元素,把岛屿整体视为一个绿色基底。其次,将穿洲路加以扩展和延伸,形成贯穿全岛南北的"主轴",同时梳理现有的横向的乡村小路,使它们成为与主干相连的绿色连廊,在这些绿廊的边缘选择适当的位置布置各种功能斑块。这些斑块包括:洲岛村镇集中建设区、旅游服务中心(含游船码头)、游客集散中心(即换乘中心,结合过江隧道出口和地铁出入口布置)、旅游度假区等若干人工建成区域,以满足岛屿旅游发展的需要。除了这些人工斑块以外,绿色基底基本由农业科技文化园、洲头、洲尾两处生态公园,洲西沿大江一侧的带状生态湿地以及大量的绿地组成,仍然保留基地原本绿色的、自然的特征。最终深化得到的结果如图所示。

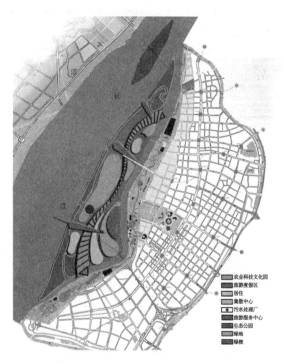

图 6 江心洲概念规划结构图

4 结语

传统的空间规划总是以人的发展需求为核心,在处理建成区与绿色空间的时候,往往先考虑建成区,然后在建成区的基底上再"见缝插绿"。但是本次概念规划则是以生态保护的需求为核心,充分运用生态概念,把整个规划区域视为一个绿色基底,将其控制起来,再在绿色基底上布置适量的人工斑块,以多条廊道加以连通。该结构最大限度地保留了地区的自然风貌和生态属性,既有利于保持岛屿的生态环境,同时又尽力满足居民的生活需要以及岛屿旅游发展的需要。

笔者所尝试的城市生态性地区概念规划与传统意义上的概念规划不同,是基于生态概念在规划过程中的演绎,希望能为该类地区的规划提供一些新的思路。

参考文献

[1] 方彭. 传统城市规划理念的突破:概念规划. 现代城市研究,2003(3)

[2] 吴敏. 浅议概念性设计的本质与方法——以湖州市织里镇同济工业园区概念性设计为例. 城市规划学刊,2005(5)

Conceptual Plan of Ecological Area in City

——Taking Nanjing Jiangxinzhou Island for Example

Abstract：Ecological area in city is very important for the ecologic structure of the city. But the traditional urban planning cannot resolve all the problems from these special area. So we bring forward that taking ecological conception deducting into the course of the conceptual planning of the sites. Then we take Nanjing Jiangxinzhou Island for the example.

Key words：Ecological Area in City；Conceptual Plan；Nanjing Jiangxinzhou Island

(本文原载于《规划师》2006 年第 4 期)

对当前公租房规划建设问题的思考

陶承洁　吴立伟

摘　要：本文从公租房建设的必要性和当前公租房规划建设中出现的实际问题出发，建议在公租房规划中要加强制度规划安排；扩大公租房规划覆盖面和规划总量；通过多种规划建设方式保障用地和资金；从群众需求出发来进行公租房的规划选址和规划配套工作。

关键词：公租房；规划；资金；用地；选址

"十二五"规划纲要提出，我国将重点发展公共租赁住房（以下简称公租房），逐步使其成为保障性住房的主体。在公租房的规划上，如何促进公租房建设，真正让群众受益，是值得政府和规划工作者思考的问题。

1　加强公租房规划的必要性

1.1　公租房的社会需求

近年来，随着廉租房、经济适用房（以下简称经适房）建设和棚户区改造力度的逐步加大，城市低收入家庭的住房条件得到较大改善。但是，部分大中城市由于商品住房价格较高、低租金出租的小户型住房不足等原因，一些中等偏下收入住房困难家庭无力通过市场租赁或购买住房的问题比较突出。同时，随着城镇化快速推进，新职工的阶段性住房支付能力不足矛盾日益显现，外来务工人员居住条件也亟须改善。公租房是解决新就业职工等夹心层群体住房困难的一个产品。公租房不是归个人所有，而是由政府或公共机构所有，用低于市场价或者承租者承受起的价格，向新就业职工出租，包括一些新的大学毕业生，还有一些从外地迁移到城市工作的群体。大力发展公租房，是完善住房供应体系、调整住房供应结构、满足城市中等偏下收入家庭基本住房需求的重要举措。

与其他保障性住房相比，公租房覆盖面较广，不仅包括本地中低收入家庭，还将惠及新就业人员和外来务工人员，特别是那些夹心层和刚刚毕业的大学生，他们是城市的发展的中坚力量和新鲜血液，往往既住不到经适房，也住不上廉租房，建公租房是适应这些人群居住的主要保障措施之一，对城市留住人才、提高竞争力有较大作用。

1.2　公租房的相对优势

一是经适房一般分配给本地户籍的困难职工、被拆迁人、甚至是福利较好的单位，但住户拥有全部产权、5年后即可与商品房一样上市买卖的特点，使经适房成为一种被各利益方博弈争夺的资产，其"保障房"性质在现实操作中被极大削弱，反而更接近廉价商品房。拥有经适房的人不一定就是真正的住房困难户，甚至出现开宝马住经适房的情况，真正的需要政府保障性住房的普通中低收入市民却只能排队等候或干脆不符分配资格，只能望楼兴叹而继续蜗居。公租房因其住户有居住权没有产权的特点,强调了保障的功能,而不具有流通性商品资产的功能。公租房的特点一方面既可以避免经适房那样大规模交易流通而冲击商品房市场,另一方面也可以在很大程度上消减围绕资产分配产生的各种博弈、各种弊案,避免经适房沦为廉价商品房的情况,而更多发挥其住房保障的功能。

二是廉租房在资金投入上难以到位,导致相对保障需求总量而言数量极为有限,能保障覆盖的人群范围比较小。根本原因在于廉租房不但前期建设需要政府投入,到了建成使用阶段政府还是没有收回成本的途径,甚至还要源源不断的补贴资金用于住房维修、基本的水电公摊、廉租小区管理服务。这样,一方面廉租房建得越多,政府负担越重,而且是长期不断的财政负担,另一方面因没有收益也不能轻易通过贷款融资建设,导致建设本身的融资渠道单一,地方政府往往没有积极性。而公租房因其建成后住户上缴租金要高于廉租房,虽不及市场价格,但至少使政府在公租房建设使用全周期中处于缓慢收回成本的阶段,而不会让政府财政持续性"失血"。这样政府建设保障房的资金使用将更有效率,投入同样的政府资金建设公租房可保障的住户数将远大于建设廉租房。反过来这也有利于提高保障住房的建设标准和建设质量。

1.3 公租房的政策支持

目前很多发达国家和地区,都有通过政府建立保障性住房租赁体系。在新加坡,公租房被称作"组屋",满足了 80%的人口居住问题。香港特区也通过建"政府公营永久房屋",帮助 30%的贫困家庭实现了"居者有其屋"。他们几十年的成功建设经验值得我国借鉴。

住建部副部长齐骥曾在 2009 年提出要加快公共租赁房的建设,以解决既买不起经济适用房又不够廉租房条件的"夹心层"的住房问题。2010 年《关于加快发展公共租赁住房的指导意见》正式发布,将住房保障体系逐步向城市"夹心层"延伸。在"十二五"规划纲保障房范畴中,也强调"重点发展公共租赁住房"。由此可见,公租房不是可有可无,也不能因为房价高低而决定公租房的存在与否。

"十二五"期间江苏省全省保障性住房建设总量将达到 139 万套,仅 2011 年建设任务将达 45 万套;北京市"十二五"计划新建、收购各类保障房 100 万套,公租房则力争在公开配租配售保障房中占到 60%;广州住房保障将以租赁型保障住房为主,60%将是公租房;深圳计划未来 5 年建设 18 万套公租房;西安宣布未来 3 年建设 373 万平方米公租房;最为激进的重庆,更是提出原计划在 2020 年前建设 4 000 万平方米公租房的目标提前至 2012 年完成。

2 当前公租房规划中的问题

我国当前公租房建设刚刚起步,制度体系不完善,也面临着不少亟须解决的问题:

2.1 公租房总体规划缺乏制度安排

目前城市规划对公租房建设的调控在我国还没有得到足够的重视。虽然住建部已经发文将保障性住房建设规划列入了地方规划工作的内容,但从我国出台的相关政策法规来看,针对保障性住房的措施还主要是集中在金融和住房资源的社会分配问题,而涉及公租房规划引导的几乎没有,这就导致公租房建设容易陷入东一榔头西一棒槌的无序状态。

2.2 公租房规划覆盖面窄总量较小

当前很多城市公租房计划保障对象覆盖面较窄,很多有切实需求的人群仍在保障范围之外。保障对象强调的是城市中低收入家庭,忽视了房价飙升背后"夹心层"的无奈;只关注城市中户籍居民住房问题,又忽视了现代社会人口流动性所带来的住房问题。

2.3　公租房规划方式加剧资金和用地问题

目前规划对于保障性住房发展的主要方式还是划定专门公租房小区用地进行建设。这样表面看易于公租房的专项规划编制和规划管理。但规划全部采用这样的公租房单独划地建设方式,资金来源只能是政府投入,硬性摊派的单一融资方式。地方政府积极性不高,加上经营性用地出让收益的诱惑,公租房用地很容易被挪用。最终结果可能导致在更高层面上公租房的用地、资金都处于无保障状态。

2.4　公租房规划选址配套对需求考虑不足

公租房空间布局不合理,基础设施落实不够。由于成本的原因,保障性住房往往被设置在新城或者是偏远的郊区,远离学校、医院等公共服务部门,公共设施建设滞后,市政设施不齐、交通出行不便,增加了居住者的生活成本。给低收入者带来诸多不便,形成新的社会矛盾。而公租房项目集中在相近地段的规划选址,将使大量低收入群体聚集在一起,原有一些选址和配套缺陷问题容易集中爆发,导致社会、经济和环境等方面的问题激化。

3　对公租房规划建设的建议

分析公租房规划在编制和实施中遇到的问题,主要有两方面的原因:一是规划本身编制时存在缺陷;二是外在因素使得规划不能正常实施。作为规划工作者,既要立足实际编制规划,更要站在全局的高度,以更大的视野来谋划。为此,提出如下几点建议:

3.1　加强公租房总体规划的制度性安排

必须加强公租房建设规划引导,在总体规划、控制性详细规划等法定规划中对公租房在城市中的总体分布、用地规模、配建比例、容积率奖励规则、各项配套设施等予以规范,构建起以公租房为主体的城市住房保障规划体系,保证公租房建设有序实施。

3.2　扩大公租房规划覆盖面和规划总量

各级政府应成为构建公租房供应体系的主体,加大公租房投放力度,满足不同层次的保障性住房的需求。停止建设经济适用房,将正在建设的经济适用房改为公租房,与廉租房共同构成保障性住房的供应体系。打破户籍限制,将公租房覆盖面扩大到有基本稳定工作的城市常住人口,重点关注中年夹心层、熟练技术工人、新就业的大学生、自主创业的入城农民等城市生力军。通过统计调查来测算分析,确定需公租房保障的人群规模,使公租房成为保障性住房的主体力量。

3.3　多种规划建设方式保障用地和资金

一是继续采用规划公租房专项用地,这部分公租房用地开发可由地方政府投入土地和资金并争取中央对地方的住房保障专项资金。二是市场资源与政府调配结合,鼓励商品房用地中配建公租房的规划建设模式,对配建公租房的商品房项目,规划提供较高容积率;适当降低楼面地价,以此交换条件促使经营性用地与社会资金主动参与到公租房建设中来。采用多种规划建设方式的目的就是使公租房建设形成一个既有地方政府又有中央政府参与,既有专项划拨用地与政府专项资金建设的公租房项目,更有经营性用地与资本市场参与公租房建设项目的繁荣局面,真正解决公租房建设的用地和资金瓶颈问题。

3.4 从群众需求出发来规划选址和配套

建立科学合理的选址储备,构建可持续性混合社区,打破单一的公租房集中小区模式,以"配建"模式为主体,促进社会融合。高度重视公租房的基础设施配套建设,强化公共服务设施和市政基础设施的规划配套力度,真正方便居民。

4 结 语

公租房规划建设是当前我国城市化发展面临的一大问题,也是我们城乡规划必须解决的重点问题。当我们切实从当前出现的问题来分析,就会发现,只有把市场经济动力与社会主义原则结合,建立制度化的公租房规划体系;宏观上有保障主体的视野、微观上有为民服务的心态,才能真正把公租房的规划和建设工作做好。

参考文献

[1] 郭其林.公租房是解决我国住房问题的最佳途径[J].消费导刊,2010(5):80-82.
[2] 李文娟.高房价下中国公租房建设的思考[J].经济研究导刊,2010(25):133-134.
[3] 孙亮亮.德国租房制度对我国的启示[J].企业导报,2010(8):265-166.
[4] 李克强.大规模实施保障性安居工程逐步完善住房政策和供应体系[J].求是,2011(8):3-8.
[5] 王君.对建立我国住房社会保障体系的思考[D].太原:山西大学,2006.

Thinking on current public housing planning and construction

Tao Chengjie　Wu Liwei

Abstract：This paper from the necessity and actual conditions of current public housing planning and construction, gives some suggests. Such as, strengthening institutional planning arrangements, expanding public housing planning coverage and planning total capacity, by multiple planning and construction modes to protect land-use and funds, from public requirements to arrange planning location and planning supporting of public housing.

Key words：public housing; planning; fund; location; supporting

(本文原载于《现代城市研究》2011 年第 9 期)

城乡统筹与集体建设用地规划管理研究

许丹艳

摘 要:集体建设用地的规划管理是城乡统筹发展中的重要内容。本文认为集体建设用地的规划管理是一个方案编制和实施管理的连续过程,其有效实施的关键在于如何调动相关主体参与规划管理的动机。进而通过分析现有集体建设用地规划管理中的问题及其制度根源,并结合我国不同地区所进行的规划管理改革实践经验的总结,最后从规划编制的思路、内容和实施管理提出了系统的政策建议。

关键词:城乡统筹;集体建设用地;规划管理;流转

当前,我国总体上已进入以工促农、以城带乡、城乡统筹发展的重要时期,实现各类要素在城乡之间的市场化流转是城乡统筹发展的核心内容。其中,集体建设用地流转是改革当前农村土地制度、实现城乡统筹发展的重点和难点。2008年中共十七届三中全会提出了这一制度改革的总体方向,但具体的实施方案仍需在实践中积极探索。

建设用地空间需求迫切、耕地保护压力巨大是我国当前土地资源利用中的基本矛盾,而农村各类集体建设用地在建设用地中所占比重又接近70%,如何通过规划有效控制和引导集体建设用地布局优化是集体建设用地流转制度改革的前提。从我国当前各类土地空间规划的实施现状及规划的国际经验看,规划应该是一个包含方案编制和实施管理的连续过程,并以实效性作为其衡量标准,从而规划方案实施中如何激励相关主体的行为有利于规划在空间结构上优化的目标实现,就成为规划体系本身必须考虑的内在动力机制问题。在集体建设用地规划实施过程中,规划预期和实施现状的巨大落差,恰恰说明了集体建设用地规划体系中这一内在机制的缺失。因此,全面分析集体建设用地利用中的制度缺陷及由此引发的问题,进而为集体建设用地规划管理提出一个相对完善的制度框架,就成为当前集体建设用地规划研究中所必须考虑的问题。

1 当前集体建设用地规划管理中的主要问题

集体建设用地的利用具有一些普遍性的问题,这既是规划体系所必须考虑解决的空间问题,也是需要相关制度进行系统回应的制度问题。

1.1 使用方式粗放,利用效率低

我国城市规划人均建设用地标准的上限通常是120 m^2/人,最大也不应超过150 m^2/人,但在农村地区,人均建设用地普遍远远超过这一标准。数据显示,全国城乡建设用地总量为3.41亿亩,其中城镇建成区5 700万亩,承载着5.7亿人,而农村建设用地2.84亿亩,承载着7.4亿人,农村人均建设用地是城市的3.8倍,约256 m^2/人。在农村,超标准建房是普遍的现象,近年来还出现了大量的“空心村”等房屋空置问题,在乡村各类工业集中区,闲置、低效用地也较为常

见,这导致了一系列资源的浪费。即使是一些经济发达的"明星村",乡村建设格局表现出的整齐划一,无论在用地效率还是综合居住质量的改善上也不具有真正的示范价值。

1.2 布局散乱无序

目前在大多数地区,农村集体建设用地的布局都处于自发和无序的状态。比如农民宁愿在河畔建房(而不是在山坡),他们倾向于好的区位,将房子建在靠近道路和其他基础设施的地方,而很少考虑是否有规划的限制;同时,各类工业用地的布局也更多关注企业的要求,而很少考虑社会、生态等其他方面的影响。尽管农村经济的特征决定了其建设空间布局有别于城市区域,但过于随意和无序的布局显然不符合我国当前的发展要求,这既加剧了用地矛盾,又不利于充分发挥国家对农村公共投资的效益,客观上也影响现代规模农业的发展。

1.3 土地违规开发利用现象比较普遍

对违反规划的土地开发,目前的关注点多集中在城市用地当中,但事实上,集体建设用地的违规开发规模更有胜于国有土地,而其监督和查处则更为困难。原因是这种违规规模相对较小,分布零散,且在时间上具有较大的随机性,而基层部门在解决乡村用地违规时往往带有"安抚"性质。这些违规开发主要包括以下几种情况:宅基地少批多占或未批先占,私自搭建或扩建,拆迁或征地中对此类违法用地的补偿则进一步助长了这种动机;擅自转变农地用途,用于兴办企业或各类公共设施等。

1.4 各类公共配套设施建设滞后

公共配套设施的建设主要有赖于公共资金。但在农村区域,由于集体本身的公共资金有限,在农业税费取消以后,又缺乏有效的收入来源,而政府的规划建设管理因为种种原因也没有深入农村,导致村庄基础设施配置和人居环境状况不能得到有效的改善。即使在那些依靠土地和物业出租有集体收入的村庄,村集体经济组织在其公共收入用于分红和公共服务性支出以外,对基础设施进行更新改造往往也显得非常困难。

1.5 集体建设用地隐性流转积累了潜在的社会矛盾

在我国现有的法律制度框架内,一般性的集体建设用地市场化流转在法律上是被禁止的。但事实上,在城乡结合部及乡镇企业相对发达地区,各类中小企业对低成本用地的偏好、进城务工人员对低廉的居住成本的要求与农民集体和农户参与分享城市化、工业化收益的强烈动机一拍即合,各类隐性流转大量出现,由于现有的集体建设用地管理制度既不能对此有效抑止,又没有尽快加以适应和规范,不但在现有的流转中隐藏和积聚了大量潜在的纠纷,同时,这对今后的制度改革也将施加巨大的限制。国内一些地区在清理"小产权房"时所出现的强烈的社会争议就是一个证据。

2 集体建设用地规划管理问题的制度分析

集体建设用地利用中的规划管理问题,显然已经超出了单纯意义上违法违规用地的范畴,而是一系列制度安排扭曲下的必然结果,要对此类问题作出系统的应对,理清其后的制度根源,进而提出明确的制度改革框架,就成为集体建设用地规划管理体系改革必须的要求。

2.1 法律限制与农民集体发展动机的冲突

在现行《土地管理法》的制度框架内，"任何单位和个人进行建设，必须依法申请使用国有土地"，集体建设用地仅限于宅基地、乡村公共事业和兴办村镇本土企业的需要，其流转只有在"因破产、兼并导致的使用权移转"中才是被允许的。但由于乡镇企业本身的产权不清、经营能力有限等原因，集体自有企业的发展大多并不成功，在这种情况下，将土地出租或转让给企业，从而转移经营风险并获得更加稳定的收益就成为集体的理性选择，而大量中小企业对低成本用地的需求则使双方的利益诉求结合起来；房地产领域城市高昂的房价同样促使供需双方在利益上找到了结合点，这是集体建设用地流转的内在动因。但法律上的限制却使现实发生了扭曲：由于法律上的限制，农村区域的规划很少考虑此类经营性用地的实际需求，而这种需求又具有现实的合理性，国家对农民增收、建设新农村等问题的政策性表述又进一步增加了这种需求的合理性，缺乏适应性的规划和现实发展要求的冲突必然催生用地上的违规。与此同时，由于土地本身的资产属性被法律限制弱化，市场选择的一个结果是以土地替代相对稀缺的资金、技术等其他要素，这恰恰是土地低效利用的根源。管制导致更糟的结果是集体建设用地利用中政府失灵的集中表现。

2.2 政府财政对城市土地市场的依赖

制约当前集体建设用地规划管理及市场发展的因素当中，政府财政与城市房地产市场的紧密关系是一个重要的方面。据不完全统计，当前政府预算内收入中，50％以上来自于农地非农化的相关收入，预算外收入则主要依托于低成本的征地制度通过土地出让来实现。在我国当前耕地保护的巨大压力下，许多地区的规划发展空间尤其是新增建设用地指标与发展需求的矛盾本就比较突出，加上城市财政对土地市场的依赖，地方政府考虑集体建设用地规划发展空间的动机之弱就不言而明。即使考虑到"财政分权"制度的改革，加大中央对地方的转移支付力度，但如果这一财政来源结构没有明显的转变，对集体建设用地的发展仍难以获得真正有效的政府支持。

从十七届三中全会《决定》中关于集体建设用地的谨慎表述看，集体建设用地市场的放开和现行土地征收制度可能在一定时期内并行，至少在城镇规划区范围内现有的国有建设用地制度仍将延续。这需要征地制度进行相应的改革，但从长期看，寻求可持续的土地财产税收来源，以及在集体建设用地使用及流转过程中尽快规范使用税、所得税、增值税等税收的征收制度，保障政府在土地增值过程中合理的收益分享权，是弱化政府控制或垄断土地一级市场的动机，从而在一个包容了多元利益的、更加完善的制度框架内支持并着力规范集体建设用地市场的关键。

2.3 规划编制体制与实施保障能力的滞后

当前的规划编制体制是自上而下的，下级规划必须以上位规划为依据，在现实博弈中，每个层级都自然地在规划编制中采取挤压下一层级用地指标的方法来获取本级利益的最大化，这必然使处于规划层级最低的农村集体建设用地的空间在规划上被挤占。另外，当前的规划尤其是具有控制性的土地利用总体规划，主要偏重于用地指标的控制管理，对规划布局上的弹性则考虑不足，致使规划僵硬而缺乏操作性，加上审批程序冗长等行政原因，现实与规划的脱节就几乎是必然了。另外一个典型的问题是规划中重编制而轻实施的倾向，比如许多地区的村镇布局规划，固然在布局上考虑了结构优化、用地集约等诸多政策需求，但集体和农户执行规划的动机何在？没有有效的保障措施是新农村建设规划成为书面规划的重要原因。

近年来出现的"建设用地增减挂钩"政策为此提供了一个在规划控制、集约用地和集体利益之间进行协调的新的工作思路,但问题是这一政策目前的着眼点集中在"城乡之间",即重点仍是解决城市发展的空间问题,对农村集体的利益考虑不够,导致实施中农户的积极性往往不高;另外,乡村一级的空间布局规划编制水平仍严重滞后于城镇建设区域,不同规划体系间的协调以及规划中的弹性对农村经济发展的需要适应性明显不足。

2.4 乡镇基层组织的管制动机不足

乡镇基层的政府组织在农村集体建设用地的规划管理中处在第一线的位置,但在管理中,他们往往面临规划管理、社会稳定、新农村建设等多样的政策目标,而不同的政策目标显然是轻重有别的,当执行规划和社会稳定或者新农村建设相矛盾时,基层组织的倾向更多地在于选择妥协,这种对当事双方可能构成双赢的选择从社会来看却也可能是失败的选择。但当此类现象出现时,更重要的一个问题是,是什么原因造成了对规划的违背,是规划本身的问题还是集体或农民的问题?如果认为这种违背有其合理性却不能做出积极的制度改变以适应并规范这种合理性,可能使这一问题进一步陷入无序的恶性循环。

3 我国集体建设用地规划管理的改革实践

以促进集体建设用地流转为核心的集体建设用地规划管理的改革实践是当前我国农村发展中的一个重要趋向,这其中既有各类国家试验区所进行的自上而下的改革探索,也有对市场自发秩序所作出的改革响应。按改革的内在驱动力的特征,可以将其分为政府主导和市场主导两大类型,这两种实践在不同地区具有广泛的适应性。

3.1 政府主导型

政府主导型的改革实践主要见于政府自上而下着力推动的城乡土地利用空间结构优化当中,比如江苏苏州、北京海淀区北坞村、成都城乡统筹综合改革试验区等地。政府主导型的特征是区域建设发展空间限制突出,政府的财政资源相对充足,政府推动规划布局调整的需求迫切,同时注重规划调整过程中对农民权益的保障。所以此类改革实践尽管行政色彩较为浓厚,且往往具有一定的强制性,但也能够得到农村集体和农户的支持。

政府主导型的集体建设用地规划管理改革是由政府编制集体建设用地规划方案,方案审批后由政府财力保障实施的改革实践。其典型特点并不是技术性的规划布局方案本身,而是政府通过一套有效的集体与农户的权益保护方案,尤其是通过对农户土地财产权益赋予长期的保障,调动集体和农户参与实施规划的积极性,使规划成为一个以实施成效为导向的综合性管理过程。

在苏州,主要是按照"城乡建设用地增减挂钩"的思路,重新编制镇村布局规划。为激励农户进行村庄搬迁的积极性,同时适应农民进入城镇后农业经营方式的变化,苏州市规定,对于农村资源整合后新增的土地,按照4:2:4的比例分配,40%用于农民居住安置,20%用于新型工业化,40%用于现代服务业发展,保障新增的土地收益主要归农民所有,并通过建立村级集体非农建设留用地政策,让广大农民分享工业化、城市化发展成果;对农业经营,当地主要通过推动土地股份合作社完善农村土地承包制度,使广大农户从过去"实物形态分地"转变为"价值形态持股",使已经在二三产业就业不再种地的农民,照样得到长期而稳定的土地流转收益。

北京海淀区北坞村原本已被纳入当地城市规划,要全部用于建设绿化隔离带,村民需要搬迁到另外一个地区居住。为解决农民生产和生活方式的变化,政府对城市规划和用地规划进行了相应调整。在移居地除安置用地外,政府同时集中安排一批产业用地以吸纳就业,新增加一批建设用地,使每户除自用房屋外,至少还有一套可以出租的房屋,这就保证了农民有可持续的收入。在北坞村原址实现绿化以后建设低密度酒店,发展三产,解决农民长期财产性收入问题,并将当地农民社保一次性纳入城镇社会保障体系。工程建设启动资金由市区两级政府及镇政府出资解决,市政设施由市区两级政府投资建设。农民作为产业的酒店和租赁房建设以农民通过土地来贷款解决,商品房的开发和自用房的建设由村集体组织开发公司负责以降低资金成本。

3.2　市场主导型

市场主导型的改革实践主要发生在农村非农经济相对发达地区,比如北京昌平区郑各庄、成都改革试验区蛟龙工业港、广东省佛山市南海区、浙江嘉兴等地。市场主导型的主要特征是规划布局调整和实施的动力主要来自市场自发秩序的推动,政府更多从管理者的角度予以引导和规范。这类实践中,政府管理和服务的色彩比较突出,而行政强制性色彩淡化,各类集体经济组织在其中发挥了关键性的作用。

北京昌平区郑各庄的集体企业以从事建筑工程起家,到上世纪 90 年代初,由于企业发展中的一系列问题开始集体建设用地的资本化探索,并逐渐形成成熟的做法。由郑各庄组织编制的《郑各庄片区平西府组团控制性详细规划》于 2005 年正式被北京市政府批准,以此规划为统领,全村对用地布局进行全面调整,村企业以租用方式向村委会租地,租金收入在本村有承包权的农户间分配;农户通过宅基地整理后上楼居住,不但居住条件明显改善,还通过多余的自有住房出租获取收入。通过这一系列规划编制及有效实施,郑各庄不但将土地收益留在村庄,还有力促进了本村产业的发展,实现了多方共赢。成都蛟龙工业港则是以民营资本投资,通过向村集体租赁土地分批开发,再将土地出租给中小企业形成的,由于规划管理直接关系到投资收益,这一民营园区规划井井有条,土地利用高效。广东南海的特点是农村集体主动对其土地进行"三区"规划,把土地功能划分为农田保护区、经济发展区和商住区,并通过组建土地股份合作社统一开发经营。浙江嘉兴与上几种模式有所不同,这里规划编制和布局方案主要由政府组织实施,但在实施中更多采用了完全市场化的做法,给农民更加灵活的选择,以承包地换股、换租、换保障,推进集约经营,转换生产方式;以宅基地换钱、换房、换地方,推进集中居住,转换生活方式。

4　主要结论和政策建议

4.1　结论

集体建设用地规划管理中的制度冲突和各地规划管理改革不同实践给我们的共同启示是,在城乡统筹发展的要求下,集体建设用地的规划方案编制应在耕地和生态保护、城市建设发展空间的保障和农村生产生活方式的转变等不同政策目标之间取得协调,规划实施管理则必须重点考虑农村集体和农户能否从中分享工业化、城镇化进程中的土地财产收益,而集体建设用地财产权利的显化是决定规划成败的关键。

4.2　政策建议

(1)加强城乡统筹规划,以建设用地"增减挂钩"方式,在不增加耕地保护压力的前提下,通过农村建设用地的结构优化以及具有弹性的可建设区的划定,为集体建设用地流转解决规划空间和指标的双重需求,并通过允许集体建设用地的市场化流转显化其资产属性,为解决农村建设布局调整的资金需求和多样化的集体建设用地开发方式提供激励。

(2)新增加建设用地的规划布局应统筹考虑农民安置、产业发展和其他公共配套设施的需求,建设用地开发所形成的土地收益应主要留归农民集体,并通过以预留集体产业发展用地、留房出租等方式保证农民有可持续的收入来源。鼓励集体产业参与规划实施和土地开发,促进集体非农产业的自我发展。

(3)引导和规范农民土地股份合作社及各种新型集体经济组织的发育,有效组织和引导农民参与集体建设用地的规划管理,以降低规划编制和实施中的交易成本,并有效促进集体内农业、非农产业向更高层次发展,有效改变农村发展的内在机制,增强其自我发展能力。

(4)完善集体建设用地及其流转中的登记发证和税收管理,明确集体建设用地流转的市场管理规则,加大政府对集体建设用地的公共资源投入,促进城乡土地市场的协调与互补,使之基于市场的原则有效融合,并在规划编制、实施管理中充分发挥利益机制的调节作用。

(5)加快《土地管理法》等相关法律规范的修改,在基本的法律原则下鼓励多样化的地方创新,为城乡统筹发展下的集体建设用地规划管理改革创造积极的制度环境。

参考文献

[1] 星野敏,王雷.以村民参与为特色的日本农村规划方法论研究[J].城市规划,2010(2).

[2] Yang H, Li X B. Cultivated Land and Food Supply in China[J]. Land Use Policy, 2000(17).

[3] Xu W. The Changing Dynamics of Land-use Change in Rural China: A Case Study of Yuhang, Zhejiang Province[J]. Environment and Planning, 2004, 36 (9).

[4] 赫尔南多·德·索托.另一条道路[M].于海生,译.北京:华夏出版社,2007.

[5] 刘李峰,牛大刚.加强农民住房建设管理与服务的几点思考[J].城市规划,2009(6).

[6] 魏立华,刘玉亭,等.珠江三角洲新农村建设的路径辨析[J].城市规划,2010(2).

[7] 蒋省三,刘守英.土地资本化与农村工业化——广东省佛山市南海经济发展调查[J].管理世界,2003(11).

[8] 刘守英.政府垄断土地一级市场真的一本万利吗[J].中国改革,2005(7).

[9] 倪锋,于彤舟,等.加强农村集体建设用地规划管理初探——以北京地区为例[J].城市发展研究,2009(1).

(本文原载于《江苏城市规划》2010年第10期,曾获2010年江苏省优秀城乡规划论文竞赛二等奖)

城市规划与城市灾害及其防治*

皇甫玥　张京祥　陆枭麟

摘　要：自 1950 年代以来，由于人类的不合理建设活动而造成的城市灾害成为了危害城市健康发展的重要因素之一。进入 21 世纪，伴随着"城市世纪"的到来，各种城市灾害及公共安全事故也不断频发。中国尤其是继 2003 年 SARS 以来，规划界开始重视城市规划与城市减灾及其防治的关系，并寻求从城市规划的角度的应对方法。本文通过对城市规划与城市灾害的关系溯源，分析了人类建设活动与当代城市灾害之间的关系，并从城市规划角度提出了通过减少人类的不合理建设活动而对城市灾害进行防治的方法。

关键词：城市灾害；城市规划；应对；防治

1　引言

从 2003 年的席卷东亚的 SARS，到印尼海啸、美国新奥尔良飓风，再到 2008 年年初中国的雪灾以及最近的四川大地震，新世纪以来世界各地的各类灾害发生频率之高、破坏程度之大，严重地威胁了人类社会的安全和发展。据统计资料显示，1990 年至 2002 年，中国的安全事故总量年均增长 6.28%，最高增幅达 22%（董晓峰等，2007）。我国每年因各类灾害被夺去生命就有 20 万人之多，而每年由于公共安全问题造成的损失达 6 500 亿人民币，相当于当年 GDP 的 6%，这意味着我国每年的经济增长有一大部分要被公共安全因素消耗（林雄弟，2007）。

城市是人类与各类经济活动集中的地方，因而也成为现代灾害的集中承载体，承载着各种灾害带来的巨大损失。纵观近些年城市灾害的发展，由于人类不合理的建设活动而导致的次生城市灾害发生频率呈现明显上升趋势。人为因素与自然因素的耦合是的导致当代城市灾害发生频率加大、危害性增加的首要特征，而人为因素越来越在当代城市灾害的发生中起到"催化剂"作用。当代城市灾害的人为触发性已经逐步引起了学术界的广泛关注，也为人们采取有效的手段去减少灾害效应和防治城市灾害提供了某些可能。根据灾害事故的预防理论（即防止灾害事故的"三 E"安全对策），城市灾害可以通过技术手段（Engineering）、教育手段（Education）和管理手段（Enforcement）来预防和控制（牛晓霞、朱坦、刘茂，2003）。城市规划作为保障城市可持续发展一种重要的公共政策，兼有技术、教育和管理三种功能，因而再一次被推到了城市减灾和防治的重要前沿地带。

本文在对现代城市灾害发展历程回顾的基础上，分析了人类建设活动与当代城市灾害伴生的关系，指出城市规划在应对由于人类不合理的建设活动而导致的城市灾害中具有积极而有效的作用，并从城市规划角度提出了应对当代城市减灾和防治的一些重要方法。

---

* 本文为国家自然科学基金课题（No.40471042）及教育部"新世纪优秀人才支持计划"成果。

2 现代城市灾害发展历程回顾

2.1 19世纪中期到20世纪初的城市灾害:公共卫生问题

19世纪中期开始的工业革命,是人类历史的重大转折点,从此往后人类社会从单纯的依附适应自然转变为利用改造自然。科学技术的飞速发展,改变了传统的城市生活方式,同时也成了当时许多"城市病"的根源。因此,英国经济史学家哈孟德夫妇用"迈达斯灾祸"(迈达斯是希腊神话中的人物,梦想点石成金,但是目的达到后却几乎饿死)来形容这段历史(高德步,2006)。

这一时期的"城市病"主要包括住宅奇缺、污染严重、卫生条件恶劣等,这些"城市病"直接导致了城市的公共卫生环境的低下。英国作为工业革命的起源地,19世纪中期便开始遭遇到各种"城市病"导致的传染病危机。根据记载,曼彻斯特的议会街,每380人才有一个厕所,在居民区,每30幢住满人的房子才有一个厕所(高德步,2006)。居住的拥挤和卫生条件的恶劣,导致瘟疫横行。对于工人居住区来说,猩红热、伤寒、霍乱等是最容易发生的,而一旦发生就不可收拾,往往危及成千上万人的生命(高德步,2006)。

由各种"城市病"导致的城市公共卫生问题的不断恶化,是当时欧洲工业革命城市最主要的城市灾害,对此各国政府采取了一系列的防治措施。例如,在英国,政府实施了一系列贫民窟改良计划,大规模拆除或改建不合卫生标准的建筑物,制定新的建筑规则,对建筑物通风条件和卫生设施进行规范(柏兰芝,2003)。这些措施可以视为现代城市规划的雏形。而1898年霍华德提出的《明日的田园城市》则是当时城市规划应对城市灾害的经典之作(章友德,2004)。田园城市正是针对当时社会出现的一些"城市病",对城市规模、布局结构、人口密度、绿带等城市规划问题提出了一系列独创性的见解。所以说,现代城市规划兴起与城市灾害关系密切,它的源起正是为了解决由于工业革命而带来的各种公共卫生问题。

2.2 20世纪中叶至1990年代的城市灾害:工业污染问题

20世纪科技的飞速发展为城市经济的腾飞奠定了坚实的基础,同时也带来了世界第一次城市化浪潮。人们在享受日益现代化的城市生活的同时,却忽视了另一场城市灾害的降临——工业污染。纵观世界八大公害事件,无一例外地都与工业污染物的随意排放有关。

20世纪中叶日本的"水俣病"是当时轰动世界的一次由于工业污染引起的城市灾害。"水俣病"的罪魁祸首是甲基汞(CH_3HgCl),它只要挖耳勺的一半大小就可以致人死命。而这种物质的产生是由于当时处于世界工业化尖端技术的氯乙烯和醋酸乙烯在制造过程中要使用含汞(Hg)的催化剂,含汞的废水排入水俣湾后,汞被水生生物食用,转化成了甲基汞(CH_3HgCl)(廖书庆,2002)。水俣湾由于常年的工业废水排放而被严重污染了,水俣湾里的鱼虾类也由此被污染了,这些被污染的鱼虾通过食物链又进入了动物和人类的体内。当时水俣湾中的甲基汞含量达到了足以毒死日本全国人口两次都有余的程度(廖书庆,2002)。水俣病给当地人的健康和生活带来了巨大的损失,据统计,到2006年,先后有2 265人被确诊(其中有1 575人已病故),另外有11 540人虽未获得医学认定,但其身体或精神遭受到了水俣病的影响。

这一时期的城市灾害集中表现为自然环境对工业社会巧取豪夺式发展的"报复"。水俣病的惨痛教训使人们意识到发展经济不能以牺牲环境作为代价。于是,一系列的环境保护法规相继出炉,可持续发展也被提上议事日程。城市规划也逐渐由对技术的盲目崇拜逐渐转变为"以人为本"、"尊重自然"的思想。

2.3　1990年代以后的城市灾害：巨系统问题

20世纪90年代以后全球化、区域一体化的发展，城市间及城市内部的联系越来越紧密，城市成为一个开放的巨系统。城市间及城市内部各要素时时刻刻发生着密切的交换运动。信息的快速可达性、区域的整体连锁性使得城市一个环节发生问题，必将迅速波及整个城市巨系统，若处理不当，将导致整个巨系统的瘫痪。21世纪频发的城市灾害正是这个城市巨系统出现问题的表征。

2003年中国SARS事件是当代城市灾害的一个典型案例。2002年年底，中国广东省佛山市爆发严重急性呼吸道综合征(俗称：非典型肺炎，简称：SARS)；2003年2月底，由于SARS是一种新型的传染病，人们对它的来龙去脉完全不了解，广东当地卫生部门并未引起重视，只把它当做一般性疾病治疗，因而该病毒由广东省佛山市蔓延到省会广州市；至3月中旬，一场潜在的危机即将爆发；4月初，SARS迅速传播到中国各地，造成349人死亡(吴家华、曹霓，2006)。一时间，全国上下人心惶惶。随后，"非典"又传播到世界许多国家，给世界人民的生命和财产造成巨大损失。"非典"抗击战一直持续到2004年，中国的航空运输业、餐饮零售业、旅游业、对外商务、建筑业、制造加工业和商务服务遭受了前所未有的冲击，中国政府也遭遇到国内国外的指责，面临改革的转捩点(吴家华、曹霓，2006)。

可以看出，当代城市灾害已经不能单纯地概括为公共卫生问题、环境问题等单一方面的问题。当代城市灾害往往以某一方面问题爆发，但其背后的致灾因素是复杂的，爆发后也必将迅速扩展到整个城市巨系统。

3　人类建设活动与当代城市灾害的关系

3.1　人类建设活动增强了当代城市灾害的人为性

城市灾害的发生，是自从城市产生之时起已经存在的现象(赵成根，2006)。随着人类文明的发展，一方面城市现代化建设空前活跃并取得了可喜的成果，另一方面自然和人为的城市灾害已越来越困扰城市的发展(丁建伟，1993)。人类建设活动对自然环境作用的不断深入，使得当代城市灾害人为性和自然性的耦合程度越来越高，而人为性也越来越城市当代城市灾害发生的主导因素。

首先，从当代城市灾害的类型来看，当代城市灾害一般可以分为城市自然灾害、技术灾害、社会灾害和城市公共卫生事件(寇丽平，2006)。后三种当代城市灾害的直接原因都是人类自己的行为和活动，而城市自然灾害中人为型自然灾害也逐渐成为了城市自然灾害的主体，如水库地震、大量抽取地下水引发的地面沉降或地陷、森林人为火灾、认为地质灾害等。从我国各类城市灾害造成的损失看，由生产事故、交通事故以及卫生和传染病突发事件等直接人为型城市灾害所造成的损失占当年所有城市灾害损失的77%(图1)。所以说，人为性城市灾害已成为当代城市灾害的主体。

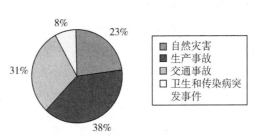

图1　2003年我国各类突发公共事件造成的损失比例
资料来源：国家行政学院公共管理教研部副教授李军鹏提供

其次，从当代城市灾害的发生因素上看，人类建设活动是城市灾害发生的直接或者间接因素。哪怕是城市自然灾害,虽然它的最根本原因不是人类建设活动,但是工业化、城镇化以及人类对自然资源和环境的不合理利用开发,进一步诱发和加剧了城市自然灾害的成灾强度和频度(梁必骐,1993)。所以说,不论是何种城市灾害,人为性都在很大程度上起到了催化剂的作用。随着人类建设活动的不断加剧,城市灾害的发生频率也呈现出不断增加的趋势(表1、表2)。

表1 广东各历史时期干旱灾害情况			
年代	年次	县次	发生频率(年/次)
宋代	10	38	32
元代	8	9	13
明代	102	256	2.9
清代	216	683	1.3
民国	18	68	2

资料来源:梁必骐.广东的自然灾害[M].广州:广东人民出版社,1993.

表2 广东各历史时期水灾情况			
年代	年次	县次	发生频率(年/次)
宋代	18	27	17.8
元代	20	32	5
明代	160	644	1.7
清代	247	1 186	1.1
民国	27	94	1.3

资料来源:梁必骐.广东的自然灾害[M].广州:广东人民出版社,1993.

3.2　人类建设活动加剧了当代城市灾害的多样性

随着人类生产生活活动领域的不断扩大和科学技术的进步,人类在认识世界、改造世界方面能力增强的同时,人类所要面对的城市灾害也日益增多(杜正艾,2004)。当代城市灾害多样性特征日趋明显。

对于城市灾害的分类,国家建设部在1997年公布的《城市建筑技术政策纲要》的防灾篇中指出"地震、火灾、风灾、洪水、地质破坏"五类为城市主要灾害源(金磊,2003)。然而随着人类对自然界的掠夺破坏不断加剧,一方面自然灾害的种类在增加,尤其是由于人类破坏性活动引发的各种自然灾害增多。比如,我国的北京、天津、上海、宁波、常州、嘉兴、太原、西安等30多座城市有不同程度的区域性地面下沉现象。另一方面,随着科学技术的发展,世界各国在享受科学技术带来的巨大好处的同时,也面临着来自生物因素、有毒化学物质、核辐射、电脑病毒等多形式、多波次的突发事件的潜在威胁(杜正艾,2004)。此外,人类所要面对的疾病威胁也在增多。

3.3　人类建设活动放大了当代城市灾害的连锁性

当今世界,全球城市一体化、城市高度密集化决定了人类建设活动对城市的影响将不再只局限于单个城市,城市灾害在一个城市地区发生后,也极易迅速扩展到整个区域范围内。交通工具和通讯工具的发展使得人类的交流方式、交流途径更加多样,人们获取信息的途径越来越多元化,也更加便捷;但是同时也使得城市灾害可以在很短的时间内牵动社会各界公众的"神经"(杜正艾,2004)。所以说,放大性已经成为了当代城市灾害的最具代表性的共同特征(章友德,2004)。当代城市灾害的放大性是通过在城市垂直体系和水平体系的连锁反应实现的。

首先,人类建设活动放大了当代城市灾害的内在垂直连锁性。即在城市各种物资流、信息流频繁转换的前提下,一种城市灾害发生极易"点燃"另一种城市灾害,连锁引发各种城市次生灾害。比如,一场重大的城市自然灾害如果处理不好,可能导致经济危机,经济危机进而引发社会危机,最终导致政治动荡(杜正艾,2004)。这种"灾害链"现象在城市自然灾害中更为常见,例如,由于台风产生暴雨,暴雨引发洪水,洪水造成严重水土流失,因而构成台风—暴雨—洪水—水土流失灾害链(梁必骐,1993)。灾害链的构成使得城市灾害进一步加剧。

其次,人类建设活动放大了当代城市灾害的空间水平连锁性。随着国与国、地区与地区、人与人之间的联系越来越紧密,整个社会、乃至整个世界都越来越成为一个有机的整体,社会、世界的联动性大大增强,这使当代城市灾害,特别是带有传染性、扩散性的城市灾害的扩散力迅速增强(杜正艾,2004)。例如 2003 年的非典危机波及 32 个国家和地区,到 2003 年 5 月 22 日,全球病例达 7 956 人,死亡 600 人,对世界各国的政治、经济均产生了巨大的影响(杜正艾,2004)。

3.4 人类建设活动决定了当代城市灾害的破坏力

当代城市灾害人为性、多样性以及连锁性的加强加剧了城市灾害的复杂性,同时也使得当代城市灾害的破坏力大大增加。随着人类建设活动的不断加剧,当代城市灾害的破坏力呈现出越来越强的态势(表3)。

表3　中国自然灾害造成的直接经济损失(亿元/年)

年代	50 年代	60 年代	70 年代	1980—1988	1989	1990	1991	多年平均
年均损失	80.4	—	245	409	525	616	1 215	290

注:1988 年以前是估算值,60 年代资料不全。
资料来源:梁必骐. 广东的自然灾害[M]. 广州:广东人民出版社,1993.

另一方面,当代城市灾害的破坏程度很大程度上也取决于防灾救灾技术的水平。防灾设施、应急机制、救灾能力等都对城市灾害最终破坏程度的确定起到至关重要的重要。例如已经排入美国历史上十大自然灾害之列的美国"卡特里娜"飓风,虽说也使美国政府备受指责,也暴露出美国政府危机管理的一些不足之处,但我们依然可以从其后来的快速应急机制中看出其完备的危机管理系统的优势(吴家华、曹霓,2006)。在美国联邦紧急事态管理署(FEMA)的统一指挥下,布什政府迅速集中了全国的人力、物力、财力,使滞留在新奥尔良的数万难民在不到一周的时间内基本疏散完毕,并提供了充足的后勤保障,避免了事态的进一步恶化。所以说,一方面,人类建设活动对当代城市灾害起到了一定的触发作用,是当代城市灾害频发的最主要原因;另一方面,人类建设活动在灾害防治方面同样意义巨大,对于当代城市灾害也起到了一定的缓解作用(图2)。

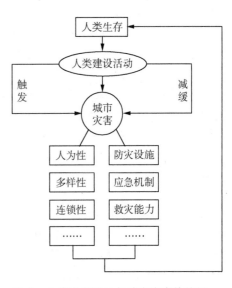

图 2　人类建设活动与城市灾害的关系

4　运用城市规划手段应对城市灾害的方法

由于人类建设活动与当代城市灾害关系密切,而城市规划对于规范人类建设活动有着积极的而有效的作用,所以面对当代城市灾害,城市规划是可以起到一定的防治作用的。一般来说,城市规划可以从以下几个方面对当代城市灾害进行防治:

(1)城市选址应尽量避免自然灾害的威胁。

城市的地质自然条件是一个城市规划建设的基础,也在一定程度上决定了城市灾害发生的可能性。例如最近发生的 5·12 四川汶川大地震之所以破坏程度大、余震不断,就是因为此次大地震发生在中国的南北地震带,也叫中轴地震带上,地质条件是这次大地震发生的本质原因。所以说,随着人类对自然认识程度的不断加深,人为意识在城市选址中的决定作用越来越大,城市选址应尽量避免自然灾害频发的地区,从基础上减少城市灾害发生的可能性。

(2)建立安全、开敞、有弹性的城市结构,避免巨型城市的蔓延。

随着世界第三次浪潮城市化的推进,城市在人口增加的同时,数量和规模也在不断扩张。"摊大饼"模式是当今世界城市粗放式蔓延的主要形态之一,虽然一些发达国家已经开始对此进行反省,并采取了精明增长的模式,但是在小汽车逐渐成为主导交通方式的今天,由于城乡二元差距的影响,城市边缘地带相较于远郊区具有更好的发展机遇和条件,所以在许多国家尤其是发展中国家,"摊大饼"模式仍然是城市蔓延的最主要形式。这种巨型城市的蔓延模式,一方面使得城市系统越来越庞大,增加了城市系统的不稳定性;另一方面,也使得城市灾害一旦发生,极易波及广泛的城市区域内。所以说,城市规划应该向"摊大饼"模式说不(金磊,2002),着手建立安全、开敞、有弹性的城市结构,从城市结构上增强城市对灾害的抵御能力。

(3)进行合理的城市空间布局与功能分区,减少高层建筑。

庞大繁复的城市结构增加了城市的不稳定性,也容易滋生各种城市灾害。特别是现代城市表征之一的高层建筑,极易成为城市灾害的发生地及扩散地。例如 2003 年 SARS 事件就是通过高层建筑里的电梯广泛传播的。所以说,合理的城市空间布局和功能分区对于保证城市的安全至关重要,城市规划应从防灾角度合理布局城市,尽量减少高层建筑的数量。

(4)利用自然和人工地形,形成隔离地带,避免城市灾害蔓延。

其实早在霍华德的《明日的田园城市》中,针对当时的各种城市灾害,就提出了要通过环形绿带和卫星城控制大城市蔓延。1997 年,英国研究城市可出续发展的学者 Herbert Girardet 先生认为大城市周边的大面积的郊区农村地带是一种极好的可持续城市发展模式(金磊,2002)。利用自然和人工地形,打造城市隔离带,有助于避免城市灾害的蔓延。同时,这种城郊结合的模式是当今规划设计可持续发展城市的理想模式(金磊,2002),从宏观布局上有助于减少城市灾害的发生。

(5)建设便捷、足够、分布均匀、多样的避灾空间,应对各种城市灾害的需要。

避灾空间对于城市灾害意义重大,它在降低城市灾害破坏程度、保证人群生命安全上起到非常大的作用。然而在一些城市中,尤其是一些老城区,避灾空间的配置远远不能满足城市人口的需要,而在城市新区中避灾空间的配置数量虽然足够,但在布局上并不能满足所有人的需求。所以,城市规划应根据城市结构,按照人口布局,建设便捷、足够、分布均匀、多样的避灾空间,应对各种城市灾害的需要。避灾空间的配置应实现地上地下的结合,既要有地上的避难公园,也要有地下空间。

(6)建立畅通的交通系统、多样化的交通体系,增加城市支路网密度以及通畅度,建设城市应急通道系统,疏浚河湖系统,增加城市对外交通出入口。

合理的道路网系统一方面可以缓解城市的高度密集性,降低城市灾害的发生几率;另一方面在灾害发生后可以有效地疏散人群,保证市民的生命安全,另外对就救援人员和物资的及时运送也起到非常重要的作用。所以,城市规划应合理规划城市交通系统,保证道路系统的通畅,建立应急通道,以应对各种城市灾害。

(7)增加市政基础设施布局的安全,建立多回路供水、供电、电信系统,提高应急保障率。

市政基础设施是一个城市的生命线,也极易遭到城市灾害的破坏。城市灾害发生后,一旦市政基础设施遭到破坏,随之而来很可能是各种次生灾害,这将对城市居民造成"二度伤害"。

所以,城市规划应特别重视市政基础设施布局的安全,提高应急保证率。

(8) 推行数字城市规划,建立共享的数字城市平台,为城市统一的防灾系统指挥提供及时、准确的资料。

当前,数字城市平台在城市规划中的作用日益凸显。同样,在城市防灾中,数字城市平台能够为城市灾害的预防和应急提供及时、准确的资料,有效地减少城市灾害对城市造成的损失。所以,城市规划中应针对城市灾害建立相应的数字平台,运用数字城市规划的方法,应对各种城市灾害。

5 结 论

当今世界,城市灾害已经成为阻碍人类社会和谐发展的重要因素之一。新世纪以来,城市灾害的频繁发生引起了学术界广泛的关注,尤其是 2003 年 SARS 以后,城市规划界开始重新审视城市规划与城市灾害的关系,希望通过城市规划手段减少城市灾害的发生。纵观现代城市规划的进程,不难看出城市规划的发展与城市灾害之间关系密切。现代城市规划的进步史同时也是一部协调人类建设活动与城市灾害的历史。所以说,通过城市规划手段应对城市灾害的发生由来已久,但是随着人类改造自然能力的不断加深,人类建设活动与城市灾害之间的关系也变得越发复杂,城市灾害的防治已经不单单是城市规划一个领域能够解决的事情。但是,城市灾害作为现代城市规划出现的一个本源之一,城市规划仍然在防治当代城市灾害上占有重要的一席之地。

参考文献

[1] 柏兰芝. 城市规划:要在与瘟疫斗争的过程中走向成熟[J]. 中国城市报道,2003(5):13.

[2] 丁建伟. 城市减灾与城市规划[J]. 灾害学,1993,8(3):90-94.

[3] 董晓峰,等. 城市公共安全研究综述[J]. 城市问题,2007,11:71-75.

[4] 杜正艾. 当代突发事件发展态势刍议[J]. 云南行政学院学报,2004(5):63-65.

[5] 高德步. 经济发展与制度变迁:历史的视角[M]. 北京:经济科学出版社,2006.

[6] 金磊. 中国城市安全警告[M]. 北京:中国城市出版社,2002.

[7] 金磊. SARS 灾难留给城市可持续发展的重大启示[J]. 科学导报,2003(10):37-39.

[8] 寇丽平. 浅谈城市公共安全规划的现状及可行性方案[J]. 城市规划,2006,30(10):69-73.

[9] 梁必骐. 广东的自然灾害[M]. 广州:广东人民出版社,1993.

[10] 廖书庆. 环保典范——日本水俣[J]. 中国地理教学参考,2002(12):19.

[11] 林雄弟. 公共安全问题根源的理论思考[J]. 减灾论坛,2007(6):2-5.

[12] 牛晓霞,朱坦,刘茂. 城市公共安全规划理论与方法的探讨[J]. 城市环境与城市生态,2003,16(6):231-232.

[13] 吴家华,曹霓. 从"非典"病毒与"卡特里娜"飓风看中、美两国的政府危机管理[J]. 甘肃社会科学,2006(1):194-197.

[14] 赵成根. 国外大城市危机管理模式研究[M]. 北京:北京大学出版社,2006.

[15] 章友德. 城市灾害学:一种社会学的视角[M]. 上海:上海大学出版社,2004.

Studies on Prevention for Urban Disasters through Urban Planning

Huangfu Yue Zhang Jingxiang Lu Xiaolin

Abstract: Since the year of 1950, the urban disasters caused by humanirrational construction activities have become one of the most important factors which threaten the healthy development of city. After entering the 21st century, all kinds of urban disasters and public safety incidents have taken place frequently with the coming of City Century. Specially, after the SARS in 2003 in China, the urban planners start to scan the relationship between urban disasters and urban planning again, and try their best to find the methods account for the urban disasters by urban planning. This paper traces to the source of urban disasters and urban planning, and then finds the relationship between them. At last, it brings forward some methods account for the urban disasters through reducing human irrational construction activities based on the view of urban planning.

Key words: urban disaster; urban planning; account for; prevention

(本文原载于《国际城市规划》2009 年第 5 期)

当前中国城市空间增长管理体系及其重构建议[*]

皇甫玥　张京祥　陆枭麟

摘　要：面对当前中国快速城市化背景下各种城市空间增长问题的凸显,增长管理的研究是非常有意义的。增长管理理念既符合当前国际国内资源环境日渐趋紧的大背景,同时也与科学发展观的基本思想一脉相承,是可持续发展理念在城市空间增长方面的具体表现。然而,在中国特殊的制度背景下,中国城市空间增长管理体系的构成必然与国外存在巨大差异。本文通过对中国城市空间增长管理的研究,尝试性地归纳了当前中国的城市空间增长管理体系,并针对其存在的问题,提出了重构建议。

关键词：增长管理；体系；重构；城市空间；中国

1　引言

20世纪80年代末90年代初,随着中国改革开放的不断深入,城市空间增长过程中的问题也日益暴露出来。对此,社会各界给了高度关注并采取了一些应对措施,在这样的背景下增长管理思想悄然诞生了。进入21世纪,随着"增长管理(Growth Management)"概念的引入,增长管理理念逐渐为大众认识并接受,并开始成为指导城市空间增长的重要原则。伴随着增长管理在中国的发展,我国的增长管理体系也逐渐形成。由于中国增长管理思想的出现直接面对的是中国城市空间快速增长过程中的各种问题,因而对中国增长管理的研究在很大程度上更加聚焦于对城市空间增长管理的研究。与此相对应,由于城市规划更多关注的也是城市空间,因而增长管理在中国逐渐成为了规划界关注的一个领域。正是由于增长管理在中国出现的特殊背景以及中国特殊的体制环境,与国外相比,当前我国的增长管理体系不论是组织结构,还是实施效果上都存在很大的差异。本文通过对中国城市空间增长管理的研究,尝试性地归纳了当前中国的城市空间增长管理体系,并针对其存在的问题提出了重构建议。

2　增长管理的概念及在中国的运用

"增长管理",又译作"成长管理",是借鉴了企业管理中的一个概念,指对企业的增长进行控制和管理,以避免由于快速增长带来的资金、债务等问题。增长管理应用于城市领域直接针对的问题就是美国战后的城市蔓延。在1975年出版的《增长管理与控制》一书中,"增长管理"首次出现。在当时,增长管理用来表示不对增长进行任何意义上的限制的管理。随着时间的流逝,增长管理这个术语在这个领域里或多或少变得有些普及化。到1980年代中期,"增长管理"一词正式、明确地出现在美国一些州的相关立法中,如佛罗里达州于1985年、佛蒙特州于1988

---

* 本文为教育部"新世纪优秀人才支持计划"——《大都市区空间蔓延与增长管理》课题成果。

年及华盛顿州于 1990 年分别制定了各自的"增长管理法"。当前一般认为,增长管理应该是以地方政府为行动主体,以城市可持续发展为根本目标,对城市开发行为进行调控的一系列策略。

中国自 1978 年实行改革开放政策后,城市发展开始进入快速增长期,城市面貌日新月异。据统计,至 2006 年,中国的人口城市化水平接近 44%;预计 2010 年后,中国的城市化水平就将超过 50%,进入到以城市为主导的社会。随着上世纪 80 年代后期出现的"开发区热""房地产热"的不断升温,进入 90 年代后,一系列环境问题、社会问题伴随着城市建设的全面展开而接踵而至。对此,城市政府开始寻找各种手段规范城市开发行为,引导城市良性发展。于是,一些包含增长管理思想的政策、规划开始出现并得到了广泛运用。譬如"严守 18 亿亩耕地"政策、"控规全覆盖"、"非建设用地规划"、"空间管制规划"等都是增长管理思想与中国实际情况相结合的产物。总体上看,我国的增长管理思想产生于上世纪 90 年代初期的城市化快速发展过程中,但"增长管理"一词却是一个舶来品,最早出现在上世纪 90 年代末期。随着"增长管理"概念的引入,增长管理理念逐渐被大众认识并接受,并开始成为指导城市空间增长的重要原则。所以说,增长管理在中国的发展经历了一个由自发无意识到自主有意识的过程。

3 当前中国城市空间增长管理体系的构成

纵观增长管理在中国二十年的实践历程,可以看出,虽然增长管理已成为了当前规范我国城市空间增长的重要原则,但从其体系上来讲,当前中国的城市空间增长管理体系并不是一个独立的系统,它依托现行的城乡规划体系发挥作用,其权利的行使也是由几个分散的部门,譬如规划局、国土局、建设厅、发改委等共同完成的。具体来说,当前中国的城市空间增长管理体系可以归纳成如图 1 所示。

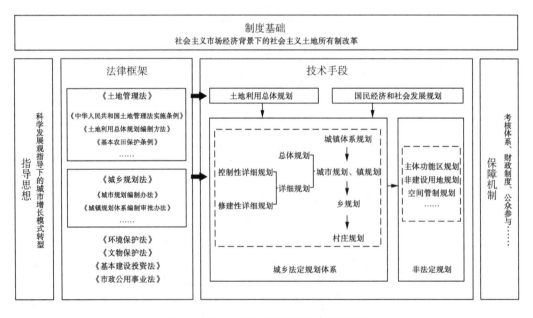

图 1　当前中国城市空间增长管理体系

3.1 制度基础:社会主义市场经济背景下的社会主义土地所有制①改革

纵观中国几千年的发展史,在新中国成立以前,中国城乡土地始终实施统一的私有制。1949年以后,中国开始实行全民与国家所有的土地所有制形式,即一国全体人民共同拥有土地。具体来说,中国的土地所有制度又可以分为两种形态——国有土地所有制度和集体土地所有制度。"城市土地实行国有土地所有制度、农村土地实行集体土地所有制度"是中国历史上第一次对城市和农村实行不同的土地所有制形式。

十一届三中全会后,中国实行改革开放,国家经济体制出现了不断市场化的新趋势,社会主义土地所有制也相应地发生了一些改革。这些改革首先出现在中国农村,随着农村土地承包经营制的推行,集体土地的使用权与所有权开始分离。与此同时,城市用地方面也逐渐引入一些市场运作的方式,分离了国有土地的所有权和使用权,并努力探索有偿、有期限、有流通的土地使用权市场建设。土地所有权和其他权利的分离是中国社会主义土地所有制在市场经济环境下的一种适应性调整,也是符合中国经济改革大潮的重要举措。

可以看出,社会主义土地所有制作为中国的基本土地制度,同时也是中国城市空间增长管理体系的制度基础。增长管理的直接操作对象是土地,在中国,建设用地总量与土地一级市场的运行紧密相关,进而牵涉到社会主义土地所有制两种形态之间的转化。同时,城市土地国家所有也为政府通过增长管理实现对城市空间增长的控制奠定了一定的基础。因此,中国城市空间增长管理措施的制定和实施都必须以这一特殊的土地所有制为根本出发点。

3.2 指导思想:科学发展观指导下的城市增长模式转型

党的十六届三中全会第一次明确提出了"科学发展观"的概念,要求"坚持以人文本,树立全面、协调、可持续的发展观,促进经济社会和人的全面发展"。可以说,科学发展观是可持续发展理念在中国的具体表述和运用。它的提出也标志着可持续发展开始从民间呼吁转向政府引导。在这一思想指导下,中国城市增长必将由"速度优先"转变为"质量优先",集约型城市发展模式将不再仅仅停留在对未来憧憬的口号层面,一系列切实保证城市增长模式转型的政策和手段相继出台,涉及环境、农业、耕地、建设用地等各个方面,这些都是与增长管理思想相一致的。

3.3 法律框架:土地管理法及城乡规划法指导下的土地控制法律系统

土地管理法及城乡规划法是我国目前管理城乡土地、指导城市建设最重要的两部法律。土地管理法和城乡规划法从狭义上讲是指经过严格立法手续通过的《中华人民共和国土地管理法》和《中华人民共和国城乡规划法》;从广义上讲,土地管理法还包括《中华人民共和国土地管理法实施条例》《土地利用总体规划编制方法》《基本农田保护条例》等部门规章。同样,城乡规划法也包括《城市规划编制办法》《城镇规划体系编制审批办法》等部门规章,并且两者还包括对方本身和《环境保护法》《文物保护法》《基本建设投资法》《市政公用事业法》等法律、法规中有关两者的内容,以及各省、自治区、直辖市关于土地管理和城乡规划管理的地方性法规等。

《土地管理法》和《城乡规划法》的施行是我国城乡土地法制建设的重要标志,也是可持续发展理论在我国得以落实的根本保障。同时,由于当前我国增长管理理念的落实依托于现行的城乡规划体系,所以,土地管理法和城乡规划法又成为了我国运用增长管理理念规范城市空间增

---

① 迄今,人类社会已经历了5种社会生产方式,有学者对应地将土地所有制度也分为5种类型,即原始社会的氏族公社土地所有制、奴隶主土地所有制、封建土地所有制、资本主义土地所有制、社会主义土地所有制。

长的基础性法律框架。实践表明,自1986年《中华人民共和国土地管理法》和1990年《中华人民共和国城市规划法》实施后,我国土地开发和城市建设都逐渐走上了正轨。尤其是2008年1月1日实施的《中华人民共和国城乡规划法》第一次在城乡统筹、部门协调的基础上统一考虑城乡地区的规划管理,明确了城镇体系规划、城市规划、乡镇规划及村庄规划的法律地位,理顺了城乡规划与土地管理等法律的关系,建立了事权清晰、责任明确、空间衔接、过程完整的城乡规划体系。自此,我国城市空间增长管理的法律框架得以建立。

3.4　技术手段:法定规划体系主导下的城市增长控制系统

新施行的《中华人民共和国城乡规划法》第一次明确提出了城乡规划与土地利用总体规划、国民经济和社会发展规划等相关规划的衔接,从而明确了我国现行的法定规划体系。其中,土地利用规划处于基础地位,国民经济和社会发展规划是重要依据。自此,一套针对土地开发、城乡发展的相互协调、完整统一的城市增长法定控制系统诞生,这也是我国城市空间增长管理体系的控制基础。

除此之外,随着增长管理思想逐渐深入人心,一系列包含增长管理思想的技术手段相继出台,并在规范城市空间增长中起到越来越重要的作用。早在增长管理概念进入中国之前,面对城市发展过程中出现的问题中国就进行了一系列类似增长管理的实践。增长管理概念被引入后,结合中国的具体国情,增长管理得到了广泛运用,其中不乏许多成功的案例。总之,所有以保护资源环境为核心,以实现城市可持续发展为宗旨的方法手段都可以看做是增长管理在中国的具体应用和创新。其中,当前正在开展中的主体功能区规划就是这一典型代表。

3.5　保障机制:以保证增长管理得以落实为目标的政策体制

增长管理的施行不仅需要法律依据、技术支持,各种保障机制的建立同样是确保其顺利实行的重要部分。处于经济快速发展时期的中国,增长管理的施行在一定程度上会抑制部分地区当前利益的获取,如何平衡这些矛盾,维持社会经济的快速稳定发展是落实增长管理过程中不得不考虑的内容。伴随着增长管理在中国的全面开展,诸如考核体制、财政政策、公众参与等相配套的保障机制也逐渐开始建立。

4　当前中国增长管理体系存在的问题

自从增长管理思想在中国出现至今,已将近二十年时间了。经过二十年的发展和实践,我国的城市空间增长管理体系逐渐形成并得到完善,为规范我国城市空间增长发挥了作用。但是,当前我国城市增长过程中各种问题的日益加剧也反映了我国增长管理在规范城市空间增长上常常显得力不从心,甚至出现失效的情况。具体来说,当前我国城市空间增长管理体系的主要问题可概括为以下几个方面:

4.1　调控系统的碎化

当前我国城市空间增长管理体系并没有一套官方的、规范性的、为众人一致接受的调控系统,所有的增长管理措施都是各级政府在科学发展观指导下根据当地城市空间增长过程中遇到的具体问题具体制定的。因而,从系统性上讲,当前我国城市空间增长管理体系的调控系统较为破碎,这使得我国增长管理在具体实施中常常各自为政,各项增长管理措施常常出现脱节、重叠甚至冲突的局面,不利于增长管理效果的发挥。

4.2　应用手段的僵化

由于当前我国城市空间增长管理体系缺乏统一的调控系统,所以到目前为止,我国增长管理理念的落实主要依托规划手段。然而,规划系统本身的复杂性和特殊性决定了它的制定和实施不可能完全与增长管理理念相一致。因而,我国当前这种过分依赖规划手段的增长管理制定实施方式一方面经常使得增长管理理念被各种规划自身的目的性掩盖;另一方面也造成了增长管理应用手段的僵化,从而影响增长管理目标的实现。

4.3　保障措施的弱化

增长管理保障措施的弱化一方面是由于调控系统的碎化、应用手段的僵化造成的;从另一个角度来说,正是由于我国城市空间增长管理体系缺乏必要的保障措施,才使得增长管理体系面临碎化和僵化的境地。增长管理是一个复合概念,在规范城市空间增长的过程中,各种空间策略是最基础的,但是要想完整地落实增长管理理念,除了空间技术手段外,各种保障空间策略得以落实的措施也是必不可少的。由于目前我国城市空间增长管理体系在很大程度上依附于规划体系,所以各种保障措施也非常不健全,这在很大程度上更进一步影响了增长管理目标的实现。

4.4　考核体制的催化

政府作为增长管理的行动主体,对于增长管理理念的落实起到至关重要的作用。但是,当前以GDP为主要指标的政绩考核体系,实际上使得经济发展成为政府制定政策措施的第一目标。而增长管理以可持续发展为目标,在短期内并不会带来明显的经济效益,甚至还会影响短期经济增长速度,因而常常沦为政府在满足经济发展要求前提下体现科学发展观的虚化口号。可以说,当期中国以GDP为主要指标的政绩考核体制,与深入贯彻落实科学发展观、建设生态文明、转变经济发展方式、实现经济又好又快发展的要求相比,无论在内容上还是在评价机制上,都不够全面、不够科学,存在严重的弊端。这一考核体系也在很大程度上催生了我国增长管理理念落实过程中的失效。

5　中国增长管理体系重构建议

针对当前我国城市空间增长管理体系存在的问题,本文建议在社会主义土地所有制基础上建立一套独立的城市空间增长管理体系,作为指导我国城市空间增长的基本准则。本文认为,我国城市空间增长管理体系的重构应该以社会主义土地所有制为基础,在相关法律保障下为城市未来发展提供基本框架,各类规划的制定以及在此基础上的各项城市开发行为都必须以城市空间增长管理体系确立的控制系统为根本依据。具体来说,又可从制度基础、目标层、控制层和保障层四个方面提出重构建议(图2)。

5.1　增长管理体系重构的制度基础

社会主义市场经济背景下的社会主义土地所有制改革是当前我国城市空间增长管理体系的制度基础,同样也是未来我国城市空间增长管理体系重构的制度基础。面对我国以公有制为主体的土地制度,随着使用权与所有权分离后土地使用权市场建设的逐步完善,原先政府在规范城市空间增长过程中的指令性作用已大大削弱。与此同时,伴随政府体制改革的不断推进,

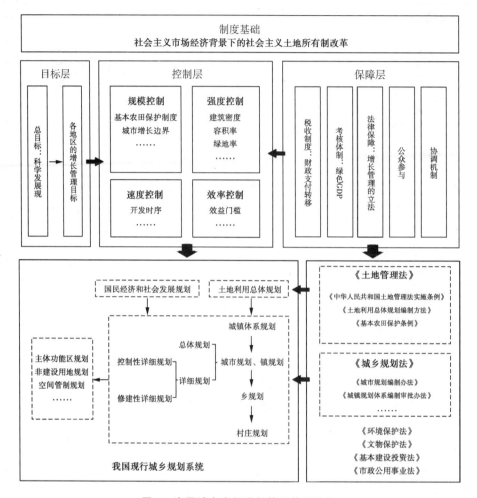

图 2   中国城市空间增长管理体系重构

城乡政府在增长管理体系中的作用也应逐渐向宏观政策制定、实施制度保障等方面转变,这意味着政府在增长管理实施过程中直接控制力的减弱。但是,我国社会主义公有制的特殊背景决定了中国政府在处理社会经济事务过程中不可能像西方一些自由主义国家那样“说不上话”,这为我国许多增长管理工具的制定和实施提供了便利。所以说,未来中国政府在规范城市空间增长过程中的作用将介于强政府与中政府之间,是一种有限的强控制。基于这样的制度基础,我国城市空间增长管理体系的重构应在原有基础上加强法律体系、保障措施等方面的建设,但同时也不可忽视政府在制定和实施增长管理过程中的重要作用。与具有中国特色社会主义制度相类似,中国的城市空间增长管理体系也将是一套具有强烈中国特色的增长管理体系。

5.2   增长管理目标层的重构

科学发展观作为我国城市空间增长管理体系的总目标是无可厚非的,也是可持续发展理念与中国具体国情相结合的产物。这个总目标既能满足增长管理的基本要求,又与当前建设和谐社会的要求相一致。但是,中国幅员辽阔,经济社会发展极不平衡,用统一的标准对城市空间增长进行控制显然是不合理的。所以,本文建议采用主体功能的思想,对我国不同发展背景下的区域进行划分,在科学发展观总的指导下,对总目标进行细化,制定与自身发展阶段相适应的增长管理目标。

5.3 增长管理控制层的重构

本文认为一套独立的城市空间增长管理体系的建立是保证增长管理真正发挥作用的关键。具体来说,本文建议构建一个由规模、强度、速度、效率等因素组成的城市空间增长管理控制层对城市空间增长进行控制,并作为各类规划制定的基本准则。

(1) 规模控制

规模控制是增长管理从总量上对城市空间增长进行的控制。基本农田保护制度是我国当前实行的土地控制基本准则,《中华人民共和国土地管理法》及《基本农田保护条例》是这一制度的法律保障。本文认为对增长管理控制系统的构建应在继续完善基本农田保护制度的基础上,对基本农田进行严格管理,严禁各种占用基本农田的行为。具体来说,增长管理对规模的控制可以以基本农田的划定为底线,各个城市应根据各自制定的增长管理目标划定各自的城市增长边界,作为未来一段时间(根据国外的经验,一般为 20 年)内城市建设用地可以铺展到的范围界限。城市增长边界的划定与变更都必须经过严格的法律过程,秉承公众参与的理念,平衡各种利益关系,以实现该城市制定的增长管理目标为根本目的。

(2) 强度控制

对城市空间增长实行有效地强度控制,是提高城市用地集约程度的一种可行方法。纵观当前我国规范城市空间增长的各种手段,控规全覆盖的实行实质上已经有了强度控制的意味。但是,由于控制性详细规划在现行规划体系中的规划地位决定了这种强度控制一直都停留在"就地块论地块"的层面,无法从更高的层面进行更合理的控制。所以,本文建议建立单独一套增长管理强度控制体统,通过对建筑密度、容积率、绿地率等指标的控制,在与总量控制相结合的基础上,对城市空间增长的强度进行控制,以实现增长管理期望的目标。

(3) 速度控制

考虑到城市的可持续发展,在对我国城市空间增长管理控制系统的构建中,速度控制就显得尤为重要了。速度控制也是当前我国城市空间增长过程中最欠缺的一类控制,正是由于缺少速度控制,当前我国一些快速城市化地区面临无地可用的尴尬境地。鉴于这样的教训,本文建议在对我国城市空间增长管理体系进行重构时特别加强速度控制,通过完善对开发时序的监控,建立一套增长管理速度控制指标,引导城市空间增长逐渐走向健康有序。

(4) 效率控制

效率控制是以增长管理目标为基本出发点,转变城市增长方式的必然要求。通过建立适当的效益门槛,提高土地利用率,是未来我国城市空间增长必须考虑的内容,也是我国城市空间增长管理体系重构的重要内容之一。

5.4 增长管理保障层的重构

城市空间增长管理体系的重构及其规范效应的发挥都必须有强有力的制度保障。通过对当前我国城市空间增长管理的研究可以发现,保障机制的缺陷是导致我国增长管理失效的重要原因之一。本文认为,中国城市空间增长管理体系保障层的重构着重应该从法律保障、考核体制、税收制度、公众参与及协调机制五个方面进行考虑。

(1) 法律保障

法律保障可以算是增长管理保障层中最核心的一项内容。其中,明确城市空间增长管理体系的法律地位又是增长管理保障层构建过程中首先需要明确的内容。本文建议通过立法保护城市空间增长管理体系的法律性。立法保护后的城市空间增长管理体系应该更多地体现一种公共政策的性质,对政府、企业、公众广泛使用,不受期限约束,并成为指导各类规划编制的依据之一。城市空间增长管理体系中各项指标的制定和更改都必须遵循严格的法律程序。

（2）考核体制

通过前面对我国城市空间增长管理体系存在问题的分析可以发现,考核机制的不合理是催生当前我国城市空间增长管理失效的重要原因。因此,在对我国当前城市空间增长管理体系进行重构时,改变政绩考核机制是保证增长管理得以顺利落实的重要前提。目前,随着绿色 GDP 概念逐渐为大众熟知并接受,我国政绩考核体制逐渐开始转变。本文建议在转变我国政绩考核体制的过程中,加入对增长管理的考核指标,这既符合考核体制转型的基本要求,也能够为今后我国增长管理的落实提供制度保障。

（3）税收制度

在我国城市空间增长管理体系重构过程中,相适应的税收制度的建立是保障增长管理得以落实的重要经济手段。通过财政支付转移实现对增长管理控制地区的经济支持,能够打消增长管理控制地区对实施增长管理后可能带来的不利影响产生的顾虑,调动广大人民群众的积极性,保证增长管理的顺利落实及可持续发展目标的实现。

（4）公众参与

公共参与是增长管理制定和实施过程中必不可少的环节。增长管理各项措施的制定应广泛听取各方意见,避免增长管理在制定时成为某一利益的代言人。与此同时,在增长管理的实施过程中,各种社会团体、民间组织在监督其实施效果、纠正违反增长管理要求的开发行为中有着政府不可替代的作用。因而,加强公众参与是保障增长管理得以落实的重要力量。

（5）协调机制

我国增长管理协调机制的建立不但是我国特殊的城乡二元结构及区域经济社会发展不平衡的客观要求,同时也是中国政府在增长管理制定和实施过程中的重要职责,是我国政府在城市空间增长管理体系中主导地位的体现。增长管理协调机制的建立能够保障不同地区、城乡之间增长管理措施制定和实施的协调,避免相互重复、相互违背的增长管理措施的制定,从而实现整个区域可持续发展目标的实现。

6　结　语

中国城市化的快速发展不仅带来的城市面貌的日新月异,也为中国增长管理思想的诞生提供了土壤。所以说,虽然"增长管理"一词是从国外引入,但实际上中国的增长管理思想早在"增长管理"一词引入之前就已出现了。值得注意的是,在中国特殊的土地制度、经济水平及政治背景下,增长管理必定会被赋予更多、更特殊的含义和内容。经过二十年的发展,中国的城市空间增长管理体系已初步成形,但正是由于中国国情的特殊性,虽然近些年对于增长管理的研究不断丰富,但中国城市空间增长管理体系在规范中国城市空间增长的效果却不尽如人意。因此,立足中国国情研究适合中国城市发展实际情况的城市空间增长管理体系是非常有意义的。本文正是出于这样的考虑,对当前中国的城市空间增长管理体系进行了归纳和研究,并对其提出了重构建议。

参考文献

［1］约翰·M 利维. 现代城市规划[M]. 北京:中国人民大学出版社,2003.

［2］张进. 美国的城市增长管理[J]. 国外城市规划,2002(2):37-40.

［3］宁越敏. 中国城市研究(第一辑)[M]. 北京:中国大百科全书出版社,2008.

［4］汪利娜. 中国城市土地产权制度研究[M]. 北京:社会科学文献出版社,2006.

［5］敬东. 新土地管理法对城市规划法的影响[J]. 城市规划汇刊,1999(5):72-77.

［6］姜艳生. 对建立干部绿色政绩考核体系的思考[J]. 领导科学,2008(3):26-27.

The Growth Management Systemin Current China and Its Reconstruction

Huang Fu   Yue Zhang Jingxiang   Lu Xiaolin

Abstract: Faced with the problems of urban spatial growth under the background of urbanization, researching growth management is very meaningful. The growth management conception accords with the background of resource shortage at home and abroad, and it consists with the main idea of Scientific Outlook on Development. So it can be considered as a manifestation of sustainable development in urban spatial growth. However, under the special system in China, consequentially, these are great differences in composing between China and overseas. This paper brought forward a growth management system in China tentatively through the study of Chinese growth management. And then it gave some suggestion toward its problems existed now.

Key words: Growth management; System; Reconstruction; China

(本文原载于《规划师》2009 年第 8 期)

基于城乡统筹的涉农镇街规划工作探索

——以南京市涉农镇街城乡统筹规划为例

叶菁华　陶德凯　王耀南　刘正平

摘　要：文章简要分析了欧美发达国家乡村建设发展实践进程,指出了现阶段城镇化水平下南京开展城乡统筹规划的重点。以近期开展的试点镇街城乡统筹规划编制工作为例,重点介绍了南京在城乡统筹规划工作方面的创新之举。从规划编制工作完成后,主管部门、试点镇街、专家学者、规划编制单位和社会公众等规划参与主体对本轮城乡统筹规划的评价着手,总结了南京开展城乡统筹规划工作的有关经验。

关键词：城乡统筹规划工作;南京;涉农镇街

1　前言

近年来,南京社会经济发展水平已迈入了快车道,发展的势头不可阻挡,人口总量和城市化水平不断提升。全国六普数据显示,2010 年年底,南京市总人口突破了 800 万,城市化水平为77.6％。但与快速提升的城市化水平相对应的是,城市化发展质量不高,尤其是外围城镇的城市化水平提升较慢。研究表明,南京主城的经济发展质量、城市建设水平、空间环境品质等并不逊色于苏南经济发达城市,但长期偏重的城乡二元结构,导致外围郊区县特别是广大农村地区的城市化水平、城乡空间品质较低,影响了南京城市整体的发展水平,难以与南京特大中心城市的地位相匹配。因此,在高水平的城市化率下,如何加快农村地区现代化建设,尤其是促进外围涉农镇街地区的长足发展,成为当前南京市建设特大中心城市的重要工作之一。

2　战后发达国家乡村建设实践

在工业革命的强大推动力作用下,欧美发达国家较早完成城镇化进程,英美德等老牌资本主义国家在战前就达到了 75％的水平,法国、意大利也达到了 55％,这一时期的城镇化形式主要表现为人口从乡村向城市或较高人口密度地区转移的过程。战后发达国家的城镇化模式(又称再城镇化)呈现出不同以往的特征,主要分为两种,一种是老欧盟为代表的城镇化主流方向,即乡村人口不一定向高密度地区转移,而是就地改变生产生活方式,造就一座座"新城镇",这就是欧洲"撒芝麻"式的"城镇增长"方式;另一种是美国、加拿大和澳洲为代表的城镇化主流方向,即城镇人口和二三产业向乡村地区流动,造就了"无边的城镇",这就是美国"摊大饼"式的"城市蔓延"形式。

发达国家的城乡经济社会发展现实表明,尽管他们较早完成了城镇化进程,又出现了两种不同的再城镇化发展模式,但是高城市化率并没有带来城乡经济社会发展水平的整体提高,如二战结束时英国城镇化率为 80％,但仍有 66％的乡村住宅没有电力供应,10％的住宅没有自来水供应,堆放厨房杂物和睡觉都在一间房子内,42%的乡村村庄(教区)没有下水道等等,实际上,英国的乡村代表了当时大部分工业化国家的乡村状况——高城市化率未必意味着乡村可以得到城市的反哺。正是基于城乡经济社会发展水平呈现不协调的现象,欧美发达工业化国家在战后开始关注乡村发展问题,研究乡村发展政策,投入大量的公共财政资金来建设和发展乡村,以提升城镇化的发展质量:1950—1960年代,欧洲乡村发展主要围绕粮食安全问题展开,美国则以基础设施条件的改善,解决农民住宅问题;1980—1990年代,随着人口向乡村地区转移,欧洲发达工业化国家开始全面关注乡村基础设施建设问题,美国乡村发展则围绕工业和服务业向乡村地区转移开展;1970—1980年代,欧洲发达工业化国家通过乡村更新和区域发展政策来实现稳定农业经济和乡村人口的目标,美国则关注社会冲突,通过加大公共投资来解决城市中心区衰退问题,乡村问题则交由私人主导的房地产市场来运作;1980—1990年代,欧洲国家从区域协调发展的角度将整个乡村生态环境纳入了城市乡村生态环境的保护范围,美国则开始推行紧凑型城市发展模式,重新关注城市边缘和郊区建设起来的居民点;1990年代以来,欧美国家统一观点,把城市无度蔓延看做是高城市化率时期城乡发展不协调的主要原因;新世纪欧洲发达工业化国家全面推行欧盟的共同农业政策,以综合和可持续的方式推进乡村发展,美国则以新城市规划和理智发展的方式建设城市。

纵观欧洲和美国在城乡发展模式上的差异,欧洲人坚持以乡村为中心的城镇化道路,他们拥有悠久的乡村居住历史,依靠不断改善乡村居住条件来提高生活质量,逐步把乡村的基础设施和公共服务设施条件提升到城市水平,把农业生产留在了田间,从而实现了城镇化;美国、加拿大和澳大利亚等国家则走的是以城市为中心的城镇化道路,它们是工业革命的产物,大规模的移民进入美国、加拿大和澳大利亚,一开始就居住在城市,城市始终支配着他们的经济命脉,他们通过一座座的城市建设,实现了城镇化。尽管发展模式不同,但欧美发达工业化国家在城市化率到达一个稳定的水平时,在可持续发展理念的指引下,其城乡发展都取得了一定程度上的成功,这些都离不开各国土地、财政、空间规划管理政策的保障,尤其是规划建筑管理政策,强调了乡村发展必须规划先行,而且规划方式是自下而上有地方社区为主导的;乡村建设必须在严格的土地和空间规划管理下开展;平面分区规划必须包含容积率、组团式布局、农业分区、可转移开放权、环境限制、城市发展边界等内容。

3 城乡统筹规划内涵

借鉴西方发达工业化国家乡村建设发展经验,要构建一个可持续发展的乡村经济、社会、生态环境基础,就必须有一个科学的规划引领。为提升南京市域城乡经济社会整体发展水平,2010年7月,南京市委、市政府出台了引领未来南京城乡发展的《关于加快推进全域统筹,建设城乡一体化发展的新南京行动纲要》,指明了南京统筹城乡发展的总体方向、主要目标和实施路径,并于2011年年初,确定了六合区竹镇镇等11个镇街作为统筹城乡发展先导试点镇街(见图1),先行开展城乡统筹规划工作。

城乡统筹规划有别于城市规划,也不同于村庄规划,其规划的空间载体主要为农村地区,但每个镇街都有或大或小的城镇集中建设区;其规划面对的社会群体是农民,但从事规划编制工作的则主要是城市规划师;其规划的经济基础主要为农业,但统筹城乡发展又不能仅仅依靠农业空间的规划来实现农村地区的全面发展。因此,本轮南京市城乡统筹规划势必将在原有小城镇规划编制体系和内容上,作出一定的创新和提升。这就需要规划管理部门、区县主管部门、试点镇街、规划编制单位等多方主体共同参与、共同努力,在原有规划成果和新近的规划研究基础上,将镇街最新的发展需求落实到新一轮城乡统筹规划中,保障规划落到实处,编以致用。总体来讲,笔者认为,城乡统筹规划主要包含三个方面的内涵:

统筹城乡社会发展,核心是要扩大公共财政覆盖范围,尤其是要覆盖到农村地区,积极发展农村公共事业;加强农村基础设施和环境建设,繁荣农村文化,办好农村教育事业,促进农村医疗卫生事业发展、健全农村社会保障体系,实现城乡基本公共服务均等化。

统筹城乡空间发展,关键是要集中、集约利用土地资源,提高土地利用投入强度,提高土地利用效率。一方面,划定城乡建设增长边界,确保各项建设集中在规划建设用地范围内,避免分散建设;另一方面,要在有条件的农村地区实施"农用地整理",通过复垦农地、指标流转等手段,大力提高农村土地的利用效率。

统筹城乡产业发展,就是要根据产业现状分布特征,强化资源整合度和提高资源利用度并举,在城乡空间内合理划定各类产业分区,构建特色产业集群,并赋予不同产业分区差别化的绩效考核制度,促进城乡产业健康、有序发展。

图1　基于不同区位特征的南京统筹城乡发展先导试点镇街分布示意图

图片来源:作者自绘

4　南京城乡统筹规划工作基础

为确保南京新一轮城乡统筹规划的顺利实施,切实解决农村地区存在的问题,南京市规划局在充分分析农村地区发展面临的现实条件的前提下,开展密切的调研,同步开展专题研究,明确规划编制项目及其主要内容,做好规划的基础性工作。

4.1　做好基础研究,出台涉农地区规划编制标准

针对农村地区生态资源丰富、环境景观优美,却缺乏规划有效引导或规划水平参差不齐的现象,南京市规划局以国家有关小城镇规划编制法规为基础,结合南京农村地区发展现势状况,开展专题研究,出台了《南京市农村地区规划编制技术规定》,既是作为农村地区编制相关规划的技术规定,也是促进缺乏规划的农村地区,加快推进规划编制进程的一项依据。同时,针对农村地区基本公共服务设施缺乏或公共服务水平低下的情况,以实现城乡基本公共服务均等化为目标,出台了《南京市农村地区基本公共服务设施配套标准规划指引》,作为提高配套农村地区公共服务设施和农村地区基本公共服务水平的技术标准。

4.2　强调与相关规划的衔接

为保障本轮涉农镇街城乡统筹规划的可操作性,强调要以城市总体规划和区县总体规划①为依据,做好试点镇街城乡统筹规划与上位规划的对接;以区县和镇街"十二五"规划的相关数据和指标作为城乡统筹规划编制的社会经济发展目标;以土地利用总体规划的相关刚性要求作

---

①　为保障规划切实引导地区空间发展,2010年,南京市规划局创新地组织了以行政单元为主体的"区县总体规划",与原有的以空间单元为主体的次区域规划共同成为地区空间发展的依据。

为依据,土地综合整治规划为纽带,做好试点镇街城乡统筹规划与相关规划的衔接工作。

4.3 明确规划编制项目

通过调研试点镇街自然资源条件和现状建设特征,听取试点镇街对城乡统筹规划编制及管理的认识和城乡统筹规划内容的了解程度。通过与区县住建局等规划建设管理部门的座谈,进一步明确各试点镇街本轮城乡统筹规划拟编制的项目,即新市镇总体规划①、近期建设地区控制性详细规划②及每个试点镇街1~2个新社区详细规划。同时,结合镇街原有规划基础,将本轮试点镇街城乡统筹规划编制分为新编、修编、调整和深化等四种不同类型。

4.4 强调各类规划城乡统筹内容

市规划局城乡统筹处以"统筹城乡发展"相关政策内容、城乡统筹规划编制重点关注的内容为基础,根据确定的三类规划项目,分别出具规划编制技术要求,即"城乡统筹规划编制技术要求"的样本格式。

4.4.1 新市镇总体规划

新市镇总体规划强调按照"整镇推进"的原则,合理确定镇村体系的结构与布局,尤其是确定新社区(保留、保留扩大、新建的农村居民点)的数量、规模和空间布局以及不再保留的农村居民点。开展进行经济分析,测算城镇建设用地、农村集体建设用地及农用地等各类用地的总量,保障农用地不减少的基础上,实现用地总量的平衡。同时,确定分阶段实施规划的目标和重点,合理制定2015年、2020年和2030年三个阶段的城镇发展目标和发展规模,明确近期空间布局和重大设施安排,衔接土地利用总体规划,引导城镇远期发展方向。

4.4.2 近期建设地区控制性详细规划

近期建设地区控制性详细规划强调根据区县总体规划等上位规划,确定河流水系、高压走廊等强制性内容的控制要求。合理组织地区交通,确定公共服务设施和基础设施配套等,通过集中建设地区空间引导,塑造镇街特色。

4.4.3 新社区详细规划

新社区规划则要求在分析土地资源状况、建设用地现状和社会经济发展需要的基础上,依据上位规划相关要求,确定新社区的规模,并配套相应的公共服务设施。具体负责各区县规划管理工作的规划分局、住建局依据编制技术要求样本格式,结合各镇街特点和发展条件,出具各规划项目具体的规划编制技术要求。

5 南京特色的城乡统筹规划工作方法

为稳步扎实推进试点镇街城乡统筹规划工作,确保规划成果能够顺利按期完成并编以致用,本轮南京试点镇街城乡统筹规划工作以"全域统筹、一体发展"为总体思路,以"土地重整、村镇重建、要素重组"为实施路径,以土地综合整治为切入点,注重与上位规划的衔接,强调各类规

---

① 南京市在新一轮总体规划中强调所有镇街扁平化发展,体现发展权的均等、加强对涉农街道或非镇街政府所在地的集中建设地区的规划管理,在适度合并部分镇街,壮大外围镇街发展主体规模的基础上,不再细分重点镇和一般镇。同时,为便于涉农街道统筹域内空间发展,编制相应的规划,将重点镇、一般镇和街道统称为新市镇。

② 为实现"十二五"规划拟定的社会经济发展目标,镇街通常会结合"十二五"规划,实施近期发展战略,对镇街近期重点发展空间予以划定,编制近期建设控制性详细规划就是为确保镇街重大建设项目和发展计划能够有足够的规划支撑,作为镇街近期空间发展的依据。

划的融合。同时,在规划的组织编制工作中,南京市规划局着力夯实工作基础、创新工作方法、探寻工作路径、健全工作措施,力求在保质保量完成本轮规划编制工作的基础上,形成具有南京自身发展特色的城乡统筹规划编制技术方法和编制管理章程。

5.1 创新规划组织方法

本次城乡统筹规划的重点工作之一是要确保规划成果的可操作性和实施性,突出强调了规划的"落实"。因此,在规划组织编制工作伊始,就着力改变既往由规划部门牵头组织编制规划的方法,实行"以试点镇街为主体,市规划局直属分局、区县住建局等规划管理部门配合,市规划局城乡统筹处负责技术指导"等多方协调的方法开展相关工作。在积极调动规划实施主体——试点镇街的积极性的同时,也让试点镇街的主要领导、规划建设管理人员参与到规划中来,全面了解规划编制的全部过程,建立表达观点和建议的渠道。

5.2 遴选优质规划编制单位

为提高规划编制质量,规划管理部门与试点镇街就规划编制单位的选择进行多轮协商和讨论。在充分考虑到规划编制工作的延续性的基础上,结合基层部门横向比较后意向性的选择,市规划局有关直属分局和区县住建局综合平衡后公开比选,确定 7 家设计单位承担统筹城乡发展先导试点镇街的规划编制工作。这些中选的规划单位均为南京市内长期从事城乡规划工作的优质设计单位,既对南京城乡发展现状有着较为详细的了解,也具有实力较强的设计团队和丰富的规划编制实践经验。

5.3 开展工作阶段性核查

规划管理部门在明确各试点镇街编制项目后,梳理规划编制工作的总体进程,根据先期确定的时间进度安排,重点开展了"规划前期的准备工作"和"规划评审成果"两个阶段的核查工作。此外在"抓两头"的基础上增加了编制进度核查、评审成果完善工作核查、公示核查等几个阶段的推进指导工作。在规划编制单位进驻现场、开展前期调研后,对前期准备工作进行核查,是为顺利推进试点镇街各项规划编制工作,确保各设计单位在方案前期能够切实领会城乡统筹规划的主要内容以及各试点镇街的主要发展需求,提高工作效率;在规划初步成果完成后,对规划评审成果进行核查,保障规划成果能够切实落实城乡统筹规划相关政策要求及地方政府发展需求,确保规划成果的可操作性和实施性。

5.4 制定工作例会制度

确定试点镇街的规划编制项目后,市规划局制定了工作例会制度。一是每月不定期召开规划编制工作推进会,集中项目组交流规划编制经验和遇到的问题,探讨解决问题的办法;二是到相关试点镇街现场,与各项目组就规划编制工作中存在的具体问题展开讨论,寻求解决问题的方式方法。

5.5 制定"1+x"图表

为客观记录各试点街镇的基本情况,及时梳理各街镇的功能定位、发展目标、城镇规模,镇村体系结构、公共服务设施配套等内容,南京市规划局在规划工作开展前期设计了"一表多图"的规定版式,先行引导规划编制单位提炼相关规划内容,形成简要的规划成果。一方面,便于对各镇街规划成果进行分类比较及统计,推进城乡统筹规划成果的批量管理及动态维护工作;另一方面,这种节约成本、便于携带的简装图表也利于试点镇街规划成果的汇总宣传。

5.6 举行"规划师乡村行"活动

为宣传南京统筹城乡发展成果,展现南京规划师的风采,南京市政府与中国城市规划学会结合试点镇街城乡统筹规划编制工作联合举办"规划师南京乡村行"活动。这次活动既是作为2011年中国城市规划学会年会的主要内容之一,同时也是规划师加快提高业务水平,主动服务城乡统筹发展的一个有益尝试。活动期间,以试点镇街城乡统筹规划建设为主题,在市广播电台开办直播访谈系列节目,每期邀请一个试点镇街的主管领导、区县规划建设管理人员和一名规划编制单位的规划师,在宣传试点镇街城乡统筹规划建设成就的同时,调动各方的积极性和参与度,受到基层规划建设管理人员、规划师及广大市民的好评;同时,以规划成果公示为契机,开展"规划进村庄活动",通过电台征集的方式,邀请市民和村民参与到城乡统筹规划成果的公示中,听取其意见和建议,扩大统筹城乡发展社会认识度,得到参与人员的高度赞誉。通过"规划师南京乡村行"活动的开展,及时整理相关规划内容和各项服务工作,总结经验,将相应的成果纳入城乡统筹规划工作要求中,为全面开展城乡统筹规划工作奠定基础。

6 南京城乡统筹规划的综合效果评价

南京开展的本轮城乡统筹规划工作在市委市政府统一领导下,在市规划局、有关区县规划建设主管部门、各试点镇街、专家学者、社会公众和设计单位等多方主体共同参与和努力下,取得了初步成效,将为后期规划实施、试点镇街的建设提供有力保障。

6.1 规划部门自身对城乡统筹规划工作的认识

从规划管理部门对自身工作来看,本轮试点镇街城乡统筹规划取得了预期的效果,规划成果能够切实指导镇街的城乡空间建设及发展。主要体现在:一是镇街作为主体组织规划编制,可将自身的发展需求与规划编制单位直接交流,规划成果能够全面贯彻镇街发展意图;二是规划管理部门先后组织六次工作核查,保障规划内容能切实落实镇街主要发展意图、规划能够与土地利用规划、国民经济社会发展规划等相关规划全程衔接,进而确保规划成果能够顺利实施;三是规划部门及时组织开展试点镇街城乡统筹规划成果的专家评审会,针对性地选择在城乡统筹领域内有一定研究基础、一定学术建树的学者和管理人员作为评审专家,指导规划成果的深化完善。

6.2 试点镇街对城乡统筹规划的认识

本轮城乡统筹规划改变了镇街既往被动参与规划的惯常模式,让镇街自身作为规划编制主体,全程参与、推动、监督规划工作的开展。通过本轮试点镇街城乡统筹规划工作的开展,镇街的主要领导高度认同这种工作组织方法,一方面,全程了解规划的编制、推进和监督等相关工作,积累了镇街开展规划编制工作方面的经验;另一方面,各试点镇街自行组织开展规划编制,有利于街镇全面掌握自身城乡统筹规划的主要内容,为后期规划实施创造条件。

6.3 专家学者对城乡统筹规划的见解

专家普遍认为南京本轮开展的城乡统筹规划既是对既往农村地区规划内容的一次突破和提升,同时也是农村地区规划工作的一次重要创新。从规划编制过程中的中间成果咨询到规划编制完成后的成果专家评审,再到结合规划实施方案开展的规划审评会,参会的专家组高度认可南京开展的城乡统筹规划工作,一致认为本轮城乡统筹规划在工作组织上有序、有力,如组织开展了系列咨询会、工作核查以及规划编制单位和试点镇街的观摩和学习活动,都是创新工作组织方式的重要体现。

6.4　规划编制单位对城乡统筹规划的认知

通过本轮试点镇街城乡统筹规划编制工作的开展,编制单位深刻领会到农村地区规划与城市规划的差别所在,参与规划设计的团队整体素质得以全面提升。如某省级规划院在极少参与乡镇一级规划编制工作的前提下,积极参与南京本轮试点镇街的城乡统筹规划编制工作,院方一方面组织精兵强将组成规划设计团队,另一方面,高度重视承担的新市镇城乡统筹规划编制工作,先后两次通过院技术委员会审查该镇总体规划方案,全面提升了规划编制质量。从规划编制单位对本轮城乡统筹规划编制的重视和投入程度,可以看出,每一个规划项目组和设计团队都通过城乡统筹规划的编制,得到了锤炼,设计水平和设计能力有了极大的提升。

6.5　社会公众对城乡统筹规划的理解

从社会公众对本轮城乡统筹规划工作的认识来看,这是一次全民参与、开放式的规划。社会公众对本轮城乡统筹规划的工作方式和工作成效是认可的,认为这是一次务实的、切合实际的规划。市规划管理部门在编制工作伊始,就强调本轮城乡统筹规划是以农村地区为空间载体的规划,要确保规划成果能够顺利实施,就必须充分尊重民意,深入了解民声。因此,试点镇街根据规划工作的总体安排,走访村民代表,尤其是涉及新社区布局和调整的,基本做到入户调查,为新社区(村庄)布局调整优化的顺利实施提供保障。

7　南京城乡统筹规划的有关经验总结

作为全市统筹城乡发展工作的先导,试点镇街的城乡统筹规划强调"全域统筹、整镇推进",为南京市其他涉农镇街城乡统筹规划工作的开展开好了头、做好了示范。通过对试点镇街规划工作的总结,在做好全面工作的基础上,重点突出了以下几个方面:

7.1　加强对前期基础工作的检查

所谓前期基础工作,是在确定规划项目和规划编制单位后,迅速组织有关人员对镇街的现状社会经济发展情况进行摸底、对镇街发展需求进行调研、对最新的城乡统筹发展政策、文件组织学习和研讨。第一,一份好的城乡统筹规划成果规划是立足实际的,只有立足实际的规划成果才最具实用性、最具个性。这就需要规划编制人员充分认识镇街自身及其所在区域的自然和地理条件、历史和人文背景、镇村空间形态和经济社会发展基础,确定科学的发展战略,合适的城镇规模形态、镇村体系布局和经济结构,合理利用自然和文化遗产,促进城乡空间结构的有序增长和经济社会的和谐发展。第二,无论是编制城市规划还是编制城乡统筹规划,制定规划都不是目的,只是工具,仅仅是规划过程的开始。只有在法定规划指导下,辅助强有力的实施措施,把规划成果转化成实际的空间建设行为、转化为生产力,才能真正实现规划愿景,变蓝图为现实。因此,规划编制人员必须在项目立项之初,就与镇街保持紧密的联系,尤其是与镇街主要领导加强沟通,将镇街未来发展主要构想和意图能够落实到规划中,确保规划成果具有较强的可操作性和实施性。第三,无论哪项政策都具有时效性,都是政府在一定时期内给予"先行者"

以一定的鼓励,促使受益人在政策框架许可的范围内做出有利于经济社会发展的创新和尝试。统筹城乡发展的相关政策同样是基于城乡二元结构过于凸显、农村经济社会发展明显滞后等情况下,政府提出的一项长期发展战略,力求实现城乡一体发展的格局。

7.2 注重与相关规划、地区经济发展规划的衔接

所谓相关规划和地区经济发展规划,主要包含两方面内容,一方面是指指导城乡建设的上位规划,如城市总体规划、区县总体规划等;另一方面是指与城乡空间规划存在密切关联的规划,如以保护耕地为主要出发点的土地利用总体规划、以国民经济社会发展为主线的"十二五"规划、以生态环境保护和利用为主题的环境保护规划等。第一,城市总体规划是引导城市在未来20年甚至更长时间内发展的宏观战略规划;区县总体规划则是以区县空间为载体,进一步深化、细化城市总体规划成果,是将城市宏观战略分解到各行政单元空间内,是各区县内镇街制定发展战略、发展规模的重要依据之一。编制镇街城乡统筹规划必须以城市总体规划和区县总体规划确定的功能定位和发展规模为依据,结合镇街区位环境和区域交通条件,规划合理的城乡空间布局。第二,土地利用总体规划划定的耕地保护红线范围是城乡建设空间发展规模难以逾越的刚性约束条件;"十二五"规划则确定了镇街未来五年时间内产业经济发展目标、社会发展目标等主要内容,是城乡统筹规划确定经济发展目标、划定各类产业发展空间的主要依据;环境保护规划则是城乡统筹规划划定生态涵养空间的主要参考内容。编制镇街城乡统筹规划必须依据上位规划的总体要求,主动加强与相关规划的衔接,结合镇街自然资源环境条件和经济社会发展水平,确定合理的镇村体系布局和城镇发展规模,保障各类产业空间的落地,为规划实施奠定基础。

7.3 确保规划成果内容的全面,深度表达的统一

本轮统筹城乡发展先导试点镇街所编制的各类法定规划,在成果内容表达方面强调应按照《城乡规划法》的相关规定和市规划局及相关区县住建局出具的规划编制技术要求,全面系统地表达城镇总体规划、近期建设地区控制性详细规划和新社区详细规划等三类规划编制成果。在此基础上,突出强调镇街空间范围内水系河道的利用、用地空间的分析、经济估算等城乡统筹规划内容。在规划文本中,应将单列"城乡统筹规划"章节,阐明城乡统筹规划相关结论,并提炼城乡统筹规划有关内容,以列表的形式附于规划文本内;在规划说明中,应对城乡统筹规划的具体内容加以分析、阐述;在规划图件中,应附有体现农业空间布局、乡村旅游等相关规划图纸。

7.3.1 新市镇总体规划

新市镇总体规划重点强调的城乡统筹内容:一是以区县、镇街"十二五"规划为指导,以整镇街推进为原则,以土地综合整治内容为抓手,开展经济分析研究;二是根据城市化水平的发展趋势,预测农村人口规模,提出农民搬迁安置的主导方向,同时,按照城乡基本公共服务均等化的要求,合理配置农村地区基本公共服务设施配套体系;三是分析镇街各类产业发展特征,一方面要根据全市"1115"农业工程规划①和区县农业发展的任务分解,划定镇街农业生产空间,另一方面要以"双轮驱动郊县经济发展"为抓手,合理布局镇街二、三产业发展空间;四是以农村地区水利建设为重点,开展水系河道利用的专项研究,切实落实城乡基础设施一体化的要求。

---

① 南京市委根据基本农田总量安排,将农业生产空间细分至门类,并落实到空间,在全市内打造100万亩优质粮油、100万亩经济林果、100万亩高效养殖和50万亩标准菜地,简称"农业1115工程"。

7.3.2 近期建设地区控制性详细规划

近期建设地区控制性详细规划重点强调的城乡统筹内容:一是以镇街"十二五"规划为指导,分析研究镇街近期发展目标和重要任务,确保近期建设项目的空间落地;二是以规划指导实施操作为原则,结合用地权属、建设现状、发展时序等因素,进行地块规划指标的经济测算;三是结合镇街区位条件和自身特点,合理配套城镇、农村居民的公共服务设施。

7.3.3 新社区详细规划

新社区详细规划重点强调的城乡统筹内容:一是要结合新社区的自然资源条件和空间格局,强调新社区的特色塑造;二是要突出不同类型新社区的规划理念和空间特征,如保留特色社区、保留扩大社区、新址建设社区等各自不同的规划理念和空间特征,以及相应的公共服务设施、基础设施配套情况;三是结合村民搬迁意向和新社区的发展规模,开展经济性分析,进行资金盈亏估算;四是各类规划编制成果中都应注明规划的创新与服务内容,既可以表格的形式列出,亦可以章节的形式单列于规划说明中。

7.4 依法公示规划,彰显规划的公共政策属性

城乡规划是政府引导和调控城乡建设的最直接的手段、是公众参与城乡建设发展的最直接的平台。试点镇街城乡统筹规划重点强调要求规划编制全程尊重民意,倾听民声。除了在规划前期准备阶段和规划编制过程中,充分了解农民的意愿外,在规划完成后,及时进入村庄向村民宣传规划成果,讲解规划内容,同时,用多种方法向公众展示规划成果。如通过市城市规划建设展览馆、镇街现场(政务大厅)、市规划局网站等多种渠道向公众展示规划成果,确保城乡统筹规划成果真正成为城乡公共管理的重要内容,公共政策的具体体现,公共利益的忠实代表,公众参与的实际成果。

8 结 语

南京涉农镇街城乡统筹规划工作已经全面开展,规划引领下的试点镇街各项建设也在有条不紊地进行。事实证明,南京市规划部门以试点镇街城乡统筹规划编制为契机,在城乡统筹规划内容编制、工作组织等方面进行的创新和尝试取得了初步成功,将为南京市统筹城乡发展工作向纵深发展奠定坚实基础,也为我国经济发达具有较高城镇化水平地区推进统筹城乡发展、提升县域空间品质、优化城乡空间结构提供了一个典型的范例。

参考文献

[1] 叶齐茂. 发达国家乡村建设考察与政策研究[M]. 北京:中国建筑工业出版社,2008.

[2] 叶斌,王耀南,郑晓华,等. 困惑与创新——新时期农村规划工作思考[J]. 城市规划,2010(2):30-36.

[3] 陶德凯,彭阳,等. 城乡统筹背景下新农村规划工作思考[J]. 规划师,2010(3):50-54.

[4] 陶德凯,杨纯顺. "成都市城乡统筹发展实践"纪实[J]. 2010 年中国城市规划编制研究中心年会论文集. 2010.

[5] 王耀南,陶德凯. 城乡统筹下规划管理工作的改革与思考——以南京城乡统筹规划工作为例[J]. 江苏城市规划,2010(3):4-9.

[6] 陈鹏. 基于城乡统筹的咸鱼新农村建设规划探索[J]. 城市规划,2010(2):47-53.

[7] 南京市规划局. 先导试点镇街城乡统筹规划背景工作介绍[R]. 2011.

[8] 南京市规划局. 南京市 11 个统筹城乡发展先导试点镇街城乡统筹规划成果[R]. 2011:3-5.

［9］南京市国土局.横溪街道、乌江镇土地综合整治规划[R].2011.

[10] 南京市规划局,南京市城市规划编制研究中心.统筹城乡发展坚持规划引领——构筑"全域统筹、一体发展"的大南京格局[R].2010.

Exploration of Planning Works about Agricultural Towns and Streets
Based on urban-rural integration
——A Case Study of Nanjing

Abstract：The article briefly introduces the rural construction process of developed countries, point out the key content of urban-rural development planning in Nanjing on the present level of the urbanization. Gives an example of the recent city and countryside development planning in the pilot towns and streets, introduced the innovation in the work of Nanjing plans the city and countryside development especially. Since the completion of the planning and formulation work, The competent department, the pilot towns and streets, the experts and scholars, the planning and formulation unit, the public, etc commence on the evaluation of this overall urban-rural development planning, summed up the experience about Nanjing stated the work of overall urban-rural development planning.

Key words：Urban and rural planning works；Nanjing；Agricultural Towns and Streets

(本文原载于《现代城市研究》2013 年第 1 期)

规划公众参与的转型研究

——以南京市为例

杨　静

摘　要：研究背景是中西方规划参与发展过程，分析南京公众参与的主要形式。南京总体规划修编中公众参与的组织过程，总结经验如综合运用多种参与形式、认真分析和回复参与意见、反映和采纳公众意见等，分析在制度建立、设计组织、参与对象、意见分析、技术方法方面的存在问题。结合总规修编的公众参与的组织案例，提出改进措施，要普及宣传、加强共享，健全制度、明确主体，扩充渠道、提升品质，重视回应、激发热情，精心设计、科学分析，供其他城市借鉴。

关键词：城市规划；公众参与；南京

随着经济快速发展及城市化进程加速，规划在引领城市建设与发展中，担负日益重要的作用。规划权力的规范运行与社会监督广受关注，倡导"开门规划"前提下，政府出台了系列的配套举措如"政务公开""加强信访"和"依申请公开"等。规划工作的特点是工作繁杂、专业性强、公众理解难。规划工作面临着转型与发展，大力倡导公众参与势在必行。面临严峻的形势和厚重的责任，开展规划公众参与存在难度和压力，需要增强机遇意识、责任意识、忧患意识和紧迫感，借改革东风解难题，以创新思路谋发展。

1　研究背景

1.1　西方的规划参与发展过程

1970 年代的欧洲新社会运动被誉为"现代公众参与"的开端，美国称之为多元化运动。1973 年联合国世界环境会议通过宣言——环境是人民创造的，为城市规划公众参与提供了政治和思想上的保证。美国一些城市中成立了社区改造中心或类似机构，大量规划师参与帮助居民学习社区建设的知识和技术。城市规划过程中让市民参与编制和讨论，并反映在规划决策中。1970 年代后，美国种族冲突和越南战争受到激进思潮影响，哈维（David Harvey）提出"社会公正和城市"，公正概念因时间、场所和个人而异。1980 年代产生的联络性规划（Communicative Planning），规划师在决策过程中如何发挥更为独到的作用，以改变那种传统

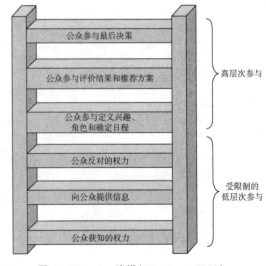

图 1　Kingston 阶梯（Kingston，1998）

的被动提供技术咨询和决策信息的角色,运用联络互动的方法以达到参与决策的目的。1990 年代,出现以交往型规划(communicative planning)为标志的公众参与。Weidemann 和 Femers(1993)提出了一套新的参与阶梯,Kingston(1998)对此做了修改,称为 Kingston 阶梯。与 Arstein 阶梯不同的是,Kington 阶梯是基于决策过程中政府赋予公众权力的层次而划分公众参与程度的。

1.2 我国的规划参与发展过程

我国城市规划制定过程中的公众参与大体划分为规划成果保密、规划成果公开,原则性的参与和制度化的参与、全过程的参与五个阶段。公众参与正逐步发挥出越来越重要的作用。在规划过程中有不同程度、形式的公众参与,多数参与的层次比较低,主要形式是事后的、被动的、初级阶段的参与,参与阶梯的处于"象征性参与"的"通知"(Information)和"咨询"(Consultation)阶段。在城市规划制定过程中,真正意义上公众参与不仅包括被告知信息、获得咨询和发表意见等法律赋予公民最基本的权利,更应当包括面向规划全过程的决策性参与。

表 1　我国城市规划公众参与发展主要阶段

阶段	时间	说　明
规划成果保密	1989 年以前	1985 年南京城市总体规划文本是作为机密文件
规划成果公开	1989—1991 年	1989 年《城市规划法》的颁发,规划成果要公布
原则性参与	1991—2007 年	1991 年公布的新《城市规划编制办法》的颁发,规划制定过程中听取公众意见
制度化参与	2007 年以后	2007 年《城乡规划法》的颁发,提出要充分考虑专家和公众的意见
决策性参与	视将来发展情况而定	公众能够全面参与规划的整个过程,这是一个较为成熟、理想的状态

2　南京的规划公众参与现状

公众参与的方法繁多,因地制宜、灵活运用,建立各地方或城市的公众参与的应用框架。2008 年 1 月《城乡规划法》正式颁布实施,将城乡规划工作按性质简要划分为城乡规划制定、城乡规划实施、城乡规划修改、监督检查四个部分,以南京市为例,分别进行公众参与形式的具体分析。经分析和推敲,规划参与按照参与阶梯理论还基本上属于受限制的低层次参与。面对技术发展和社会进步,以"尊重民意"的原则,考虑现实条件和制约因素,实现社会与经济效益双赢,相应调整具体参与形式、管理部门、参与范围、参与深度。相对于美国的城市规划公众参与,参与方法大同小异,关键在于参与的实施范围和效果,美国提倡参与的时间较早,方法运用较为成熟,社会民主氛围较浓郁,民众的参与维权意识较高。脚踏实地,扎实工作、长期推进,不能流于形式,实事求是开展务实分析,全部项目中开展公众参与的项目比例,参与的具体阶段,是否达到全过程参与。

表2 南京市城市规划公众参与的主要形式

类别	阶段	参与形式
1. 城乡规划制定	立项	现场公示
	现状调查	问卷调查、通信联络、座谈会、规划调查
	草案准备	规划公示、规划调查
	可行性研究	听证会、评议会、咨询会、规划调查
	规划设计	听证会、评议会、咨询会
	方案形成	咨询会、研讨会
	初步成果完成	方案公示、评议会、规划调查
	成果审查	公众听证会、专家论证或咨询会
	成果完成	现场公示、网站公示、固定场所公示、媒体公布、主要社区现场宣传等
2. 城乡规划实施	审批过程	听证会、报建大厅咨询、市民座谈会、新闻媒体报道会、现场公示、公众直接参与、规划调查
	结果核发	现场公示、网站公布
3. 城乡规划的修改	规划实施评估	论证会、听证会等
	编制修改方案	规划调查、听证会、公众直接参与
4. 规划监督检查	规划监督	信访接待、网络信箱、
	处理结果	网站公布、媒体公布、办公地点公示、固定的公示场所、宣传册等

表3 美国城市规划公众参与技术方法

阶段	目前参与方法
一、在规划进程中各个步骤均适用的方法	问题研究会 情况通报会和邻里会议 公众听证会 公众通报安排 特别小组
二、确定开发价值和目标阶段的方法	居民顾问委员会 意愿调查 邻里规划议会 制订公共政策机构中的市民陈述会 机动小组
三、选择比较方案阶段的方法	公众复决 社区专业协助 直观设计 比赛模拟 利用宣传媒介进行表决 目标达成模型
四、实施方案阶段的方法	市民雇员 市民培训
五、方案反馈阶段的方法	巡访中心 热线

来源:1979《地区政府规划实践》,转引自大卫·马门,1995

3 案例分析

南京新一轮的总体规划修编(2007—2020)的工作,恰逢《城乡规划法》颁布实施后不久,修编过程中高度重视公众参与。配合修编工作,组织开展了多种形式的公众意见征询。经过参与对象调查选择、调查问卷构思与设计、多渠道的问卷发放与收集、社区访谈开展、社区宣传筹划、到意见梳理采纳,经过规划部分和规划设计单位、规划院校的通力配合,历时3年多的忙碌、紧张和艰辛的工作,使得数以万计的市民参与修编过程和了解规划方案。

3.1 组织参与

总规前期阶段,2007年9月结合南京总体规划修编启动,市规划局联合《南京日报》等新闻媒体,举办了"2007年南京城市规划市民咨询意见"活动,就即将开展修编的城市总体规划需要重点关注的重点问题,进行了媒体调查和社区调查,对确定城市总体规划修编工作的重点和指导思想提供了很好的建议和启发。市民参与热情非常高,开展和收集过程历时1个多月,累计共收集到15 965份意见。从2007年9月至2008年9月完成调查结果分析工作。

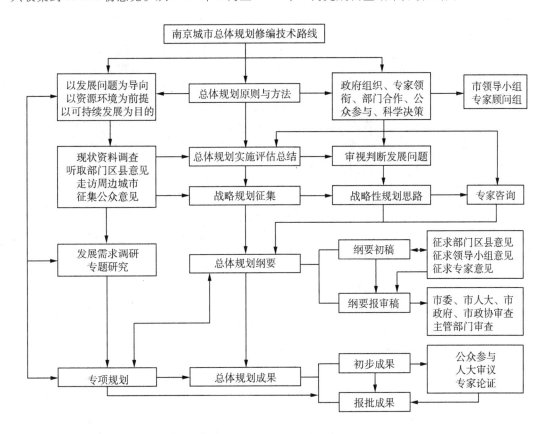

图2 南京市城市总体规划修编技术路线

总规纲要阶段,在2008年7月开始,市规划局联合高校专业团队组织开展专题调查,用科学的社会调查的方法和公众易于接受的方式,就总体规划纲要初步方案的主要内容广泛征求公众的意见。2008年10月开展了南京城市总体规划修编专题研究、专项规划公众意见网上征询。

2009年上半年用一个半月时间进行社区走访、随机调查和深度访谈,对加强社会各界对城市总体规划内容的了解,广泛听取公众对总体规划方案的意见,进而为制订城市总体规划成果提出了众多有价值的建议。

总规成果阶段,市规划局从2009年4～6月底完成规划成果草案编制。7月期间在南京市规划建设展览馆召开了"总规成果草案"公众意见征询新闻通气会,并在南京市规划建设展览馆会议室分别就城市目标定位、空间布局、名城保护、交通市政等重点内容进行专项解答,由负责相应专题研究和专项规划的项目负责人接待、解释和介绍工作。市规划局将规划成果草案在规划展览馆进行了为期30天的公告,南京规划局网站上同步公布征求意见,同时规划成果草案还到十三个区县进行了宣传和市民意见征询,参与的公众对城市规划成果草案提出了许多有价值的意见和建议。2009年,《南京市城市总体规划(2007—2030)》成果草案公众意见征询的规划调查,"总规成果草案"公示期间,公众参与踊跃,截至2009年7月31日,共收到各方意见3 392份。其中,公众意见征询表填写3 224份,包括市规划建设展览馆现场收取2 293份,市规划局网站直接填写的反馈意见有311份,规划进社区收取620份;以自由形式参与意见对象有168份,包括电子邮件41份,各方书面信件127封。

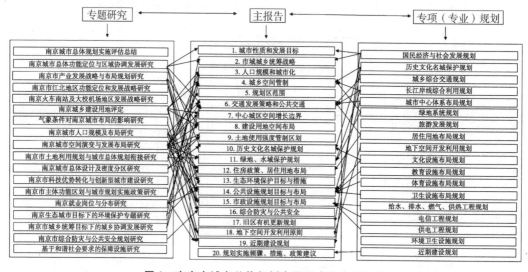

图3 南京市城市总体规划专题研究和专项规划

3.2 总结经验

总规修编中的公众意见征询的过程,积累几条宝贵经验。

3.2.1 综合运用多种参与形式——精心组织

针对工作的不同阶段,综合运用规划调查、社区访谈、社区宣传等不同参与形式。整个工作安排,兼顾周末和工作日合理确定调查时间,精心选取派发规划宣传资料,印刷精美的城市地图,提出很多激励参与的方式。针对进社区的方式,拟定进社区的待选地点,分析其合理性和科学性。规划宣传方面,统筹兼顾南京城市媒体、规划行业媒体等,选择和接洽相关报纸媒体,以达到较好的宣传普及规划知识的社会效果。总规修编公众的发动与参与都是空前的,截至2009年7月底,先后有多家媒体对规划展览进行了专题采访报道,据初步统计,报纸的报道有几十篇,参观展览者达数万人次。规划修编主要负责人还多次通过电视媒体进行专题讲解,宣传总体规划成果,取得圆满的预期结果。为鼓励和吸引更多的市民参与,给与提出好建议的问卷填写人发放荣誉奖状、给予参与奖金、邀请部分参与市民到规划部门进行座谈等。

3.2.2 认真收集和分析公众意见——如获至宝

社区宣传和网络宣传、媒体宣传使得南京市民对规划了解的程度加深了,社区访谈的面对面地交流增强了参与者对规划的直观理解,为规划局积累大量宣传资料,并获得了非常宝贵的公众反馈的一手原始资料。由于收集到问卷数据量非常庞大,为更好地在修编过程进行再度利用和分析,规划局建立了数据库长期保存,数据汇总、筛选和分析的工作量相当繁杂,多层次、多角度数据整理、分析、挖掘过程较为漫长艰辛,对市民意见进行横向和纵向对比分析,总结出一些客观实用统计规律和统计方法。大批具有很高的规划素养和前瞻眼光的非专业热心人士主动出谋划策,与之建立了良好的沟通交流渠道。公众参与的行为得到有效呼应,避免公众意见石沉大海,调动大家的参与积极性。

3.2.3 有效反馈和采纳公众意见——受益匪浅

市民海量意见,扩宽了规划思路,是规划人员对规划实施效果有了更明确的认识,对规划修编提供了宝贵资料和开拓性的建议启发,为规划工作指明了方向。如表4所示,总规前期阶段,在总体目标方面,通过市民意见咨询广泛收集,根据总结归纳的市民最关心的内容百分比和排序,规划主管部门和编制单位明确规划修编的指导思想,制定修编技术路线,明确必须解决的重点难点,制定专题专项研究计划,邀请国际国内知名专家领衔编制18个专题研究和18个专项规划。总规纲要阶段,对市民关注的社会公共设施进行深化研究,对交通发展目标特别是慢行交通、停车泊位进行了深入调查和专题研究,提出切实可行的解决方案,并就重点问题开展专家咨询和论证会,听取专家意见。依据市民的公众参与咨询结果,规划编制工作调整确立了"优先关注生态环境资源的保护、更加重视历史文化的保护利用、科学确定城市发展的目标定位、优化完善城乡空间的规划布局、充分发挥交通体系的引导作用、加强区域协调和城乡统筹发展"六项规划修编重点内容。总规成果阶段,市民关注的问题涉及城乡社会经济发展的方方面面,既包括总体规划技术本身的内容,也涵盖了很多对城市规划建设的其他意见和建议,但总体上集中在城市发展定位、城乡交通规划、生态环境、名城保护、市政工程等方面。属于总体规划层面的问题,对总体规划提出完善或修改的意见和建议;不属于总体规划层面解决的问题,但对指导下层次规划有一定借鉴意义的意见和建议;属于城市发展和规划实施层面的意见,在规划实施时序上予以回答,酌情通过近期建设和远景展望予以分析采纳。

表4 总规修编的公众参与阶段汇总分析表

阶段	参与内容	参与方式	参与对象	采纳情况	主要作用
总规前期	核心是听取市民对新一轮南京城市总体规划修编的意见和建议	市民意见咨询的调查问卷综合采用了报刊问卷、送发问卷、网络问卷、访问问卷等四种方式	市民意见咨询活动采取抽样调查方式,调查对象覆盖南京市13个区县。收集走访各有关部门、区县政府和省级以上开发区的意见;对周边都市圈城市进行调查和座谈,与相邻市县开展技术协调对接会	针对南京当前城市发展和规划建设中存在的问题以及对南京未来城市发展的方向和定位、未来城市空间布局思路和重点的建议,得出市民最关心的内容百分比和排序和总体规划必须解决的重点难点	为科学确定规划修编工作的重点,明确了总体规划修编的指导思想、正确制订城市总体规划修编技术路线和专题专项研究计划,提供重要参考

续表 4

阶段	参与内容	参与方式	参与对象	采纳情况	主要作用
总规纲要	总体规划纲要初步方案的主要内容	南京市总体规划的社区宣传;公众参与南京市城市规划问卷调查;对公众参与南京城市规划的深度访谈	以南京市 8 个城区所有具有参与能力的常住人口为参与对象	对市民关注的社会公共设施进行了深化研究,并对交通发展目标特别是慢行交通、停车泊位进行了深入调查和专题研究,提出解决方案。依据市民的公众参与咨询,规划编制工作调整确立了规划修编重点内容	让公众了解总规纲要的内容,对城市规划有更加直观和感性的认识;将公众意见整理和梳理,为纲要草案的修订及实施提供咨询和支持
总规成果	总体规划成果的核心内容宣传与咨询	市规划建设展览馆进行成果公示;规划局网站公示;规划进社区团队到各区县现场宣传;开通咨询电话,媒体发布相关信息;方案初期和方案形成期间,通过座谈走访的方式	广大市民、新闻媒体和专业团体,市各有关部门、区县政府和有关省级以上开发区、地区建设管委会等	对总体规划提出完善或修改的意见和建议,或在规划实施时序上予以回答,酌情通过近期建设和远景展望予以分析采纳	对科学确定规划方案、协调地区发展和整体布局的矛盾、充分反应地区发展实际要求提供重要支撑

3.3 存在问题

规划部门面临城乡区域协调发展面临新挑战,开展改善民生、促进社会和谐的工作,需要鼓励和支持公众参与城市规划。公众参与的实效,受到很多影响因素和条件制约,存在着很多难题需要破解,仍有很多不足和遗憾。

3.3.1 规章制度不完善

国内从八十年代开始讨论城市规划公众参与,缺少公众参与的实质性内容规定,造成制度建立和实践推广方面的尚未全面推行。南京规划部门在 2009 年才有有关政务公开具体执行的规定,一定程度上还是部门内部的操作规则,法定性和规范性不够,还缺乏有效的强制性和约束力存在较大的尝试和倡导性,具体的实施效果还有待实践的检验。

3.3.2 设计和组织不够

大规模的城市建设和快速的城市发展,仓促建设而未能及时开展公众参与。规划许可环节的公众参与较多,而规划执法环节相对缺乏,参与程度相对较低。南京的规划编制和建设项目的批前公示,已配套有相关制度,项目公示时间一般 10 天,规划公示 30 天,公示地点位于规划部门网站、规划展览馆,短暂的公示期和 2～3 处的公示地点,参与的深度和组织还有待挖掘。考虑到规划普及和规划宣传的效果,规划调查专业深度不高,调查问卷某种意义是作为规划宣传单,有针对性的具体意见调查、科学分析略显不足。

3.3.3 参与对象范围窄。

"总规成果草案"公众参与活动,参与对象的户籍、年龄、职业、学历、居住地点、工作地点分组进行分析。

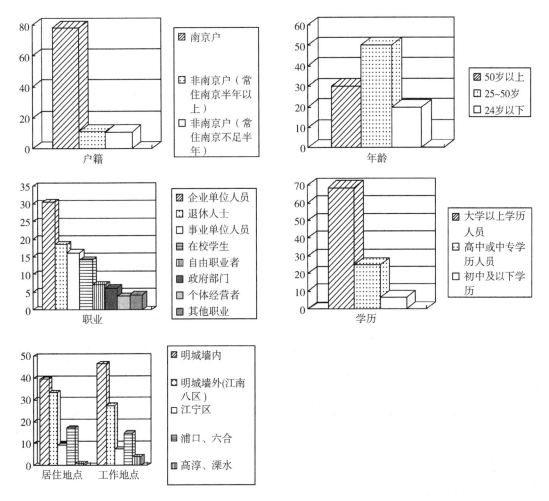

图4　参与对象的户籍、年龄、职业、学历、居住地点、工作地点分析图

　　总规修编针对本地城市社区居民专门展开了调查,但是对于在城市短时间生活的人群,暂住和流动人口问卷发放较少,如高校学生、城市农民务工者,农村地区的居民意见征集没有专门征集。规划专业性门槛较大,不同群体对规划信息掌握和理解程度不平衡,长期存在重专家轻市民的现象,更愿意听取专家而非市民的意见。政府认为通过专家参与更能寻求规划方案的科学性和技术合理性。专家意见能否公平兼顾社会各方利益,中立性、科学性有待考验,不能简单地代表公众意见。参与对象范围要扩充,多聆听高校学生的想法意见,多采纳进程城务工者的朴实想法,多征求农民兄弟的肺腑之言,使规划工作更到位。

3.3.4　意见分析不合理

　　公众意见出发点各不相同,表述方式千差万别,建议方向五花八门。需要慎重考虑,判别其公正性和代表性,平衡、协调使整体利益最大化,维护社会公平,兼顾弱势群体。公众信息获取的不对称、不及时,使很多人丧失参与机会,比如采用网络问卷则局限于网民,很多普通市民被排除在外,科学性和合理性的甄别,必须区分代表人群,不能以偏概全,不能乱扛公众招牌谋取私利。统计口径和资料不规范,基于不同的类型、规模、内容,无法纵向比较,作为科学的调查和研究需要长期持续跟踪,横向调查与纵向调查相结合,多次调查结果进行分析比对。

3.3.5 技术运用不科学

科学、系统的调查不仅是把握城市发展的客观规律,认识城市未来发展的基础,还是创造未来、改变未来的重要的现实依据和客观准绳。一是规划编制成果科学性问题,依赖于规划者思想理念和技术水平、编制时间是否充足、编制过程是否规范、编制方法是否科学、规划决策是否有民主参与。如果规划的权威性、科学性、可操作性不足,各层次的规划成果相互冲突和矛盾,会造成规划成果雪藏,不堪公众检验和实践考验。二是要考虑规划参与过程本身的科学性。南京公众参与大多是信息单向传递,包括政府信息的公众知情和公众意愿的政府获取,缺少信息的双向交流,效率较低。国外发展成熟的辅助信息手段应用不足,技术手段与公众的认知距离较远,信息交流和处理反馈缺乏应用性开发,尚未形成一种科学性的主导手段,对规划决策的影响甚微。

3.4 改进建议

"文无定式,法无定理",城市规划公众参与无固定模式,参与的对象、方式、方法和渠道会不断扩展。

3.4.1 普及宣传,加强共享

加强规划资源共享,存在很多工作要实施。一是要进一步明确规划公开的范围以及具体公开的形式、方法等。二是处理好各层次规划成果的衔接问题。首先要处理好城市规划应当处理好与城市经济社会发展规划、城市土地利用规划等规划之间的关系,建立可供市民查阅协调一致的城市整体规划。其次,要梳理好城市总体规划与控制性详细规划、修建性详细规划的关系,避免发生规划成果之间的前后矛盾,全力抓好规划成果的质量,接受全社会对规划成果的检阅。提高公民素质,加强参与宣传。从公民素质抓起,提高人们的文化修养和主体意识,加强宣传,使得公众对公众参与城市管理有更明确的概念,对其权利和义务有更清楚的认识,提高公众参与的积极性。

3.4.2 健全制度,明确主体

我国现有的法律条例中对公众参与问题阐述不是很完善,制定或完善相关法律显得尤为重要。制度建设先行,明确参与程序。健全的公众参与机制为市民参与城市建设管理提供了可行的道路。美国和德国尽管参与的机制不完全一致,但都具有类似的脉络:市政府或规划局提出规划议案—以公众听证会或通过传媒等形式向市民公告,提供相关信息—公众就规划议案提出意见和建议,反馈给市政府—有关部门积极反应,针对意见和建议展开分析—修改后的议案公示—公众再度评议—议案决策,在具体的城市规划方案决策以后,公众同样有评议的权力,只要有法律依据,同样可以再施加影响。即使公众同意规划方案,也并不意味着公众参与的停止,在规划建设的实施阶段,公众同样可以参与到监督的过程中去,这种公众参与机制是连续性的,贯穿到整个城市管理规划的过程。

西方国家的实践经验表明,公众参与作用的发挥不是在个人层面,而是在非政府组织、社区团体活动的层次上,最能够显著地表现出来。利用非政府组织、社区团体,通过居民参与进行居住区的整治更新,已经成为一些西方国家城市建设管理的组成部分,政府也出台了相应的政策法规对此加以支持。

3.4.3 扩充渠道,提高品质

除了人民代表大会外,听证会现在广泛采用,可以加大听证会的使用范围,同时开展各种公众评议会议,为公众参与提供更多的平台。利用传媒、网络等手段和社区自治的平台收集公众意见,同时做出意见的受理情况解释。针对不同的城市管理中所出现的问题,创新不同的参与方式,使公众有机会和平台参与到城市的建设管理中去。

问卷发放的对象范围直接牵涉到收集信息的到有效性和科学性。还需要进一步扩大问卷的发送渠道和方式,发送到乡村地区、高校和科研院所、企业园区等,如果经费允许,可以主动邮寄问卷给城市和乡村居民。与部门和社会组织开展合作,协助发放和回收问卷等。调查问卷发放不能流于形式,要以回收到高质量的问卷为目标和重点。为了确保问卷的回收率,多提供现场回收问卷的机会,比如展览馆和进社区活动,避免市民产生邮寄费用,展览馆随时接受市民的填写的问卷,进社区时给在场市民充裕的时间填写问卷。在规划展览馆和进社区的现场,提供咨询服务,细心讲解,帮助市民更好的理解规划,填出高质量的问卷。鼓励市民通过免费的方式填写问卷,比如网站在线填写问卷,电子邮件发送问卷。

3.4.4 重视回应,激发热情

建立完善的公众意见回应机制是重中之重,要确保公众参与热情,在反馈基础上实现再参与。参与贯穿城市规划编制的全过程,规划草案形成之前需要听取公众意见,草案公布之后同样需要征询市民建议。南京规划局网站的局长信箱,服务于广大网民,是网络参与规划的重要渠道,每年的来信在千余份,均及时回复。机制上优化调整,规划服务社会化,建议吸纳民间组织和社团、或企业参与规划咨询服务工作。有选择进行物质奖励,提高广大市民参与的积极性。缺乏公众真实的意见和建议,会陷入政府部门一把抓,公众被动接受的局面。

3.4.5 精心设计,科学分析

公众参与的组织设计,需要更好地听取专家和规划工作者、普通市民广泛意见,既有针对性,兼顾科学合理,考虑市民接受程度,语言尽量通俗易懂,避免过多行业术语,布局要美观大方,调查问题要科学合理。综合运用新技术,将纸质问卷及时录入数据库,及时统计分析,挖掘数据的利用价值。比如采用 Internet 信息技术开展网络调查,运用手机问卷调查、互动式电视调查等新的模式,完善调查问卷的处理软件,缩短数据统计和分析时间,通过问卷设计系统预先对问卷进行多因素比对评分,社会调查开展会更加深入,缩短资料再利用的周期,产生综合效益会更多。

4 结语

"十二五"是南京建设更高水平小康社会并率先基本实现现代化的重要时期,是加快转变经济发展方式、创新驱动产业升级的转型时期,也是"办好青奥会、建设新南京"的关键时期。针对修编的不同阶段综合运用参与形式,将开门规划落实为行动纲领,缺乏成熟模式和经验借鉴,边摸索边尝试,结合地方特色和工作需要来设计和组织公众参与。规划公众参与是民主与法制完善和成熟化的表现,对城市发展和社会进步影响深远,已被纳入政府信息公开的法定工作范畴。公众参与取得良好的成效,为科学确定规划修编工的重点、修编计划和技术路线提供重要参考,对总规的专题专项的内容,对南京的城市性质与发展目标、城镇体系、综合交通、市政工程方面的具体建议,成为确定规划方案、协调矛盾、充分反映市民需求的支撑依据。南京在总规阶段的实践,是总体规划编制过程的"开门规划"的敲门砖,规划公众参与是一条漫漫长路,需要不断地摸索前进,走出一条阳光大道。

参考文献

[1] 周江评,孙明洁.城市规划和发展决策中的公众参与——西方有关文献及启示[J].国外城市规划,
        2005,20(4):41-48
[2] 李小敏.城市规划及旧城更新中的公众参与[J].城市问题,2005(3):46-50
[3] 黄瑛,龙国英.建构公众参与城市规划机制[J].规划师,2003(3):56-59
[4] 1979《地区政府规划实践》,转引自大卫·马门,1995
[5] 南京市规划局.南京市城市总体规划修编公众意见咨询[R].2008
[6] 南京市规划局.南京市城市总体规划(2007—2020)专题研究报告公众意见采纳情况报告[R].2009
[7] 李和平,李浩,编著.城市规划社会调查方法.北京:中国建筑工业出版社,2004
[8] 杨静.城市规划调查探索与实践.现代测绘,2010,33//地理信息与物联网论坛暨江苏省测绘学会
        2010 年学会年会论文
[9] 王东峰.开封城市滨水区土地利用规划中的公众参与研究[D].河南大学,2009
[10] 王登嵘.建立以社区为核心的规划公众参与体系[J].规划师,2006,22(5)

Public Participation Transformation in Urban Planning

——Taking Nanjing as an Example

Yang Jing

Abstract: Based on Chinese and western public participation process, this paper analyses the main participation forms of Nanjing. The public participation process in the Nanjing master plan revision, this paper sums up experience such as using many kinds of form, analyzing and responding in earnest, reflecting and adopting public views. Then it analyses problems about system establishment, organization design, objects of participation, analysis on public opinions, technique means. This paper proposes the ways to promote public participation taking Nanjing as example. It puts forward to intensify publicity, share resources, improve the management system, clear the participation objects, expand channels, enhance the quality, response opinions seriously, generate excitement, design meticulous, take scientific analysis, etc. It may be used for reference for other cities.

Key words: Urban Planning; Public Participation; Nanjing

(本文原载于《城市发展研究》2011 年第 12 期)

信息测绘类

基于"3S"的历史文化资源普查与利用
全过程数字技术研究

周　岚　叶　斌　王芙蓉　毛燕翎　赵　伟

摘　要：南京是我国十朝古都和和国务院首批公布的 24 个历史文化名城之一。本文以南京为例，采用了 3S、空间数据库等新技术，构建了以"前期技术研究数字化、普查过程实施数字化、普查资源集成数字化、普查资源评价数字化、普查成果应用数字化"为核心的南京市历史文化资源普查和利用的全过程数字方法体系，论述了关键数字技术的设计与实现。通过三年的应用研究，建立和动态维护了覆盖全南京的历史文化资源"一张图"，实践证明全过程的历史文化资源普查和利用数字技术是科学、先进、可行的。

关键词：3S；历史文化资源；普查；全过程；数字化

1　引言

历史文化资源是一个城市珍贵的不可再生资源，是城市的名片和象征。南京作为我国著名古都和国务院首批公布的 24 个历史文化名城之一，历朝历代给南京城留下了丰富的历史文化积淀。在当今城市快速建设和发展时期，为了尽可能地保护和利用好这些历史文化资源，避免不必要的破坏和损失，快速摸清全市历史文化资源的空间分布、历史价值和现存状况显得尤其的重要和迫切。

自 2005 年起，南京市规划局联合南京市文物局，委托南京大学文化与自然遗产研究所、南京市城市规划编制研究中心合作承担了南京市范围内历史文化资源的普查工作。为了更深入、更系统地保护和利用好南京市历史文化资源，本次普查工作具有许多不同寻常的特质：普查组织强调部门联动，首次实现规划局和文物局等部门的跨部门合作；普查范围涉及全市域十一区两县，面积达 6 582 平方公里；普查对象突破了传统的"文物"普查概念，着眼于城市历史文化资源范畴，不仅包括已列入各级文物保护单位和南京市重要近现代建筑等法定保护对象，还包括各类未列入法定保护的资源，囊括古遗址、古墓葬、古建筑、石窟寺及石刻、近现代重要史迹及代表性建筑、历史地段及山水名胜、其他资源点等七大类；普查内容不仅包括传统的历史文化资源的文字属性，还包括每个资源点的空间属性，即在统一的一张底图上用"点线面"的方式表达资源空间位置信息，将每一个历史文化资源准确地落地，形成真正的南京市历史文化资源"一张图"；同时普查对象的建设时间也延续至 20 世纪七十年代。

总之，南京市历史文化资源普查工作是一项意义深远、范围广阔、种类丰富、内容繁杂、时间紧迫、极具挑战性的一项工作。

2 传统历史文化资源普查和利用手段的局限

以文献检索、资料编录、现场踏勘为特征的传统普查和保护利用的思路和手段存在着以下诸多问题：

(1) 大量的人工操作和标准化、规范化不足导致普查工作"三低三多"：标准低、效率低、准度低、错漏多、成本多、时间多。

(2) 普查成果的表达单一化，多为文字资料和图片材料，缺少地理信息数据和资源空间分布特征。图文一体化的缺失导致"是什么"和"在哪儿"的割裂。由于没有准确的地理位置定位，在快速发展的今天，不利于在规划、建设管理中开展有序、高效、合理地展示、保护和利用。

(3) 非法定普查资源评估和筛选的手段单一，重定性轻定量，并且关键的评价参考资料各自分散调用不便，严重缺少集成度和关联度，容易导致普查成果评价的人为因素较多，缺少规范性和准确性。

(4) 普查资源成果的管理手段低下，物化的或数字化水平较低的普查资源成果极不利于保存，更不利于发布服务和动态维护。

面对新形势和高要求，迫切需要一种高效、有力的创新手段来为历史文化资源的普查、管理、保护和利用提供保障。

3 全过程数字化普查和利用的提出

3.1 3S 技术在历史文化资源普查中的提出

地理信息系统(GIS)、遥感(RS)、全球定位系统(GPS)简称 3S 技术。在 3S 技术高速发展的今天，RS 和 GPS 犹如人的两只眼睛，成为各行各业不断获取空间地理信息的创新技术和高效手段，而 GIS 犹如人的大脑，构建了与空间地理信息相关的各类综合信息的处理、分析和利用平台。3S 技术同样可以为历史文化资源的普查、利用和保护带来新的思路和新的活力，为解决历史文化资源的空间不落地和管理利用手段低下等问题提供新的解决方案。目前，国内已有一些初步的类似研究成果，如涂超论述了采用 GIS 的分析功能可以对历史文化资源的保护进行监控和规划，并通过预测模型可以对历史文化资源的保护提供决策支持；毛峰等综述了历史文化资源保护领域中的新技术应用方法，但指出由于存在标准规范不统一、各自为政、信息孤岛林立等一些问题，这些方法仍不能满足对大面积、多领域、多形式的历史文化资源保护工作的需要。总的说来，目前新技术在历史文化资源普查和应用的文献较少，并且现有的研究多偏于理论综述，或多对于文物等某一专项的保护研究，并没有论述如何利用数字化手段，实际运作大规模的城市级历史文化资源普查和应用工作。

3.2 总体思路与目标

以历史文化为资源，以 3S 等科学技术为先导，以数据库为平台，通过数字化手段全过程支撑资源普查工作，将普查的历史文化资源建成可动态更新、方便查询的数据库，并最终建立历史文化资源地理信息系统。从而以现代技术手段综合整合南京市的历史文化资源优势，为城市规划和建设过程中历史文化资源的利用和保护提供依据，为全面建设小康社会服务。

3.3 研究技术路线设计

建立历史文化资源普查全过程"数字化"框架,包括前期研究、过程实施、资源集成、资源评价、成果应用等各个阶段,并在资源成果服务过程中建立信息使用、纠错、完善、更新、发布等的良性动态循环。

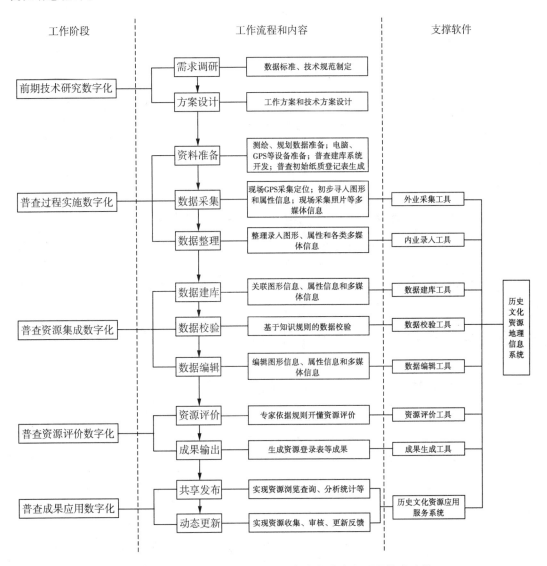

图1 南京市历史文化资源全过程数字化普查和利用技术路线

3.4 系统总体框架设计

以统一坐标基准、数据标准和技术规范为前提,以丰富、准确、翔实的空间地理信息和相关规划数据为工作基础,采用先进的 ArcGIS 平台和 ORACLE 数据库为数据管理平台,基于 net 平台,以 Visual studio 为开发环境,采用 C♯ 和 VB 开发语言作为系统研发环境,研发涵盖南京市历史文化资源普查和应用全过程的地理信息系统,主要包括数据采集、处理、校验、评价、建库等全套资源普查建库配套工具以及供各界浏览查询、统计分析、交流互动的南京市历史文化资源应用服务系统。

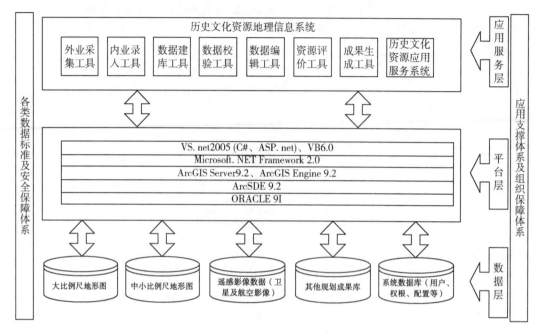

图 2 南京市历史文化资源地理信息系统总体框架

4 资源普查关键数字技术的设计与实现

4.1 历史文化资源"一张图"数字化设计理念

前期技术研究中充分考虑和体现了历史文化资源"一张图"在资源分类、编码体系、调查内容、目录文件组织、坐标基准等方面的数字化设计理念,为南京市历史文化资源普查的全过程数字方法体系提供了保障。

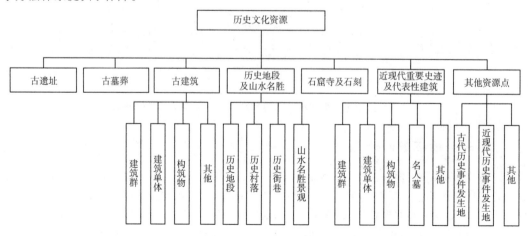

图 3 南京市历史文化资源分类体系

（1）在历史文化资源普查对象上明确了七大类,16 小类的分类体系,普查对象的建设时间截至 20 世纪 70 年代。

（2）资源编码体系

南京市历史文化资源由单点资源和单处资源(含其所辖的从属资源点)两类构成。为了加强对法定资源的保护,如果单处资源中含有法定保护的资源点,则将其提取列入单点资源,不再表达为单处资源下的从属资源点。为了准确有序地标识每项资源以及清晰地表达每项资源的管理和空间从属关

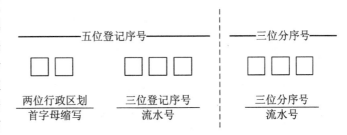

图 4　历史文化资源编码规则

系,结合南京市行政区划划分,南京市历史文化资源由八位编码构成,分别包括代表"单点资源和单处资源"的五位登记序号和代表"从属资源"的三位分序号。例如,XW001001 等。

（3）资源普查内容

历史文化资源普查内容包括资源属性、照片、空间区位平面等内容。资源属性包括每项资源的登记序号、名称、类别、级别、所在地点或区域、时代、规模、地理特征、周边环境、形态、结构、用途、价值评估、拥有者、使用者、管理机构和管理措施、文献著录、调查机构和人员信息等八十余项,另外,从属资源属性包括分序号、单体名称、原功能、现用途等近十项。针对每一项属性都分别定义了严格的数据表字段类型、长度等数据标准。

（4）目录组织结构和文件命名

为了有效地管理普查过程中形成的多媒体资料,实现多媒体资料与普查资源空间数据以及属性数据的自动关联,制定五级目录组织结构和文件命名规范,确保数据加工和建库的正确开展。文件命名规范采用"登记序号"+"资源名称"的格式,如"g1001000 北阴阳营遗址"。

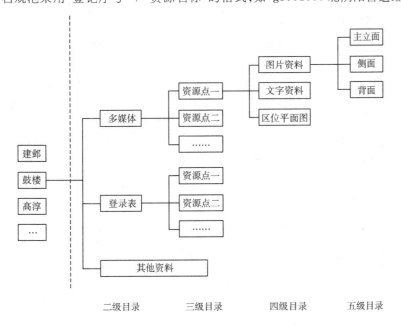

二级目录　　三级目录　　四级目录　　五级目录

图 5　历史文化资源文件组织目录结构

(5) 图形坐标基准

采用南京 92 地方坐标系作为唯一的历史文化资源普查和建库坐标基准,以米为图形采集和编辑坐标单位。

(6) 数据建库和系统开发原则

遵循标准化规范化原则、实用性可行性原则、可扩充可维护原则和安全性可靠性原则。

4.2 资源普查和建库的 3S 结合策略

(1) 普查启动之前研发基于 3S 技术的普查建库系统,具有数据浏览、采集定位、数据编辑、数据校验、数据建库等功能。内外业一体化的建库系统支撑了由计算机代替人完成了各类信息的登记、查阅和管理工作,使得普查工作变得严谨规范,提高了工作效率,消除了人为错误,有效地避免了"三低三多"现象。

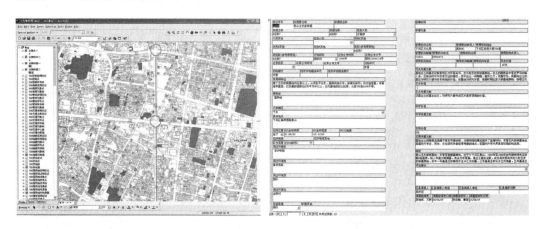

图 6　历史文化资源图形和属性录入界面

(2) 将普查所需的覆盖全市域的各种比例尺地形图和 1 米高分辨率 IKONOS 卫星影像图等基础地理信息数据以及以往积淀的文物紫线、近现代建筑、古树名木、历史街区等规划成果建立统一空间坐标基准的 GIS 数据库,并装入外业普查电脑,为普查工作提供丰富、坚实的数据基础。

(3) GPS 提供实时移动定位、RS 提供全市最新的高分辨率卫星影像、GIS 及时提供普查所需的相关各类信息,强大、便捷的建库系统使各类信息有机地结合起来,普查的外业现场踏勘、现场记录和内业信息查阅、资料补录变得有机联系,不再是孤立无援或者无本之木。

(4) 严格按照数据命名规范,在相应的目录中录入资源点照片等各类多媒体信息,以资源编码体系为线索,通过建库工具,将每个资源点的图形、属性、多媒体信息进行一体化管理,最终建立与历史文化资源"一张图"对应的普查 GIS 数据库。

(5) 由于整个普查工作涉及历史、规划、计算机等多方工作人员,并且资源点的普查信息繁杂、琐碎,导致资源库的信息可能出现错误和疏漏现象,因此在 GIS 资源库中需要开展基于知识规则的数据校验。其中,语法校验一般指针对普查对象属性字段格式规则的校验,主要分为空值校验、唯一性校验、字段合理性校验等;语义校验主要用于校验普查对象空间位置的拓扑关系与属性值逻辑上的错误。例如,登记序号与分序号的关联一致性校验;数据库中的历史文化资源与多媒体目录的关联一致性校验;单体资源与其所关联的总体资源的空间拓扑关系校验等。

4.3 普查资源的数字化评价

普查成果客观地罗列、描述了资源的各项信息,但普查成果的类别、级别和重要性还是千差万别的,为了更好地指导规划管理和城市建设,开展历史文化资源的评价是非常必要的。

(1) 评价标准的数字化

针对非法定的历史建筑(群)和近现代建筑(群)、构筑物、古遗址和古近代墓葬(群)三类普查资源,分别制定了不同的评价标准,通过计算机把各类评价指标和权重以及评价算法定制到评价系统中。

(2) 评价结果的分类

根据最终评价分值,将资源评价结果分为法定保护对象、登录保护对象、规划控制对象、其他历史文化资源和消失资源五类保护级别,通过数字化的手段,按照技术规范逐一建立分值与保护级别、保护措施之间的数字联系。

(3) 评价的自动化

文化资源的评价体系错综复杂,定性定量兼而有之,历史文化资源评价系统依托 3S 和计算机技术,提供了数字化、自动化、规范化的评价手段,可以定制各类资源的各类评价指标和方法,可以从普查资源库中自动依次挑选出需要评价的资源,根据资源类别自动匹配评选标准,自动调用登录表、照片等多媒体数据,实现快速赋值、自动统计、输出报表等功能。从而彻底改变了以往主要依靠纸质资料的人工评判,实现了依靠 GIS 系统,便捷地实施查看资源点的属性、空间地理信息、照片、文献等多媒体材料,把基础数据的调用、管理资料和计算、打印等基础工作交给GIS 系统,而将人员充当评判专家,两者优势互补建立了科学合理的综合评判体系。

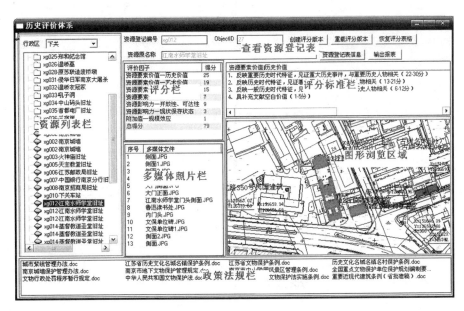

图 7 历史文化资源评价界面

(4) 成果输出

由于建立了历史文化资源 GIS 数据库,资源各类属性、空间平面图、照片、评价依据和结果已经建立了应有的关联,利用程序自动输出两千余个资源点的登录表变得简单便捷,避免了传统大量的手工填报输出。

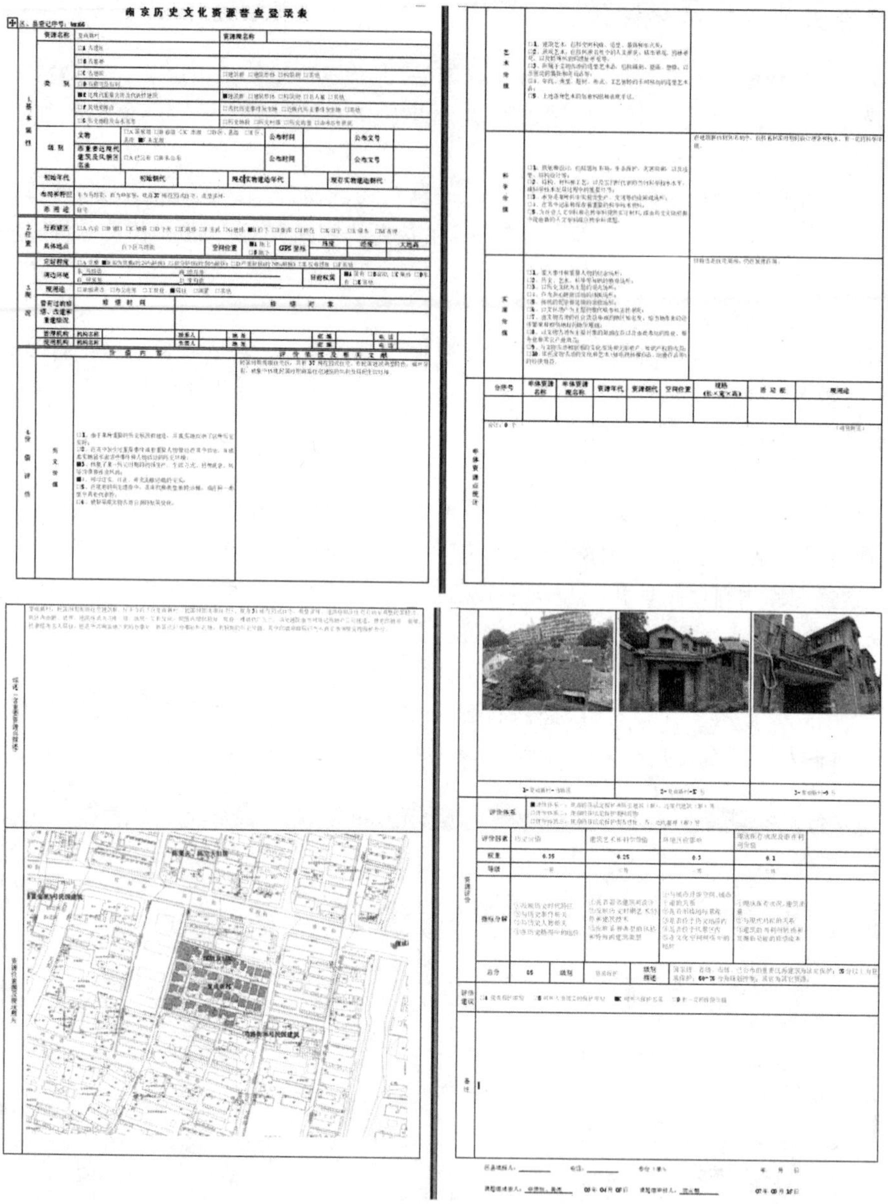

图8　自动生成的各资源点电子登录表

5　数字历史文化资源的应用研究

历史文化资源普查和利用研究具有重大的社会经济效益,可以辅助城市规划编制和城市研究,制定历史文化资源的保护策略和行动计划;可以辅助规划管理、文物保护和城市建设,实现历史文化资源的保护和利用;可以服务政府机构、高校、科研和社会民众,增加大众对南京的认知度、荣誉感和责任感。

5.1 辅助城市规划编制和研究

基于历史文化资源"一张图"理念的南京市历史文化资源 GIS 数据库,为南京市历史文化名城保护规划、南京城市空间文化脉络研究等规划编制项目和研究课题提供数据基础。

制作南京市历史文化资源空间分布图。经过分析,老城 7% 的面积容纳了全城近半数的南京文化资源点,可见老城历史文化资源保护和城市建设发展的压力并重。

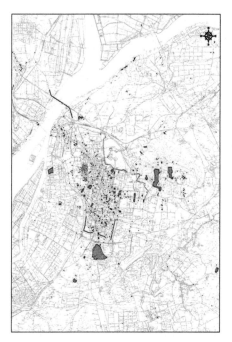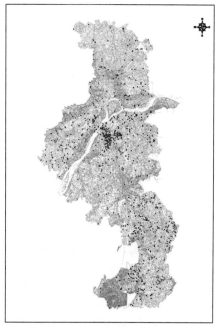

图 9 南京市主城和市域历史文化资源普查分布图

实现分区域、分类别、分级别、分时代等各类数据统计和分析功能。从文化资源的类别上可看出,近现代重要史迹及代表性建筑数量最多的是鼓楼,其次为玄武和白下;古建筑最多的是秦淮,其次为白下、江宁;古遗址最多的是浦口,其次为江宁、高淳;古墓葬最多的是溧水县,其次是高淳;石窟寺及石刻主要在江宁和栖霞。这些为各区县制定因地制宜的文化资源保护策略提供了依据。

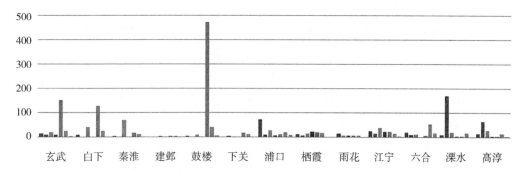

图 10 全市历史文化资源按区县分布分类汇总示意图

5.2 辅助城市规划审批管理

　　将历史文化普查资源信息库无缝集成到规划管理信息系统中,可以为规划管理人员提供便捷、实用的历史文化资源的查询、统计、分析和辅助决策等功能。并且根据查询的空间范围,将查询的结果依次显示法定性从强到弱的资源信息,便于管理人员快速地掌握历史资源重要价值的相关信息。

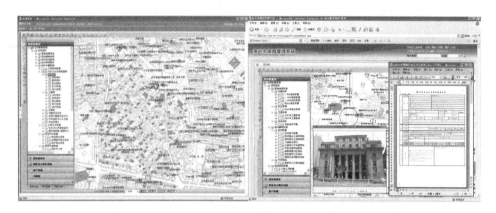

图 11　南京市规划管理审批系统的历史文化资源示意图

5.3 服务政府机构、高校、科研和社会民众

　　基于政务专网和 Internet 开发南京市历史文化资源地理信息系统,在技术上实现面向政府机构、高校、科研和社会民众的信息资源发布,主要包括南京市历史文化资源成果的信息浏览与资源检索、统计查询与专题制图、空间分析及辅助决策等功能,尤其是实现了基于网络的信息资源提交、审核、评价、更新与发布等功能,实现对历史文化资源点的发现、变更以及消失的情况的动态监测,达到历史文化资源"一张图"的动态更新。系统可吸纳社会各界对历史文化资源的保护和可持续发展提出的新思路新方法,从而变某个机构某个团队的历史文化资源的普查、保护和利用的单一职能保护方式为全社会全公民自发的义务和责任。

　　目前,普查成果中资源区位和平面图等内容已纳入到国家第五次文物普查成果之中,实现了双方数据的共享共建,为后续历史文化资源的保护和利用奠定了基础。

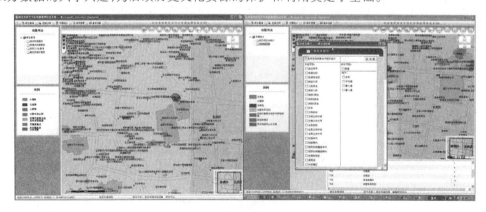

图 12　南京市历史文化资源地理信息系统示意图

6 结论和展望

6.1 结论

历时四年的普查、利用和动态维护证明,全过程南京市历史文化资源数字化普查技术是科学、合理、可行的,大大提高了南京市历史文化资源普查的工作效率和工作质量。同时,全过程历史文化资源数字化技术整合了南京市现存的历史文化资源数据,建成了系统全面、动态更新的资源数据库和地理信息系统,为规划管理、城市建设、科学研究、公众服务提供了实用、便捷的基础依据,为未来更好地保护和利用历史文化资源提供了有力保障。另外,GIS与规划、历史、地理等多学科的交叉融合,拓宽了GIS的应用领域,也促进了各应用学科的行业发展。

6.2 展望

发掘、保护和利用好历史文化资源是一项长期工作,为了可持续地开展历史文化资源保护利用工作,以后需要继续借助3S、共享发布等高新技术,继续完善、深化历史文化资源保护利用数字框架体系,尤其需要做好以下几项工作:

(1) 继续完善和推行历史文化资源应用服务平台。吸纳社会各界对历史文化资源的保护和可持续发展提出的新思路新方法,将有利于修正、完善、监督与更新历史文化资源。

(2) 继续开展历史文化资源普查数据库的数据挖掘工作。历史文化既是区域和城市发展的基础,又是竞争力的体现。利用GIS技术对历史文化资源数据库进行深度挖掘,发现历史文化资源发展演变的规律,进一步完善城市规划、历史地理、人文科学研究的新手段、新思路。

(3) 建立数字历史文化名城。数字历史文化资源普查是数字历史文化名城的重要组成部分。南京市是国务院首批公布的24个历史文化名城之一,以全过程的数字历史文化资源普查和应用为示范和依托,推广构建数字历史文化名城,为历史文化名城规划与保护提供手段和依据。

(4) 为国内其他城市的历史文化资源普查工作提供借鉴,在应用过程中再度深化提升,互相促进。

参考文献

[1] 涂超.GIS在历史文化资源保护中的应用研究[J].计算机技术与发展,2006(7).
[2] 毛锋,等.历史文化资源保护中的新技术应用[J].北京规划建设,2006(4).
[3] 张思聪,等.基于GIS和RS技术的土壤侵蚀快速调查研究[J].水力发电学报,2006(4).
[4] 李凡.GIS在历史、文化地理学研究中的应用和展望[J].地理与地理信息科学,2008(1).
[5] 曾群华,等.基于RS与GIS的三峡库区文物保护信息系统研究[J].地域研究与开发,2004(6).
[6] 高丽军.文物资源综合分析系统设计[J].测绘通报,2004(10).

Study on The Digital Whole-process Technology of Historical and Cultural Resources Survey and Utilization Based on 3S

Zhou Lan   Ye Bin   Wang Furong   Mao Yanling   Zhao Wei

Abstract：NanJing is an ancient capital in ten dynasties and one of the first batch of twenty-four famous historic and cultural cities published by State Council. Taking NanJing as example, this paper adopts the new technologies of 3S and geodatabase, establishes the digital whole-process NanJing historical and cultural resources survey and utilization method system centering on "the digital initial research period、the digital census process implement、the digital census resources integration、the digital census resources evaluation、the digital census achievement application" and discusses the design and implement of the key digital technology. By three years of application research, it establishes and maintains NanJing historical and cultural resources "one of paper" dynamically. It is proved by practice that Study on digital whole-process technology of historical and cultural resources survey and utilization is scientific, advanced, feasible.

Key words：3S；historical and cultural resources；census；whole-process；digital

(本文原载于《规划师》2010 年第 4 期,获 2010 年江苏省建设行业信息化应用优秀论文)

基于 GIS 的城市历史空间格局数字复原研究

——以南京市为例

周　岚　叶　斌　王芙蓉　孙玉婷　毛燕翎　赵　伟

摘　要：以南京城市历史空间格局数字复原为研究对象，以 GIS 为技术手段，提出"由近及远、从整体到局部、先准确后模糊"的复原总体思路，建立由"历史空间与现状资源图件坐标相统一、断代分析与延续性分析相交错、精确定位与模糊定向相结合、传统研究与新技术应用相辅助、历史空间复原与现状普查相校验"构成的复原方法体系。研究表明，基于 GIS 的历史空间格局数字复原技术是科学、合理和可行的，为未来更好地保护和利用南京城市空间和文化特色、研究南京历史文化内涵提供了坚实的数据基础与有力的技术保障。

关键词：历史空间格局；数字复原；GIS；南京

1　引言

南京是中国著名的古都。为了更好地寻找南京城市历史空间变迁的规律，延续传统文化和把握城市发展脉搏，自 2004 年起，南京市规划局、南京市城市规划编制研究中心及南京大学文化与自然遗产研究所合作开展了南京市历史空间格局的数字复原研究工作。本次复原研究的空间轴涉及南京老城约 50 km² 的范围，时间轴跨越了东吴西晋、东晋南朝、隋唐、南唐、宋朝、元朝、明朝、清朝及民国时期，对象轴包括了政务、居住和经济等七大类城市内部空间，填补了大范围、长跨度、多类别研究南京历史空间格局的空白。另外，本次复原研究综合运用地理学、历史学、考古学及数理统计等多学科理论和研究，形成了一整套数字化复原方法技术路线和方法体系，创新了城市历史空间格局的复原与逼真研究方法。总之，基于 GIS 的历史空间格局数字复原研究拓宽和革新了传统的研究思路和手段，为未来更好地保护和利用南京城市空间和文化特色、研究南京历史文化内涵提供了坚实的数据基础与有力的技术保障。

2　GIS 技术在城市历史空间格局复原研究中的应用

传统历史学、考古学和地理学中有关空间格局的研究，多限于文献研究和使用示意地图的方式进行空间格局表达等方面，其研究的直观性、精确性和系统性都存在欠缺，尤其在与现代地形、地物的相关关系上存在模糊甚至错误。随着信息技术的迅速发展，GIS 技术成为人们组织、挖掘和应用信息的重要手段，不断丰富着各类科学领域的研究方法。越来越多的研究学者尝试将 GIS 技术引入历史学,尝试重现历史空间并分析其变化发展的规律与成因。金致凡以 GIS/RS 技术为支持,对福州城区水域的历史变迁、水域分布与水质的变化状况进行了研究[1]。陈刚尝试以六朝时期的建康为时空研究范围,应用现代地理信息技术、超媒体技术和空间数据库技术,建立六朝建康历史地理数据库,进行专题研究及专题制图[2]。王一帆等人以北宋东京城为例,运用地图学方法和 GIS 技术探讨了古代城市空间结构复原的基本思路[3]。夏鹏等人以武汉旧城某区域为例,探讨了图叠方法在获取旧城历史空间演变信息中的作用[4]。吴俊范运用 GIS 手段与历史文献考证相结合的方法,力图微观地复原 1900—1949 年上海水乡景观蜕变的具体过程,并对其内在驱动机制及社会回应做出综合分析[5]。牟振宇以上海法租界为研究个案,运用 GIS 空间分析方法,复原了城市边缘区土地利用转变的过程[6]。

所有这些研究虽然均应用了 GIS 技术,但是都没有形成相对完整的数字化复原方法体系,并且都只是针对一个城市或地区的局部范围或重点地区进行的数字复原,没有以纵向时间为线索,依据科学准确的手段,进行关联延续的、大跨度时间范围的历史空间格局的研究。综上所述,由于历史文化名城空间格局的数字复原研究尚无系统的理论基础和完整的方法体系,且国内相关的研究和应用仍处于尝试阶段,因此针对南京历史城市空间格局大范围、长跨度、多类别的数字复原,迫切需要一种新方法。

3 基于 GIS 技术的南京市历史空间格局复原

3.1 总体思路与目标

利用 GIS、计算机等新技术建立科学、可行的历史空间格局数字复原方法体系,再现和分析南京市不同历史时期的历史空间格局,构建具有统一空间尺度、统一空间基准和统一空间分类的南京市历史空间格局"一套图",并最终建立南京市历史空间格局演变数据库和南京市历史空间格局演变地理信息系统,为城市规划和管理中的历史文化保护和利用提供分析依据,为"文化南京"的创建和特色塑造提供研究依据,为南京的城市地位和区域特色、发展方向的确定提供决策依据。

3.2 研究技术路线设计

首先,收集、整理各类历史文献资料,并对其进行汇总归类、比较筛选。其次,将筛选后的历史地图资料(意向地图除外)统一配准至南京 92 地方坐标系,利用 GIS 技术,并结合文献资料确定历史空间要素在纠正后的历史地图上的位置,从而复原不同时期的南京历史空间格局。历史空间格局的复原往往是一个循环往复、逐步求精的过程,为了进一步逼真历史空间格局,在复原的过程中辅助开发了各种计算机工具,对复原成果进行逐级校核与纠偏。最后,研究在复原成果的基础上深度挖掘历史空间格局演变数据库,并进行图形化、多层次、全方位展示(图1)。

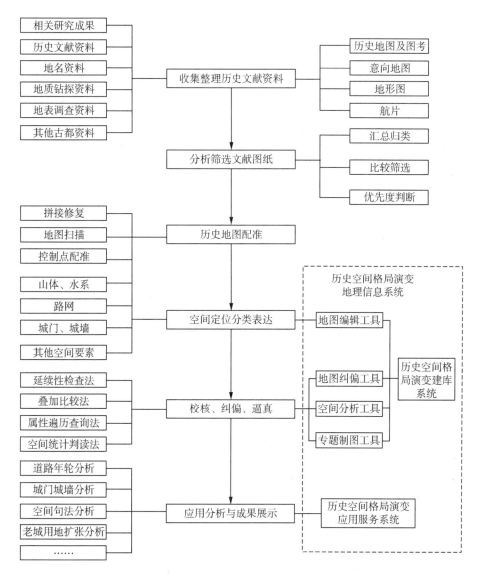

图 1 基于 GIS 技术的南京市历史空间格局复原技术路线图

3.3 系统总体框架设计

研究借助 .net 平台与 ArcGIS for Oracle 数据管理工具,基于 ArcGIS 组件开发模式,构建了南京市历史空间格局演变地理信息系统,具体分为历史空间格局演变建库系统与历史空间格局演变应用服务系统。建库系统为复原工作提供数据编辑、数据校验等辅助工具;应用服务系统实现复原成果基于浏览器的发布,提供浏览、查询、统计和 GIS 分析等功能(图 2)。

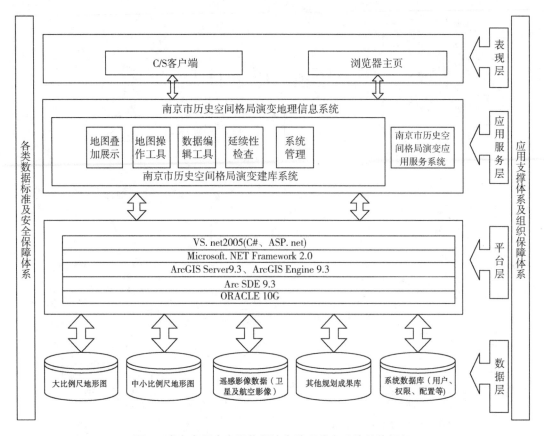

图 2　南京市历史空间格局演变地理信息系统总体框架

4　关键技术设计与实现

4.1　历史空间格局相关资料的收集与整理

历史地图与文献资料是历史空间格局复原的依据,对其进行系统的收集、整理和筛选,是复原工作顺利开展的必要条件。

(1) 资料收集。研究中通过走访档案馆、图书馆、资料室等研究及收藏机构,并通过网站、媒体等方式开展民间征集活动,广泛收集了各类历朝历代有关城市建设和空间布局的资料,主要包括历史文献、意象地图、近现代地图与地形图、遥感影像、地质调查报告、地名资料以及近现代学者研究成果等。

(2) 资料筛选。① 图片资料分析筛选。筛选的原则主要有:在时间上,尽量选择各朝代末期的地图或者地形图,以尽量包容本朝的相关内容;在内容上,地形图和影像图优于普通地图和意象图(准确度高),1:10 000~1:20 000 的地形图或地图优于其他比例尺的地形图或地图(内容表达深度和形式合适),彩色优于黑白,效果好的优于效果差的(可识别性好),分辨率高的优于分辨率低的(清晰度高),官方制图机构优于非官方机构(可信度高);在数量上,选择同时期多张图以供校验。② 文字资料选择顺序。文献的优先级依次是:考古资料和现存的地面文物资料及相对稳定的山体水体调查资料;地质钻探及分析资料;同时代的历史文献;稍晚于该历史时期的记录文献;历史年代虽晚但考证详实的文献;其他辅助参考资料等。

(3) 地图配准。将筛选后的具有一定精度的历史地图进行扫描、拼接,采用现势影像图、地形图与历史地图上的同名点,将历史地图统一纠正到南京市 92 地方坐标系下,并与现势的基础图件相叠加,作为复原工作的底图。

4.2 历史空间格局"一套图"数字化设计理念

项目从研究范围确定、历史时期划分、功能空间分类、编码体系制定、坐标基准统一等方面为历史空间格局"一套图"的制作提供标准规范上的保障,使数字复原成果在今后历史空间格局的保护中发挥更大的现实意义。

(1) 研究范围。以南京历史空间功能核心区为主要研究范围,即明城墙内的南京老城区范围。

(2) 历史时期。城市发展是一个动态的连续的历史过程,为能够相对全面地表达城市历史空间的变迁,根据南京建城史的实际状况,将历史南京划分为东吴西晋、东晋南朝、隋唐、南唐、宋朝、元朝、明朝、清朝、民国等 9 个典型的历史时期。

(3) 功能空间。虽然古代城市功能和近现代城市功能有很大的差异,但为了能建立相对统一、可分析比对的空间对应关系,结合南京的实际情况,将南京城市历史空间统一划分为政务空间、居住空间、经济空间、文化空间、军事空间、交通空间、其他文物遗迹点 7 种类型,在此基础上进一步细分为 47 级,同时制定了详细的图例。

(4) 数据的编码体系。为了准确有序地标识每个历史空间要素,保证每一空间要素都具有唯一码,理清各朝代空间要素的延续性,研究中针对历史空间要素进行了编码设计。具体的编码包括:① 1 位几何类型码,即空间要素的几何类型,其中,0 表示点,1 表示线,2 表示面;② 4 位功能空间类别编码,即对空间要素所属的功能空间类别进行编码;③ 2 位朝代代码,考虑今后进一步完善南京历史空间格局复原工作,朝代码中为旧石器、新石器、商周、春秋战国以及秦汉时期预留了 1~5 的编码(图 3)。

图 3 空间要素编码

(5) 数据的精度分类。数据精度研究的难度远远超出了当初的预期。首先是由于历史时间跨度大,资料的分布不均、翔实不一。总体而言,古代的、特别是六朝的"原版"资料较少,多为后人的推演,而近现代的资料相对较多;都城时期的历史文献较多,而非都城历史时期的资料较少;对于封建统治阶级使用的空间文献叙述较多,而对于普通市民使用的空间文献介绍极少。其次是资料的鉴别难度较大,对于相同历史事件、相同历史资源,不同版本的史书有时有不同的解读,因而需要进行分析和鉴别。最后是古代历史文献资料对空间、方位的描述方法与原定的"在统一坐标体系下的准确空间定位"的目标有很大出入,"去河三十里"之类的文献记录是古人对距离的典型表述方式。

鉴于上述原因,为客观、真实地反映历史,或者更准确地说,为更准确地反映研究的客观和真实,本研究调整了原定思路,将不同的历史资料根据资料的翔实和定位的准确程度区分为"准确、较准确、模糊"三类信息。其中,"准确"是指遗址尚存、位置可考,或有准确的测绘或航片图,以及准确的考古发掘资料作为依据;"较准确"是指有较为准确的地图为依据;"模糊"是指根据文献进行大致判读。

总体而言,以清末19世纪初的南京第一份用近代测绘技术绘制的相对准确的测绘图为分界,此后的资料大多可归类为"准确"和"较准确";明朝在清朝的基础上,依据文献史料相对较多的优势,加上明朝至清朝南京城的变化不算太大,也可以基本获得相对准确的历史信息;明朝以前的部分则多为依据文献记载和古人意象图示的模糊判读。从这个角度来说,承认历史研究的相对模糊甚至存疑的态度反而是科学的。

(6)图形坐标基准。采用南京92地方坐标系作为唯一的历史空间格局复原和成果建库坐标基准,以米为图形采集和编辑坐标单位。

4.3 历史空间格局数字化复原方法体系

4.3.1 总体思路

历史空间格局数字复原的总体思路是:在研究时序上由近及远,即先复原民国时期的,再复原清朝、明朝等时期的历史空间格局;在空间分布上从整体到局部,即先定空间大格局,再按功能空间逐级细化,如在复原明朝、清朝和民国时期的历史空间格局时,采用了山系—城墙—水系—路网—城门—其他空间要素的复原顺序;在空间要素表达上先准确后模糊,即先复原准确可定位的要素,再复原文字记载、图形示意等相对模糊要素。

4.3.2 方法体系

根据上述总体思路,本研究主要采用如下方法体系:

(1)历史空间与现状资源图件坐标相统一的方法。研究中采用现势1∶500比例尺的地形图作底图,将遴选出的各个不同时期满足精度要求的历史地图纠正至南京92地方坐标系下,并以此为基础,辅以其他相关文献,逐步复原各时期历史空间要素,从而实现历史空间与现实空间的统一。将历史空间统一落实到现状图件上将更有助于研究人员研究、分析与归纳南京历史空间发展规律。

(2)断代分析与延续性分析相交错的方法。城市发展是一个动态过程,不同的阶段有各自不同的发展特征。研究中将南京城市发展划分为9个典型的历史时期,参考各时期的历史文献以及地图资料初步复原南京不同历史时期的城市形态、空间布局,分析其出现的历史背景、原因和构成的法则。而城市发展又是一个连续的过程,为了弥补断代性空间复原工作中无法反映历史空间演变动态过程的缺陷,研究以时间为轴线,在各时期空间格局恢复及校正的过程中,对不同时期的历史空间格局之间进行全方位和多种类的比较分析,从而描述历史空间形态、空间布局及重要空间要素的空间演变过程,并分析其先后的关联性和规律性。

(3)精确定位与模糊定向相结合的方法。各类历史文献资料和古代历史地图,特别是意向图,具有模糊性,有些历史文献资料没有具体地点的记载,无法得到准确落实,也有些历史文献对各个空间要素的记载只有相对位置和方向。各种文献在记载上的差异以及历史文献词句本身的模糊性,给合理利用文献提取空间位置信息带来困难。研究中首先把已确认准确的空间要素进行定位,再根据各类文献的记载,使用了多种空间定位手段,将模糊定向的空间要素落在相对准确的地理空间中,逐渐校合、逼真历史上存在的模糊空间。

(4)传统研究与新技术应用相辅助的方法。在传统历史地理学、考古学和人文地理学等学科的基础上,通过引入GIS、计算机、数据库、数字图像图形处理、三维动画等新技术手段,建立新型的历史空间格局数字复原的研究平台,并在此新技术平台上建立不同历史时期的南京市历史空间资源基础资料库,分析南京市不同时期历史空间格局的演变规律。

(5)历史空间复原与现状普查相校验的方法。现存的遗迹点是确定历史空间要素的重要依据。研究中在依据历史资料与地图将历史空间复原的同时,收集现存的各级文物保护单位资料和考古调查、发掘资料,通过现场调查,复核纠正图中尚存的历史空间要素,并以现存历史要素为地标,恢复与纠正已经消失的其他历史空间。

4.3.3 具体方法

城市历史空间复原研究是一个复杂、繁琐的过程,各时期、各类空间要素的复原通常需要综合运用多种复原与纠偏方法,从而达到逐步细化、求精的效果。本研究中,具体的复原方法包括资料应用分析法、历史地图纠正法、空间要素地标法、空间要素倒推法等;具体的纠偏方法包括延续性检查法、空间要素纵向叠加法、空间要素横向叠加法、实地调查法等。

5 数字化复原成果及应用研究

5.1 数字化复原成果

(1)历史空间格局复原图。通过螺旋上升、纵横交错的复原和纠偏,以明朝、清朝和民国时期为例,复原后的历史空间格局如图 4 所示。

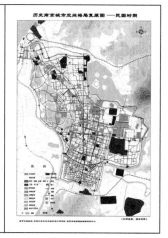

图 4 明朝、清朝和民国时期的南京市城市历史空间格局复原图

(2)复原数据库及信息系统。南京市历史空间格局地理信息系统运用计算机技术、"3S"技术实现了历史空间格局的复原与纠偏,构建了一套完整的历史空间格局数字复原工具,并构建了具有统一空间尺度、统一空间基准和统一空间分类的南京市历史空间格局演变数据库,为研究南京历史文化演变与传承提供了数据基础与研究平台。

5.2 复原成果应用研究

基于历史空间格局"一套图"理念的南京市历史空间格局演变数据库,目前已为南京市历史文化名城保护规划等规划编制和规划研究工作提供了较好的数据基础。同时,通过 GIS 技术对历史空间格局"一套图"进行深度挖掘,总结、提炼出南京市历史城市空间格局发展演变的规律。

(1)城市空间叠加分析。南京城的历史演变经历了由内秦淮河两岸而起、由南向北发展的过程,因此老城南是南京历史积淀最深厚的地区,需要给予特别的重视(图5)。

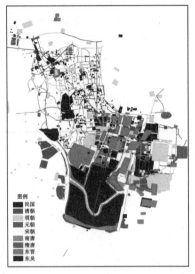

图5 南京市城市历史空间叠加分析图

图6 南京市道路格局演变分析图

(2)道路年轮分析。多朝历史确立了南京老城南、东、北3种路网格局和城市肌理。比如,老城南还保持了不少明清甚至六朝时期的南偏西的路网肌理,城东则主要是明朝皇城和宫城的路网历史遗存,鼓楼以北的部分则主要是民国以后的路网遗存。这些文化特点和内涵在后续的历史文化名城保护和利用中均应加以强化(图6)。

(3)明城墙和城门演变分析。明城墙和城门是南京宝贵的历史文化遗产和名片。清朝在较好地保留了明朝的13座城门的基础上,增加了草场门、钟阜门和丰润门,城门数量达到16座;民国时期又继续开设了汉中门、海陵门、中央门、武定门、雨花门和新民门等城门,城门数量达到22座,并且将中山门的单拱改为三拱。目前中华门、汉西门、清凉门、中山门和神策门都是明代遗存,在历史文化名城保护规划和名城墙保护规划中均给予了明城墙和城门强有力的保护。

(4)城市用地扩张分析。以明朝、清朝和民国时期为例,明朝南京城市的功能分区主要分布在旧城区南部沿秦淮河两岸地带;清朝在明朝城市格局的基础上继续发展,城北有一定的城市建设活动,但没有大的格局改变;国民政府定都南京后,大力发展城北,形成了新的城市轴线(图7)。

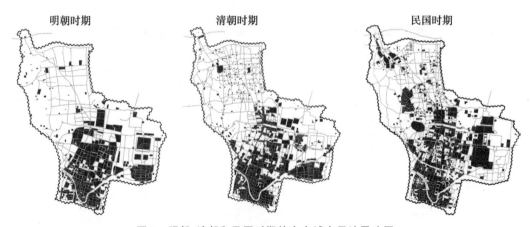

图7 明朝、清朝和民国时期的南京城市用地墨迹图

6 结论与展望

历时五年有余的历史空间格局复原、逼真和成果应用证明,基于 GIS 技术的历史空间格局数字化复原技术是科学、合理和可行的,大大提高了南京市历史空间格局复原的工作效率、工作质量和成果利用水平。基于 GIS 技术的南京市历史空间格局"一套图"与南京市现存的历史文化资源"一张图"进行整合之后,已为规划管理、城市建设和科学研究等提供了实用、便捷的基础依据,为未来更好地保护和利用历史文化资源以及研究南京城市特色与文化内涵提供了有力的数据保障。

历史空间格局的复原与保护是一项长期工作,为了更好地服务于南京市历史文化名城的保护与发展,今后将继续推行和完善以下几项工作:

(1) 继续修正、完善复原研究成果。吸纳社会各界对历史空间格局复原与保护的新思路、新方法,将有利于修正、完善、监督与更新南京市历史空间格局演变研究成果。

(2) 继续开展历史空间格局演变数据库的数据挖掘工作。利用 GIS 技术对历史空间格局演变数据库进行深度挖掘,总结提炼城市空间格局发展演变的规律,讨论城市空间与文化的互动关系,探索"文化基因"在南京城市空间建构中的影响。

(3) 为其他历史文化名城的历史空间格局复原工作提供借鉴,在应用过程中再度深化提升,互相促进。

参考文献

[1] 金致凡.基于 GIS/RS 技术的福州城区水域时空动态变化研究[J].福建地理,2003(3):43-46,11.

[2] 陈刚.超媒体地理信息技术在六朝建康历史地理研究中的应用刍议[J].南京晓庄学院学报,2004(3):41-46.

[3] 王一帆,孔云峰,马海涛.运用 GIS 进行古代城市结构复原的尝试:以北宋东京城为例[J].地球信息科学,2007(5):43-49.

[4] 夏鹏,龙元."图叠"历史空间——获取旧城历史空间演变信息方法探讨[J].建筑学报,2010(2):26-30.

[5] 吴俊范.1900—1949 年间上海水乡景观蜕变的复原与分析[J].中国历史地理论丛,2010(1):26-39.

[6] 牟振宇.近代上海城市边缘区土地利用方式转变过程研究——基于 GIS 的近代上海法租界个案研究(1898—1914)[J].复旦学报:社会科学版,2010(4):106-113.

GIS Based Digital Reinvention of Historical City Space Layout

——Nanjing Example

Zhou Lan   Ye Bin   Wang Furong   Sun Yuting   Mao Yanling   Zhao Wei

Abstract: The paper studies Nanjing's historical city space layout with GIS technology. A "recent to remote, integral to segment, precise to vague" reinvention concept is adopted to establish "the coordinate of history and status quo, dynastical and continuity, precise and vague orientation, tradition and new technology, reinvention to survey test" methodology. Research shows the approach is scientific, reasonable, and feasible. It provides technical support for future historical preservation of Nanjing city.

Key words: Historical spatial layout; Digital reinvention; GIS; Nanjing

(本文原载于《规划师》2011 年第 4 期)

测绘监理体系架构及应用研究
——以南京市大比例尺矢量地形图基础测绘项目为例

叶　斌　　王芙蓉　李爱民　诸敏秋

摘　要:针对南京市大比例尺矢量地形图基础测绘项目,架构并细化了具有南京特色的全过程"五二一三"(五控制、二管理、一协调、三评价)测绘监理体系以及配套的测绘监理文档;并通过理论联系实践,将其应用到自 2004 年以来开展的多轮次南京市大比例尺矢量地形图基础测绘项目中,使其在实践中不断得到完善、深化和发展。实践证明,南京市测绘监理体系是科学的、有效的、可行的,其应用取得了较大的经济效益和社会效益,其建立促进了南京市测绘项目管理的进一步发展。

关键词:大比例尺矢量地形图;测绘监理体系;评价;南京

1　引言

2003 年年底,按照南京市人民政府市属政府机关下属事业单位改制的工作要求,南京市规划局下属(测绘)事业单位快速完成了改制转企工作。面对南京市测绘市场逐步放开和测绘市场化不断完善的要求以及快速发展时期城市规划与城市建设管理对基础地理信息范围、质量和现势性产生的突飞猛进的新要求,南京市规划局作为南京市测绘主管部门,积极开展了新型测绘项目管理模式的思考和探索,确立了"清晰产权、开放市场、规范标准、动态维护、系统先进、社会共享"的测绘改革思路。如何在市场经济条件下建立南京市测绘监理体系,以便于快速实现加强测绘管理、提高产品质量、缩短测图周期、节约项目投资、确保信息版权和生产安全以及扩大数据覆盖范围的目标,成为新形势下测绘管理的研究方向和发展趋势。

2　监理的产生和发展现状

"监理"最早是出现在建筑物的建筑过程中的,为保证质量和工作进度,发展商和承建商引进第三方监理,以保证合同双方的权益。建设领域自 1988 年开始推行建设监理制试点,1996 年 1 月 1 日建设部发布了《工程建设监理规定》。从 1998 年开始监理制逐步引入 IT 业,"咨询监理"成为 IT 行业一块新的市场,目前,信息系统工程监理制度逐步得到社会认可,实施监理制有效保障了信息系统工程的安全和质量。

20 世纪 90 年代测绘工程监理的概念应势而生。1995 年黄朋显等提出测绘市场需要实施测绘监理,并阐述了测绘监理包括投资监理、工期监理和质量监理等内容。1996 年后,在缺少国家统一测绘监理标准的情况下,一些测绘部门率先在攀枝花、深圳等城市实施了基础测绘项目和地形图动态修补测项目的测绘监理尝试,但这些测绘监理以质量监理为主要工作目标,并与质量监督检验有一定的相似性。2002 年王威分析了测绘监理的必要性,将测绘监理分为政府测绘监理和社会测绘监理两种类型,并提出了各自主要的工作内容,论述了测绘监理与质量监督站的主要区别在于性质、深度和依据等方面。2005 年 3 月孔祥元《测绘工程监理学》一书介绍了测绘工程监理的概念、理论、技术与方法,阐述了以投资控制、进度控制、质量控制、合同管理、信息管理、组织协调与沟通为核心的测绘工程监理内容,并以三峡施工、长江大桥施工为例进行了描述。2005 年 7 月江苏省测绘局在颁布的《江苏省测绘条例》中首次从法定的角度提到了"承发包的测绘项目可以实行监理制度",并在 2005 年 12 月制定颁发了《江苏省测绘监理管理办法》,为江苏省行政区域内进行测绘监理活动所具备的资质资格管理、监理范围、监理实施、罚则等提供了法定的依据,其监理主要内容与孔祥元描述的内容基本一致。该办法的出台为本项目的研究提供了很好的指导作用。2007 年 9 月曾海滨介绍了测绘监理在厦门市岛西部测区 1∶500 全野外数字化测图项目中的应用,描述了监理工作的监理依据为《项目合同》《技术设计书》和《产品质量检查验收和登记评定细则》,并论述了监理工作的主要内容包括拟定工作计划、审查资源、监理质量和进度、协调关系、编写报告和总结等。

综上所述,针对城市中非常重要的大比例尺矢量地形图基础测绘项目,国内的研究和应用正处于发展阶段,迫切需要系统的理论框架、完善的方法体系,以及配套的科学合理的测绘监理技术文档,以支撑新形势下的城市测绘管理工作的迫切需求。

3 研究路线

针对大比例尺矢量地形图基础测绘项目,建立具有南京特色的全过程监理

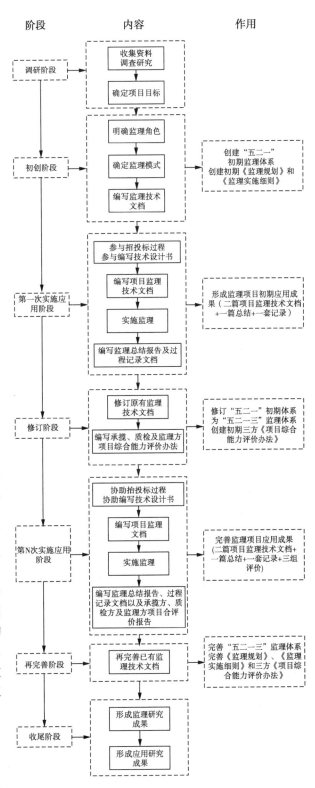

图 1 监理研究技术路线

工作理论框架与工作方法体系;通过理论联系实践,将其应用到南京市的大比例尺矢量地形图基础测绘项目中;最后经过若干个周期的迭代深化,完善全过程测绘监理体系(图1)。

4 南京特色的全过程测绘监理体系架构研究

4.1 紧抓南京市测绘项目的特点是监理体系研究的基础

南京市大比例尺矢量地形图基础测绘项目的特点主要包括:

(1)项目实施工作组织架构发生重组。建设方和验收方由测绘主管部门承担,承揽方通过测绘主管部门直接组织项目公开招投标在全国范围内产生,质检方和监理方由测绘主管部门委托产生,需要制定一系列市场经济条件下的全新的规章制度与技术规定。

(2)面积大、周期短与资金相对有限形成反差。

(3)数据标准具有要求较高的技术和质量要求。

(4)同期参与的多单位间的技术力量与管理水平存在差异。

4.2 监理的参与促进多方制衡的测绘项目管理新模式的产生

正确的监理角色定位是开展监理体系研究的基础条件,也是引导和建立公平、公正、公开、有序的南京市测绘市场环境的工作基础。在南京市测绘监理体系中,生产单位的生产过程和质检单位的质量检查过程同时纳入监理工作范畴,在摸索与实践中形成了在建设方监督指导下的承揽方、质检方、监理方三方互相制衡的项目管理架构,代替了以往的委托下属事业单位管理的单方制约架构(图2)。

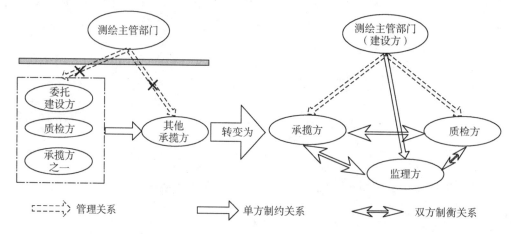

图2 传统到新型测绘项目管理模式的转变

4.3 南京市测绘监理体系是跨越生产前期、中期和后期的全过程测绘监理体系

针对南京市大比例尺矢量地形图测绘项目的特点,创建具有南京特色的跨越生产前期、中期和后期的全过程测绘监理体系。其中,在项目前期测绘监理工作主要以参与招投标过程和协助编写技术设计书为主,而项目中期和项目后期的"五二一三"(五控制二管理一协调三评价)则是测绘监理体系的核心内容(图3)。

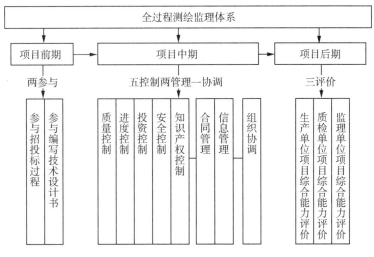

图3　全过程测绘监理体系

4.4 《监理规划》和《监理实施细则》是监理的工作依据,其中"五控制二管理一协调"测绘监理模式是其核心内容

4.4.1 五控制

(1)质量控制:质量控制是监理的主要内容之一,从承揽方的技术管理、质量管理、人员技术水平、仪器设备状态和项目技术设计落实等方面实施全面的监控。尤其要重视开展多角度技术培训、监督承揽方内部质量检查制度的落实、多手段监理方法的综合运用、关注项目实施较弱的生产单位等工作。

(2)进度控制:进度控制是监理的另一项主要内容。要求承揽方编写总进度计划、月进度计划和周进度计划以及实际进度总结报监理方审核。另外,做好进度计划的准确执行、动态管理、及时控制和有效调整。

(3)投资控制:本着实事求是的原则,按合同要求,对符合检查要求的工序或最终产品,按程序及时进行工程检查计量;对承揽方申报的实物工程量进行审核并报建设方;监督建设方为实施进度提供资金上的保证。

(4)安全控制:包括信息安全控制和生产安全控制两部分内容。督促承揽方制定信息安全管理制度和现场生产安全管理制度并严格执行。

(5)知识产权控制:督促承揽方制定知识产权控制制度并严格执行。

4.4.2 二管理

(1)合同管理:全过程地开展合同的管理工作,在合同的形成阶段,为建设方提供政策法律与技术监理,协助建设方与各方签订和合理有效的合同;在合同的履行过程中,监督合同各方遵守合同条款、纠正偏差。此外,做好合同纠纷的调解及合同的索赔工作。

(2)信息管理:准确记录项目实施及监理实施的全过程的工程技术资料;向项目的各级管理人员、参与项目生产的单位及其他有关部门提供所需要的信息,提高工作效率及准确率。

4.4.3 一协调

组织协调:组织协调工作为项目质量、进度、投资等目标实现奠定了基础。主要包括建设方与承揽方、质检方之间的协调、承揽方之间的协调、承揽方与质检方之间的协调以及监理方内部的协调等方面。

4.5　基于"缺陷扣分法"的《单位综合能力评价办法》是评价的工作依据

为了引导建立公平、公正、公开的市场竞争环境,遵循系统、科学、客观、可行的原则,综合采用定量和定性相结合的评价手段,创建和完善了基于"缺陷扣分法"的生产、质检和监理三方《单位综合能力评价办法》评价技术文档。根据相关监理记录及其他资料,通过带权百分制得分较客观地评定测绘生产单位、质检单位和监理单位的项目综合服务能力和应用水平,为测绘项目的管理和决策提供支持。

生产单位综合能力划分为质量控制、进度控制、安全控制及知识产权控制等四个评价特性;质检单位综合能力划分为质检工作组织、质检工作规范性、质检工作进度控制、质检成果等四个评价特性;监理单位综合能力划分为质量控制、进度控制、投资控制、安全控制、知识产权控制、合同管理、信息管理、组织协调等八个一级评价特性。

5　应用实践

5.1　应用简介

南京市大比例尺矢量地形图测绘监理体系已被成功应用到 2004 年度江北地区 350 km²、2005 年度仙林、雨花、永宁地区 380 km²、2006 年度浦口、横梁、上峰、将军山地区 490 km² 的 1∶500、1∶1 000、1∶2 000 矢量地形图测图项目中,其中大部分成果也被应用到 2007 年度浦口、六合地区 900 km² 的测图项目中。

5.2　监理实施程序

在签订监理合同后,全过程测绘监理随即展开。首先要搜集监理资料,细化监理的工作目标,架构团结协作、职责分清的监理工作组;其次分析项目基本特征,制定监理和评价工作依据,并报建设方批准;然后,组织召开技术交底会,发放监理、生产和质检的技术依据文档;接着监理组派驻现场,发放开工令,在实施"五二一"监理过程中,要执行科学、全面、严谨的监理工作制度(二十余项),填写系统、详细、定量的测绘监理各类工作表格(三十余类);最后组织召开技术总结会,做好或配合完成各项评价,并完成监理总结编写和监理成果提交等工作。总之,针对项目开展的不同阶段,要制定不同重点的监理工作内容。

5.3　监理实施成果

(1) 项目监理和评价依据成果:《＊＊＊项目监理规划》、《＊＊＊项目监理实施细则》、《＊＊＊项目生产单位项目综合能力评价办法》、《＊＊＊项目质检方项目综合能力评价办法》、《＊＊＊项目监理方项目综合能力评价办法》等监理体系技术文档。

(2) 项目监理过程成果:项目监理过程中产生的各类指令、通知、报告、请示、登记表、记录表等文件和资料。结合"五控制二管理一协调"监理主要工作内容,包括监理工程师通知书、旁站监理表、监理月报(含会议简报)等"控制类"成果,监理信息收发文件登记表、会议纪要及签到表等"管理类"成果,以及监理协调记录及问题处理情况表等"协调类"成果,共计三十余类。

(3) 项目监理总结成果:《＊＊＊项目监理报告》、《＊＊＊项目生产单位项目综合能力评价报告》、《＊＊＊项目质检方项目综合能力评价报告》、《＊＊＊项目监理方项目综合能力评价报告》。

6 研究结论

(1) 南京市测绘监理体系及时、有效地应对了测绘管理转轨时期出现的新形势和新问题,同时为营造公正、公平的南京市测绘市场环境提供了科学、可行的管理手段。事实证明大比例尺矢量地形图的快速、高质量覆盖为南京市的城市快速发展提供了有力的空间信息基础保障。

(2) "五控制二管理一协调"监理模式成效显著。自 2004 年以来,通过历时四个年度跨越南京江南江北 2 000 余 km² 涉及全国 11 家甲级测绘生产单位共达 25 个标段的大比例尺矢量地形图航测成图项目的应用结果是:质量优良率和一次性通过率均为 100%;四个年度的项目虽跨越南京年度各季节,但均 100% 按期或提前完成,摆脱了以往测绘工程经常延期的状况,并且随着监理体系的不断实践和完善,周期提前率越来越高,2007 年度的 7 个标段平均提前 10% 的周期完成任务;通过招投标制度和监理体系的运作,累计节约了千万余元的资金投入;监理体系有效保障了信息安全与知识产权等。

(3) 评价促进了测绘监理体系的完善和发展。通过承揽方、质检方和监理方项目综合能力评价,较系统、全面、客观地反映了各方在项目中的实际表现,该评价成果可协助测绘管理职能部门开展后续类似项目的合格供方选择,并实现从项目招标、生产、质检、监理、再次招标的闭合的、可操作的、科学的测绘管理模式。2007 年度的招投标工作就是利用了前三年的测绘生产单位的综合能力评价结果,对符合同类项目投标的合格供方进行了初评定。

(4) 被监理单位从消极被动监理逐步转变为积极主动支持监理,测绘监理体系逐步得到认可,测绘监理环境得到进一步完善。在监理体系应用初期,监理者和被监理者经历了必要的磨合阶段,通过由浅入深的沟通、协调、分工、协作,在建设方的督导下,从工作角度出发,承揽方、质检方和监理方建立了新形势下的博弈平衡。

(5) 监理体系研究和应用成果具有较大的示范意义,具有较好的借鉴和推广价值。通过多年的应用实践,针对航测法大比例尺成图项目,提供了完善、可行的理论研究和应用实践技术文档,其他城市可以根据各自的实际情况加以利用和发展。

7 展望

测绘监理体系的研究是一个系统工程,目前仍存在一些问题还没有得到有效的解决和体现,需要我们在以后的工作中不断完善。例如:《监理规程》有待于快速出台;监理和质检的分工合作有待于进一步多角度研究;评价的手段和方法有待于进一步深化;监理工作有待于建立监理管理信息平台等。

参考文献

[1] 黄朋显,杜永刚.浅谈测绘监理[J].测绘软科学研究,1995(1).
[2] 刘天奎 1∶1 000 地形图动态修补测工程质量监理实践[J].测绘通报,2001(12).
[3] 王威.我国应建立测绘监理制度[J].测绘软科学研究,2002(1).
[4] 孔祥元.测绘工程监理学[M].武汉:武汉大学出版社,2005.
[5] 曾海滨.测绘监理在大面积数字化测图中的应用[J].测绘通报,2007(9).

(本文原载于《测绘通报》2008 年第 9 期)

基于 GIS 的江苏省域范围历史中心
城市区域影响力研究

王芙蓉　　徐建刚　　贺云翔　　尹向军

摘　要：以《中国历史地图集》为主要数据来源,以 GIS 为数据处理和分析手段,以秦统一中国以来的二十个历史时期为断代时段,推演了江苏省域范围所有县级以上的历史中心城市的区域影响力沿革,并对贯穿 2170 年历史长河的江苏省域范围综合区域影响力进行了叠加分析。旨在用新技术手段尝试揭示江苏省深厚的历史渊源和深远的区域影响,分析其范围内县级以上历史中心城市构成的区域影响力的地域分布及其变迁规律,为江苏省在历史中寻找新时期的突破和探索未来的方向奠定一定的历史分析基础。

关键词：江苏省；历史中心城市；区域影响力

1　引言

　　江苏省位于长江下游、黄海之滨。现辖 13 个地级市、31 个县级市和 33 个县,面积 10.2 万平方公里。江苏地域具有较早的开发历史,是中华民族诞生的摇篮之一,历来也是我国农业发达、资源丰富、经济显赫、文化多元的地区之一,在全国的政治和经济格局中具有显要的地位。如何在转型时期新一轮的发展机遇中继续突显江苏的重要角色,是当今重要课题。

　　有言道"以史为鉴""古为今用",可见研究历史可以正视当前和探索未来,所以重塑江苏省的历史渊源和沿革变迁,对江苏省寻找新时期的突破和探索未来的方向是非常必要的。但传统的历史研究多限于文献检索和定性分析,缺少理性的定量手段,尤其江苏省历史沿革甚为复杂,迫切需要尝试新的研究方法和分析手段。随着近些年新技术的突飞猛进,采用 GIS 等新技术,尝试定量和定性相结合的新手段,为研究江苏省域范围内的政区变迁和历史中心城市的区域影响力沿革分析提供了新的解决方案,从而以另外一个视角揭示江苏省域深厚的历史渊源和深远的区域影响,为寻找江苏省未来发展定位和各城市未来区域发展差异奠定一定的历史分析基础。

2　研究前提与假设

2.1　"江苏省"定义

　　"江苏省"的概念源自于清时期康熙六年,分江南省为江苏、安徽二省,其范围大致与现在相同,但在此之前并不存在"江苏省"的概念,故在研究过程中,统一以现江苏省行政辖区范围作为各历史时期的江苏省域研究范围。

2.2　历史时期断代

由于江苏省发展是个动态的历史过程,为能够相对浓缩地表达江苏省历史区域影响力的空间变化,根据江苏省发展的实际状况和《中国历史地图集》等资料的客观情况,将历史江苏划分为秦、西汉、东汉、三国、西晋、东晋、南朝宋、南朝齐、南朝梁、南朝陈、隋、唐、南唐、北宋、南宋、元、明、明南直隶、清朝、民国等 20 个典型的历史时期。

2.3　资料选取

谭其骧先生 1980 年出版的《中国历史地图集》作为本研究的主要基础数据来源。由于同一历史时期内辖域范围并不是一成不变的,可能出现同一历史时期存在多套历史资料并存的现象,选择涵盖现江苏省域范围且代表该时期典型空间分布特征的历史资料作为该时期的代表资料。例如:唐 741 年、南宋 1208 年、清 1820 年等。

2.4　区域影响力界定

2.4.1　区域影响力的概念

客观地说,历史中心城市区域影响力应从其当时的政治、经济、文化等各方面,采用定性加定量的方法,建立一定的评价模型,综合分析、评估该历史中心城市的区域影响力,但考虑到本项目研究的地域范围较广、历史时期跨度较大、历史资料相对有限、项目周期较短等因素,以及考虑到中国古代政治的"集地方三权于中央、集中央之权于皇帝"现象自秦汉确立中央集权制度以来已产生了深远影响,故根据历史中心城市当时的政治地位(级别)确定其相应的辖域范围,并将其作为历史中心城市区域影响力范围。例如,历史中心城市若为都城,则其区域影响力范围为国域范围;若为州级驻所,则其区域影响力范围为州级统治范围,以此类推,但大陆以外的岛屿未纳入本研究范围之内。

2.4.2　构成区域影响力的历史中心城市的级别限制

本研究将历史中心城市区域影响力的研究对象锁定在县级以上的城市,其主要原因一方面鉴于本研究主要的参考资料《中国历史地图集》并未对县级及以下的历史城市的辖域范围进行表示;另一方面鉴于县级及以下的历史城市假设未构成一定规模的历史区域影响力。

2.4.3　江苏省域范围的历史资料缺陷

若个别历史时期《中国历史地图集》资料不详时,江苏省域范围历史中心城市区域影响力以现江苏省行政区划边界为准。例如,东晋时期落在前秦域内的历史中心城市区域影响力。

3　研究概念与定义

3.1　某历史时期江苏省域范围历史中心城市区域影响力

某历史时期江苏省域范围历史中心城市区域影响力是指该历史时期内,所有落在现江苏省行政辖区范围内的县级以上历史中心城市驻所(郡、州、路、军、省、国家等政区等级)的行政辖域范围之和,其反映了江苏省域范围内各历史中心城市在某历史时期共同构成的区域影响力。

3.2　江苏省域范围历史中心城市综合叠加区域影响力

江苏省域范围历史中心城市综合叠加区域影响力是指以历史年代为统计口径,在统一的坐标基准和空间尺度上将各历史时期江苏省域范围历史中心城市区域影响力综合叠加求和的结果,其总体反映了江苏省域范围历史中心城市在本研究涉及的二十个历史时期两千余年历史长河中的综合区域影响力。

4 数据处理与图件制作

4.1 技术流程

本研究涉及大量的基础资料,研究对象包括江苏省域范围各历史时期所有历史中心城市的区域影响力,故制定科学合理的技术流程是必要的,从而避免技术、时间和经济上的浪费。在本研究中,共涉及前期技术研究、中期数据加工、后期成果制作等三个阶段。

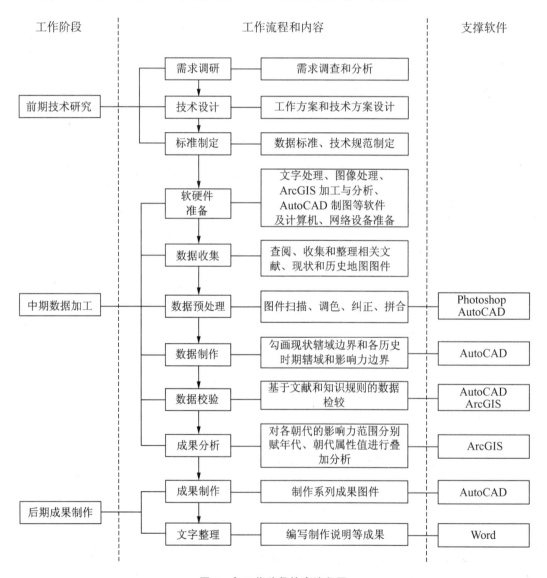

图1 各工作阶段技术流程图

其中,资料收集和整理、标准规范的制定、图件的预处理、地图的辨识和勾画、基于 GIS 的应用分析和成果校核等是数据处理和分析的关键环节,尤其是统一坐标基准和空间尺度是 GIS 分析和计算的基础,故本文所有的参考图纸均进行了基于统一空间坐标系的图形纠正。

4.2 各历史时期"江苏省域范围历史中心城市区域影响力沿革分析图"制作

4.2.1 计算规则

针对某历史时期,按照 $I_{历史时期} = \sum_{i=1}^{n} I_{历史中心城市}(i)$ 计算规则进行累加计算,其中,$I_{历史时期}$ 为江苏省域范围某历史时期的历史中心城市区域影响力;$I_{历史中心城市}(i)$ 为某历史时期现江苏省域范围涵盖的某县级以上历史中心城市的区域影响力;n 为某历史时期现江苏省域范围涵盖的县级以上历史中心城市的个数。

4.2.2 数据加工

在统一坐标基准统一空间尺度的图形空间里,分别打开各历史时期地图作为工作底图,叠加现江苏省域范围边界,按照数据标准标注各历史时期现江苏省域范围内县级以上历史中心城市的驻所位置,并根据各历史中心城市当时的行政级别依次勾画其行政辖域边界,最后完成相应的检查和修改。以秦代为例,如图 2 所示,黑线表示今江苏省域边界,可以看出秦代时期江苏省域共涉及琅琊郡、东海郡、会稽郡、鄣郡、泗水郡、九江郡等六个郡,六个郡的辖域边界如灰线所示,但仅有会稽郡的郡治落在现江苏省域界限以内,故本文认为秦时期的江苏省域范围历史中心城市区域影响力仅由会稽郡的辖域范围构成,如双实线所示。

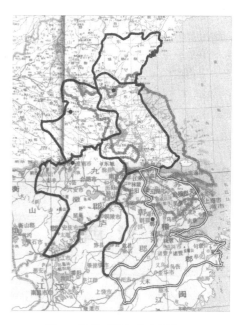

图 2　秦代时期江苏省域图

4.2.3 成果制作

按照制图规范填充一组 20 张的各历史时期"江苏省域范围历史中心城市区域影响力沿革分析图"图件内容,包含图名、图说、图例、制作单位、制作时间、图框等信息,其中,图说包括历史中心城市序号、各级历史政区名称、同城最高历史行政级别、历史政治中心城市名称、今城市名称、所辖范围比例等列表内容,以及某历史时期江苏省域范围历史中心城市的区域影响力构成、最具影响力的城市、主要数据来源等文字综合描述。

4.3 跨 20 个历史时期的"江苏省域范围历史中心城市区域影响力叠加分析图"制作

4.3.1 计算规则

江苏省域范围历史中心城市叠加区域影响力:即针对各历史时期,按照 $I_{江苏省域} = \sum_{j=1}^{m} I_{历史时期}(j)$ 计算规则进行累加计算,其中,$I_{江苏省域}$ 为江苏省域各历史时期历史中心城市叠加区域影响力;$I_{历史时期}$ 为江苏省域范围某历史时期的历史中心城市区域影响力,m 为本研究假设的 20

个历史时期。

4.3.2　数据加工

江苏省 20 份不同历史时期的历史中心城市区域影响力沿革分析图分别代表了各历史时期的区域影响力,但两千余年来江苏省域范围历史中心城市叠加区域影响力的覆盖范围和影响程度,需要利用 GIS 进行综合叠加区域影响力统计分析。

在统一坐标基准和坐标尺度下,首先将江苏省域 20 个历史时期的历史中心城市区域影响力的 AutoCAD DWG 数据(如图 2 所示的绿色区域)依次通过 ArcCatalog 软件转换成 ArcGIS 中的 Feature Class,其次在 Feature Class 中添加年代属性值字段并赋值,例如,东晋历史时期为公元 317—420 年,则属性值赋"103";然后在 ArcGIS 软件中将代表影响力范围面的矢量数据转换成栅格数据,这样各历史时期的每个影响力栅格均被赋予了与其统治年限一致的年代属性;再利用 CalCulator 功能将各历史时期区域影响力的栅格进行叠加分析,形成每个栅格在 20 个历史时期内的年限总和,以表示该栅格所代表的地理区域受到江苏省域范围历史中心城市的总影响年限;最后年限按照每 200 年为梯度等级,在资料涉及的版图范围内,表达江苏省域范围历史中心城市的综合叠加区域影响力。

4.3.3　成果制作

按照制图规范填充图名、图例、制作单位、制作时间、图框等图件内容完成"江苏省域范围历史中心城市区域影响力叠加分析图"的制作,其反映了资料涉及的版图范围内的每个地域在两千余年历史长河中分别被江苏省域历史中心城市所统治的年限总和,年限越长表示受江苏省域历史中心城市影响的历史越深远。

5　研究及分析

5.1　各历史时期江苏省域范围历史中心城市区域影响力沿革分析

江苏省各历史时期的城市在区域影响上发挥了各自重要的作用,交相辉映地烘托出江苏省发展的辉煌历史。

秦时期现江苏辖域内的郡级治所仅有会稽郡的郡治"吴县"(今苏州);西汉时期如图 3 所示,可见西汉时期会稽郡的行政辖域比秦代大很多,其南面延伸到今浙江和福建的大部分,这也是今苏州在历史上行政辖域最为广大的一个时期。

三国时期江苏全境被"撕裂"分属魏国和吴国两个国家,在今江苏境内出现了中国封建时代第一个国家都城"建业"(今南京),这也是江苏第一次出现问鼎全国的城市。东晋、南朝时期,位于江苏境内的建康都城(今南京)对带动长江流域乃至整个南中国的发展还发挥了重要作用,图 4 是南朝梁时期的区域影响力示意图。

隋代始设立东海郡,治所朐山(今连云港)提升了今连云港的地位,隋代的彭城郡治今徐州成为今苏鲁豫皖四省结合区域的中心城市,以今扬州为中心的"江都郡"地位特殊,其辖区之大、划界之异是空前的,降低原南朝都城建康的行政地位,取消原设于建康(今南京)的扬州州治,设丹阳郡;唐代进一步贬压六朝都城建康即今南京的地位,将其降为县城,并使其受润州(今镇江)的管辖,这是南京自三国以后至民国之前行政地位最为低下的一个时期。在苏州设有江南道治所,其治域空间达到今浙江全境及安徽、江西、福建之一部分,使苏州再次发挥了大地域行政中心的作用。唐代扬州既是州治所在,又是淮南道治所所在,同时还是当时全国除首都长安之外最为重要的商业性城市和国际性港口城市。这时的江苏城市在全国已占有极为重要的地位。

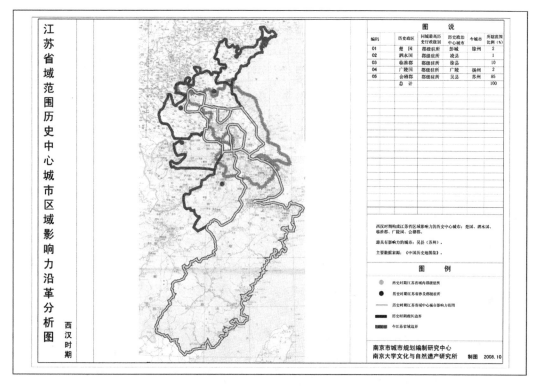

图 3　西汉时期江苏省域范围历史中心城市区域影响力沿革分析图

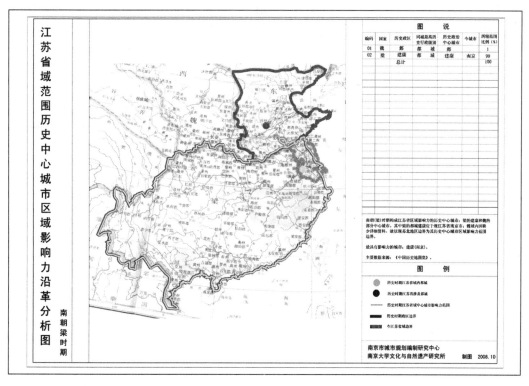

图 4　南朝梁时期江苏省域范围历史中心城市区域影响力沿革分析图

南唐时期,南京作为南唐的国都,其战略地位又一次得到肯定,尽管隋、唐二朝对南京极力贬抑,但一旦中原衰弱,南京的城市地位和作用即可得到发挥。苏州属吴越国范围,苏州的区域政治地位被进一步弱化。北宋时期,江宁(今南京)和扬州分别是江南东路和淮南东路的路治所在;南宋时期,江苏省域内南京的城市地位最高,扬州次之。这时的苏州之经济已超过其政治地位,成为江苏具有重要经济和文化地位的城市,由于政治动乱的"人祸"和黄河夺淮的"天灾",苏北明显呈现出城市萎缩、地区退化的现象。

明代,江苏首次出现了统一国家的都城,都城在今南京。明南直隶如图5所示,在南京设"南直隶",行政辖域包括今江苏、上海、安徽三省(市)之地。

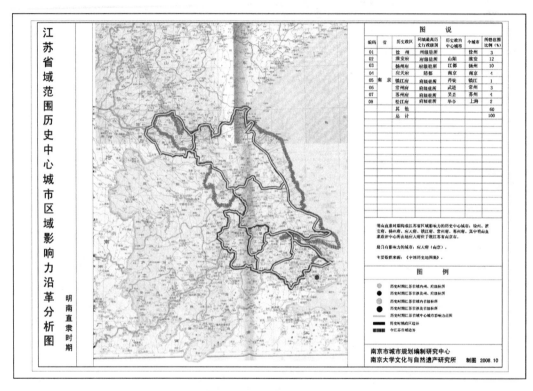

编码	省	历史政区	同城最高历史行政级别	历史政治中心城市	今城市	所辖范围比例(%)
01	南京	徐州	州级驻所	徐州	徐州	3
02		淮安府	府级驻所	山阳	淮安	12
03		扬州府	府级驻所	江都	扬州	10
04		应天府	陪都	南京	南京	4
05		镇江府	府级驻所	丹徒	镇江	1
06		常州府	府级驻所	武进	常州	3
07		苏州府	府级驻所	吴县	苏州	5
08		松江府	府级驻所	华亭	上海	2
		其他				60
		总计				100

明南直隶时期构成江苏省区域影响力的历史中心城市:徐州、淮安府、扬州府、应天府、镇江府、常州府、苏州府,其中明南直隶政治中心所在地最大府所在地为现江苏省南京市。

最具有影响力的城市:应天府(南京)。

主要数据来源:《中国历史地图集》。

图例

○ 历史时期江苏省辖内州、府级驻所
● 历史时期江苏省涉及内、府级驻所
● 历史时期江苏省辖内有辖驻所
● 历史时期江苏省涉及省内影响力发挥
━ 历史时期城市中心城市影响力沿革
▬▬ 今江苏省域边界

南京市城市规划编制研究中心
南京大学文化与自然遗产研究所 制图 2008.10

图5 明南直隶时期江苏省域范围历史中心城市区域影响力沿革分析图

清时期的江苏如图6所示,在清帝国国土范围内,经济和文化最为发达,成为在全国占有十分重要地位的行政区,江苏省的南京、苏州、扬州、淮安、徐州分别具有重要的作用。

民国如图7所示,孙中山大总统在江苏南京宣布推翻中国自秦代以来延续已达2000多年的封建专制政体,建立新型的中华民国。

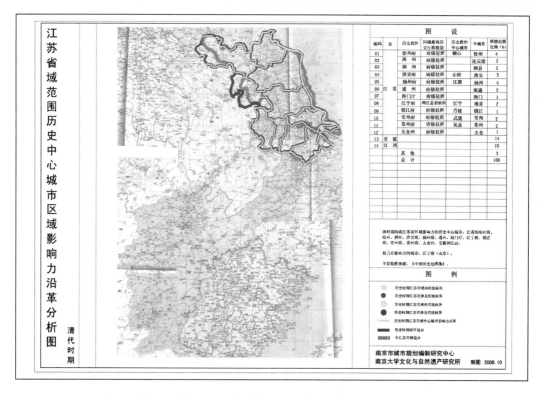

图 6　清代时期江苏省域范围历史中心城市区域影响力沿革分析图

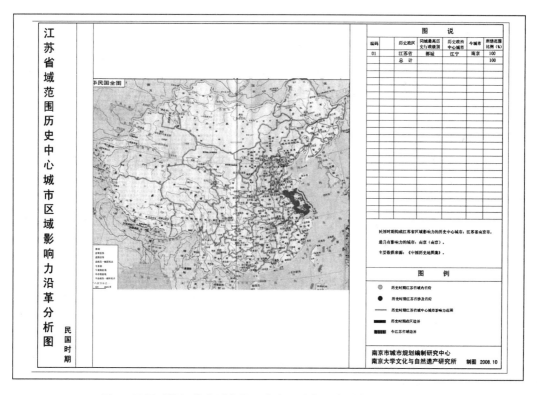

图 7　民国时期江苏省域范围历史中心城市区域影响力沿革分析图

5.2 江苏省域范围历史中心城市综合叠加区域影响力分析

采用 GIS 技术对江苏省域范围历史中心城市区域影响力进行叠加分析,分析结果如图 8 所示,随着全国各区域灰度由浅及深的变化,表示其受江苏省域历史中心城市的管辖时间也逐步增加。

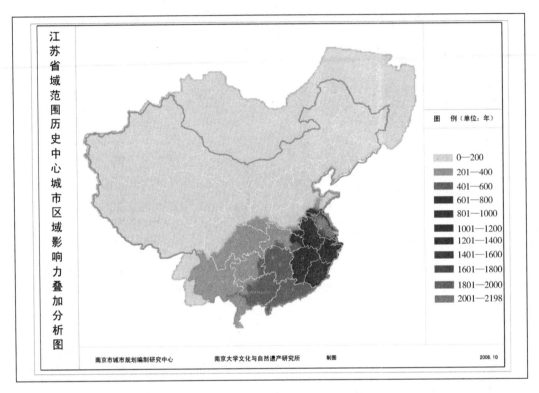

图 8 江苏省域范围历史中心城市区域影响力叠加分析图

不难发现江苏省域范围历史中心城市综合叠加区域影响力范围广大,其范围已经覆盖了现国家大陆版图范围,这主要是由于江苏省特殊的政治地位,尤其是江苏省域范围内作为都城的历史中心城市产生了较大的区域影响力,在本研究涉及的 20 个历史时期中,省会南京曾经是九个历史时期的都城。但由于南京作为都城的九个历史时期历时不足 450 年,并且只有明和民国实现了真正的国家统一,故在现国家大陆版图范围内,江苏省域范围历史中心城市综合叠加区域影响力主要体现在东南部的长江中下游平原、东南丘陵、云贵高原等地,尤其是长江中下游的泛长三角区域(包括江苏、浙江、上海、安徽、江西、福建等地区),其余还有山东、河南、湖北等少部分接壤地区也基本达到四百年以上。

另外,通过 GIS 分析,发现在泛长三角区域内,有 95% 的区域受江苏省域历史中心城市的影响时间达到了 600 年以上,34% 的区域达到了 1200 年以上。可见在泛长三角区域内,历史江苏有着不可替代的作用和影响力。这些历史上的渊源和影响力可以为制定江苏省的地域发展战略提供一定的借鉴作用。

5.3 江苏省域范围内最具影响力的历史中心城市分析

某一历史时期江苏省最有影响力的历史中心城市指的是该历史时期行政驻所落在现江苏

省边界内的行政管辖区域面积最大的历史中心城市。经过研究,如图9所示,在江苏范围内,历史南京占据15个历史时期1400余年的最有影响力的城市;苏州和扬州次之。可见江苏省名虽取自清际江宁(今南京)、苏州二府名,但从整个历史时期看来也是不无道理。深厚的历史渊源和区域影响力使得南京、苏州、扬州成为国家级第一批24个历史文化名城中的三个,在快速发展时期保护和利用历史文化资源是这些城市的发展主题之一。

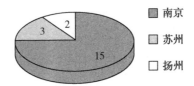

图9 江苏的三个国家级第一批历史文化名城

5.4 苏南和苏北历史中心城市综合叠加区域影响力比较

采用 GIS 技术对苏南和苏北地区历史中心城市的综合叠加区域影响力进行了分析,结果如图10所示,发现无论是影响范围还是影响程度,苏北都远远落后于苏南。

究其原因,不难发现在20个历史时期中,位于苏南的历史南京曾作过东吴、东晋、南朝宋、南朝齐、南朝梁、南朝陈、南唐、明、明南直隶、民国的都城,这使得苏北远不能与苏南综合区域影响力相比,即使在非都城时期基本也是如此。例如秦时期,现江苏辖域内的郡级治所仅有苏南的会稽郡的郡治"吴县"(今苏州);西汉苏北虽然出现了楚国、临淮郡、广陵国、泗水国等四个郡,但四个郡的辖域总和仍远比苏南的会稽郡小很多,不及1/5。东汉苏北出现下邳国、彭城国和广陵国,辖域与苏南会稽郡相当。西晋时期,苏北的徐州和苏南扬州虽然同级而治,但辖域还不及扬州1/6。

隋代苏北第一次超越了苏南,辖域将近是苏南的3倍。唐代苏北的扬州和苏南的苏州都产生了重要的区域影响力,苏北总体与苏南相当。北宋和南宋,苏北接近苏南,达到四六分比例。元代苏北再次超越了苏南,辖域是苏南的两倍有余。明南直隶第一次苏南苏北辖域整合,其政治中心是苏南的应天府(今南京)。清代苏南的江宁(今南京)为两江总督所住地,苏南再次成为政治和经济中心。

由此可见,历史上苏北区域影响力超过苏南的时期仅有隋代和元代两个历史时期,再加上长期处于水患和兵灾之中,发展受到严重制约,故历史上苏南区域影响力远远大于苏北地区。

6 结论与展望

本研究尝试利用 GIS 技术,采用定量和定性相结合的手段,以江苏省域范围自秦统一中国以来的20个历史时期的政区变迁和区域影响力沿革为研究对象,计算和推演了江苏省域范围所有县级以上的历史中心城市跨越全历史时期的综合叠加区域影响力。通过研究论证了江苏省域范围历史中心城市有着深厚的历史渊源和深远的区域影响,其中南京、苏州、扬州、徐州、淮安、镇江、常州等历史中心城市的兴起和发展是构成江苏省区域影响力的核心要素,在不同的历史时期交相辉映地发挥了各自的重要作用。另外,历史研究和分析的目的是"古为今用",在实际工作中本研究已经为江苏省和省内城市在历史中寻找新时期的突破和探索未来的方向提供了一定的历史分析基础。

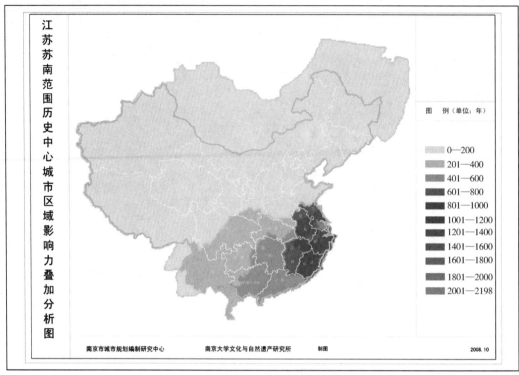

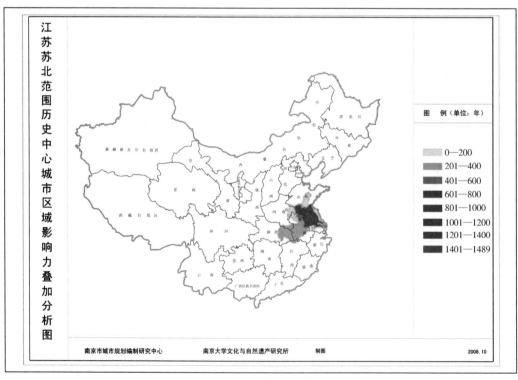

图 10 苏南、苏北范围历史中心城市区域影响叠加分析图

但由于研究资料和时间的限制,本研究一定存在诸多疏漏和错误,希望能在后续研究中继续补充、完善和改正,也希望本研究能为其他城市的历史研究方法提供一点借鉴。

参考文献

[1] 谭其骧.中国历史地图集[M].北京:中国地图出版社,1982.

[2] 汤国安,杨昕.地理信息系统空间分析实验教程[M].北京:科学出版社,2006.

[3] 林珲,张捷,杨萍,等.空间综合人文学与社会科学研究进展[J].地球信息科学,2006,8(2):30-37.

[4] 王均,陈向东,宇文仲.历史地理数据的 GIS 应用处理——以清时期的陕西为例[J].地球信息科学,2003,3(1):58-61

[5] 初建朋,侯甬坚.基于 GIS 技术建立明清时期山西省人口耕地资料数据库[J].唐山师范学院学报,2004,26(2):73-75.

[6] 陈刚.超媒体地理信息技术在六朝建康历史地理研究中的应用刍议[J].南京晓庄学院学报,2004,20(3):41-46.

Study on Regional force of Historical Central Cities in Range of Jiangsu Province Based on GIS

Wang Furong   Xu Jiangang   He Yunao   Yin Xiangjun

Abstract：Taking 《China Historical Atlas》 for main data source, GIS for instrument of data disposal and analysis,and twenty historical period since Qin dynasty united china for dating period, this paper deducts regional force evolution of all the historical central cities above county level in coverage of Jiangsu province, and carries through overlay analysis on comprehensive regional force in the range of Jiangsu run through long history of 2170 years. It aims to reveal deep historical origin and profound of Jiangsu province, and analyze regional distribution and its change rule of regional force formed by history central cities above county level. It lays a analysis foundation for Jiangsu to seek new period breakthrough and explore future direction in history.

Key words：Jiangsu province; historical central city; regional force

(本文原载于《遥感信息》2011 年第 1 期)

智慧规划总体框架及建设探索

王芙蓉 窦 炜 崔 蓓 周 亮 诸敏秋 迟有忠

摘 要：近年来，与"智慧"相关的新理论、新方法和新技术蓬勃发展，城市规划作为一项公共政策，也需要通过"智慧"的方法和手段寻求更为广阔的研究和服务空间。研究将城市规划的发展历程划分为标准化、动态化和智慧化三个发展阶段，指出智慧规划是城市规划未来的主要发展方向。智慧规划充分借助物联网、云计算和PSS等新技术，创新规划管理理念与方法，通过多知识融合和挖掘，力求实现更透彻的信息感控、更全面的互联互通及更深入的智能决策。

关键词：数字规划；智慧规划；总体框架；建设

1 引言

伴随着城市化进程的加速，国内各级规划管理机构先后启动了数字规划建设。目前，数字规划平台已基本建成并运转良好，具有业务覆盖可扩展、系统集成可并联、资源整合可共享和阳光运行可监控等典型特征，较好地支撑了日常规划管理工作，并应对了新时期规划领域不断出现的各项变革。例如，作为我国著名古都的南京，通过建立历史文化名城保护规划的数字框架体系，对城市快速发展时期下历史文化资源保护和利用的新模式和新途径进行了探索。

近两年，随着国内外的"智慧"战略层出不穷，与"智慧"相关的新理论、新方法和新技术蓬勃发展。城市规划作为一项公共政策，随着生态城市、低碳城市、安全城市、智慧城市等概念的不断提出，其服务领域和内容深度不断地被拓展，这为城市规划本身提供了更为广阔的研究和服务空间，因此更需要用智慧的方法和手段去开展城市规划管理工作。鉴于此，南京市规划局在2011年率先提出"智慧规划"的理念，并启动了其建设框架的研究工作，希望借助共享服务、虚拟化、云计算、物联网等技术的蓬勃发展，迎接一个智慧规划的新时代。

2 数字规划到智慧规划的发展历程

2.1 城市规划发展阶段

不同的城市规划发展阶段具有不同的规划管理内容及技术支撑手段，通过对"智慧"涉及的感控、交互和决策三个典型特征进行分析，将数字规划到智慧规划的发展历程划分为标准化、动态化及智能化三个阶段，每个阶段的典型特征如图1所示。

在标准化阶段，重在利用标

	标准化 →	动态化 →	智慧化
感控	数字化获取	集成式数字化获取	共享交换式获取物联网感、传、知、用
交互	规划单条线内的互联互通	规划条线间的互联互通	跨行业、跨规划管理机构、跨规划层次、跨服务对象的互联互通
决策	辅助检查	辅助判断	基于云计算的智能决策"类似的集智"现象

图1 从数字规划到智慧规划的发展阶段

准化和规范化的手段实现城市规划管理过程中的流程固化和信息规范,让城市规划管理变得更加规范准确;在动态化阶段,重在利用全生命周期的数据管理理念实现城市规划管理过程中的信息动态流转和自动实时更新,让城市规划管理变得更加真实准确;在智慧化阶段,架构在物联网、云计算等新技术上的规划管理更加注重全面的规划整合和挖掘,更加有利于实现规划管理过程中的综合分析和辅助决策,让城市规划管理变得更加集约和智能。

2.2 城市规划发展阶段的思辨

随着社会的发展和新技术的推陈出新,城市规划的理念、内容和方法不断得到发展和更新。随着规划管理需求和水平的不断提高,从标准化到动态化再到智慧化成为城市规划逐步发展的必经之路。

(1) 标准化、动态化和智慧化三个层次像阶梯一样逐级递升,当某一规划管理层次的需要相对满足了,就会向更高层次发展。因此,满足更高、更好的规划管理层次的需要就成为了驱使行为的动力。

(2) 规划管理层次的提升不是简单的取代,后一层次是对前一层次的传承和发扬,前一层次是发展的基础,后一层次是发展的必然。

(3) 标准化、动态化和智慧化三个层次之间相互依存,任何一个层次都不会因为更高层次的发展而消亡。后者形成时,前者仍然存在,只是前者的影响力相对削弱,两者互相促进、互相提升。

(4) 在城市规划发展的每一时期中,总有一种发展阶段占支配地位,并起决定作用,成为该时期的工作重点,而其他阶段处于服从或隐藏状态。

(5) 各个城市需要根据城市规划管理的职能及其实际社会、经济情况,选择适合自己发展的城市规划。

2.3 智慧规划是城市规划未来的主要发展方向

通过对我国城市现状进行分析和研究可以发现,当前我国城市规划的发展正处于从数字规划向智慧规划迈进的阶段。一些起步早且条件成熟的城市已达到动态化的阶段,并开始尝试智慧化的应用,如武汉、重庆和南京等,当然,还有很多城市处于标准化向动态化迈进的阶段。在我国快速城镇化和信息化技术日新月异的今天,无论是外部环境发展的要求,还是内部管理建设的需求,开展智慧规划的研究都是必要的和迫切的。基于新一代信息技术,结合智慧城市、智慧地球、物联网、云计算等技术建立的智慧规划,将有利于提高城市规划管理的科学性和准确性,并能全面推进城市建设和管理的社会化、系统化和信息化。那么,什么是智慧规划,如何建设智慧规划,成为摆在规划人员面前的新课题。

3 智慧规划的概念与总体框架设计

3.1 智慧规划的概念

智慧规划,顾名思义,就是智慧地开展城市规划工作。智慧规划充分借助物联网、云计算和PSS等新技术,不断地创新规划管理理念与方法,通过多知识融合与挖掘,实现城市规划领域更透彻的信息感控,实现规划管理不同时间尺度、空间尺度以及职能和功能尺度上更全面的互联互通,同时实现城市规划研究、规划编制管理和规划实施管理中更深入的智能决策。

3.2 智慧规划的核心特征

3.2.1 感控

感控,即更透彻的感知和控制。通过互联网、物联网等新途径获取更多、更准确、更及时的城市规划信息,并具有更好的控制客观世界的能力。

3.2.2 交互

交互,即更全面的互联互通。在规划管理的制度规范建设及技术实现保障上,实现行业内外更为全面的城市规划管理与服务。

(1)跨服务对象的互联互通。智慧规划将针对规划编制人员、规划管理人员、社会公众及规划技术服务人员等角色,构建不同对象间互联互通的服务平台,为服务对象提供公众参与的畅通渠道。

(2)跨管理机构的互联互通。对接我国现行规划体系和行政体系,充分发挥各级规划管理机构的职能,智慧规划将构建全国各级管理机构之间互联互通的渠道,使各级管理机构能够各取所需地把握城市或区域的规划及发展情况,有利于规划的制定、报批、管理与监督。

(3)跨规划层次的互联互通。通过智慧规划构建不同层次规划之间的联系,快捷方便地提供不同层次规划之间互通的数据接口,从而实现不同层次规划之间的有效衔接,并开展切实有效的评估。

(4)跨行业部门的互联互通。依据《城乡规划法》,城市总体规划的编制应当依据国民经济和社会发展规划,与土地利用总体规划相衔接。同样,在规划实施管理过程中,城市规划管理活动也与国土局、水利局、文物局等其他相关政府职能部门密切相关,通过智慧规划对接各相关部门,实现各部门间业务的协同、数据的共享与关联,为各相关部门的规划编制和行政管理提供技术支撑,形成相互促进、协同发展的工作局面,同时提升城市规划的权威性。

3.2.3 决策

决策,即更深入的智能化。在规划编制管理和规划实施管理过程中,采用更多的新技术手段,建立更加智能的规划支持系统和规划决策系统,以更好地体现城市规划公共政策属性,提供更加高效的公众服务。

3.3 智慧规划的性质

3.3.1 知识融合性

智慧规划所涉及的知识与技术极为广泛,以经济学、社会学、文化学、环境学、地理学、城市规划学、计算机科学等多学科理论和研究为基础,综合运用物联网、云计算、地理信息系统、遥感、全球定位系统和三维动画等技术手段,开展多学科交叉、融合的新技术应用研究是智慧规划的重要特征。

3.3.2 网络互通性

信息间的彼此关联可以极大地提升信息的价值。智慧规划系统需要实现高度的内部和外部的互联,这些互联不仅表现在网络的联通上,更重要的是要实现数据的共享和业务的交互。

3.3.3 资源池化性

采用池化思想组织资源,实现资源的动态配置及可伸缩,是提高资源利用率及系统可扩展能力、提升系统复用能力的重要手段。

3.3.4 数据集成性

城市规划作为一门综合学科,需要具有对多源、异构、多时相的信息进行综合处理的能力。因此,智慧规划系统需要具有与智慧城市的其他组成部分的集成能力,如智慧电力、智慧医疗、智慧交通和智慧环保等。

3.3.5 信息共享性

实现规划信息的公开与共享,推行"开门规划"的理念,采用全民参与、集思广益、群策群力的新规划模式,是推进公共利益保护、创建社会主义和谐社会的重要途径。因此,公开和共享也是智慧规划的重要特性。

3.3.6 预知主动性

在智慧规划阶段,要实现规划管理过程中被动检查向主动预警、事后改正向事前预防的转变。

3.3.7 服务智能性

要建立完善的数据仓库,应具有较强的 ETL(抽取、转换、加载)及数据挖掘的能力,并拥有齐全的规划管理全过程支持模型。实现智能的用户交互是服务智能性的核心内容。

3.4 智慧规划的总体框架设计

智慧规划主要由基础设施云服务层、资源云服务层、平台云服务层和应用云服务层组成,这些层组成了数据感控中心、网络交互中心及应用决策中心(图 2)。

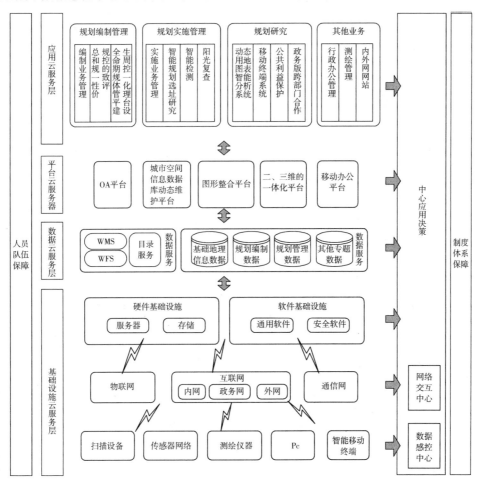

图 2 智慧规划总体框架

3.5 智慧规划与智慧城市、数字规划的关系

数字规划是智慧规划的基础,两个概念在外延上有所区别,不需要从内涵上进行分割。智慧规划是数字规划的传承和创新,是数字规划的发展方向,是智慧城市的重要组成部分。一方面,它遵从智慧城市建设的指导思想和顶层设计框架;另一方面,又促进和支撑智慧城市的建设,并与智慧城市的其他组成部分有机整合,有效发挥智慧城市的服务功能。

4　智慧规划建设探索

4.1　建设思路

在智慧规划的系统设计上要重视顶层设计,在关注重点上要突出公共利益,在技术手段上要及时吸纳新技术,在系统建设上要因地制宜。

4.2　智慧规划的建设内容

数字规划向智慧规划的迈进主要体现在规划管理方面(规划编制管理、规划实施管理和规划研究等的全过程)。通过打造智慧规划的基础设施、专业构件、应用软件及数据四个方面的服务平台,使规划管理具有更透彻的感知,并实现更全面的互联互通和更深入的智能化。

4.2.1　打造多渠道、可伸缩的智慧规划基础设施服务平台(SP_IaaS)

智慧规划基础设施服务平台(SP_IaaS)是一个整合的、安全的、自动化的、易扩展的、高性能的、服务于规划行业的开放性平台,其将基础设施资源作为服务交付使用,实现全面的、真正的虚拟化 IaaS 平台。在该平台中,信息传感器、服务器、存储系统、网络系统等硬件资源都是以弹性的、共享的、标准化的方式整合使用,为进一步实现感知化、互联化、智能化的智慧规划奠定先进而坚实的 IT 基础。

改变传统的"烟囱式"系统建设方式,构建 IaaS 模式的智慧规划基础设施云平台,能够为智慧规划各个业务系统提供数据接收、存储、处理、交换、分析和整合等服务,从而提高智慧规划数据中心的硬件资源利用率,同时也确保了系统的高可用性和稳定性。

信息感知和控制是智慧规划基础设施服务平台的信息获取和控制部分。通过物联网等技术的应用,城市规划管理部门可以实时获取规划管理所需的各类交通、市政、环保等基础资料,为智慧规划提供重要的数据支撑。

4.2.2　打造高整合、可复用的智慧规划专业构件服务平台(SP_PaaS)

智慧规划专业构件服务平台(SP_PaaS)基于规划中常用的 AutoCAD、ArcGIS 等各类底层专业平台,从规划实施、规划编制、用地管理、行政办公等应用系统的实现入手,分析系统功能模块的相关性,合并整合相同或相似的功能,形成相对独立的专业构件,实现构件调用的接口,打造智慧规划专业构件服务平台。

智慧规划专业构件服务平台基于通用性考虑,充分体现出可配置、可扩展的特征,体现了代码维护量最小、复用度最高及模块化的管理理念,便于应用系统的灵活搭建、高效维护。其主要内容包括:① OA 平台——负责业务表单和报表的设计与表现,构建业务流程及流转;② 城市空间信息数据库动态维护平台——通过统一的数据操作接口,实现涵盖各类数据质检、建库、更新的软件工具功能;③ 图形整合平台——模块化实现图形的浏览、查询、编辑、统计、分析及制图等图形操作;④ 二、三维的一体化平台——实现二、三维的一体化管理、查询、展示;⑤ 移动办公平

台——基于 3G 无线网络,依托移动设备实现全新的工作模式。

4.2.3　打造人性化、智能化的智慧规划应用软件服务平台(SP_SaaS)

智慧规划应用软件服务平台(SP_SaaS)对城市规划的各种应用进行统一管理及按需分配,并通过服务构建应用的框架,依托 SP_IaaS、SP_PaaS 提供的服务,充分考虑服务器、存储设备、Oracle、MS SQL 以及 ArcGIS、AutoCAD 等专业软件对于云计算的支持,快速搭建智慧规划的各个应用系统。该平台对各类应用进行统一的管理,实现规划应用的有序和可复用,同时针对不同的用户群体的需求,分配不同的应用服务,如为规划审批人员分配"一书两证"系统,为区县分配城乡一体化系统,为编研中心分配成果查询、规划研究等应用。通过智慧规划应用软件服务平台的建设,可以实现规划辅助设计、规划审批、规划监察等规划管理工作的辅助决策,使规划管理工作的效能实现最大化,为城市规划提供全方位的服务。随着城市规划的发展,该平台的应用也越来越广泛。

4.2.4　打造高质量、种类全的智慧规划数据服务平台(SP_DaaS)

智慧规划数据服务平台(SP_DaaS)以共享共建的思想建立数据标准;以整合的思路构建多维数据仓库;以应用为导向形成涉密版、政务版和公众版等专题数据集市;以服务的方式,基于 OGC 等规范,通过 WMS、WFS 等提供数据服务;以集中的方式存储数据的元数据并提供目录服务,便于数据的检索和调取,为规划管理提供数据支撑。通过智慧规划数据服务平台的构建,用户无需了解规划管理数据存储的细节,充分保证了共享数据仓库的低延迟性、高扩性和高可用性。

为了保障上述四类服务平台的建设,需要组建一套包括管理部门、实施部门、支持部门等在内的高效率、高水平的队伍,并打造一套包括发展规划、年度计划、管理制度在内的高完备、易实施的制度体系,以推进智慧规划的制定、落实、运维、监督和评估工作。

5　结语

综上所述,从数字规划到智慧规划经历了标准化、动态化和智慧化三个发展阶段,这是城市规划发展的必然,是一种传承和发扬。本文对智慧规划的概念、性质、特征、框架和建设内容进行的分析,希望能对行业发展和其他城市的规划管理起到抛砖引玉的作用,同时,各个城市也应结合自身实际情况去开展各项规划管理工作。当然,智慧规划的研究和应用刚刚拉开序幕,本文的研究还存在诸多不足,对于智慧规划建设的内容、实现途径的确认等均需要进行进一步的研究,智慧规划的明天也需要全体规划人员付出加倍的努力。

参考文献

[1] WANG Furong, XU Jiangang, CUI Bei, et al. Research and Practice on the Third Generation Urban Planning E-government Platform[A]. The International Conference on E-Business and E-Government [C]. 2010.

[2] 周岚,叶斌,王芙蓉,等.基于 3S 的历史文化资源普查与利用——以南京市为例[J].规划师,2010(4):72-77.

[3] 周岚,叶斌,王芙蓉,等.基于 GIS 的城市历史空间格局数字复原研究——以南京市为例[J].规划师,2011(4):63-68.

[4] 李德仁,邵振峰,杨小敏.从数字城市到智慧城市的理论与实践[J].地理空间信息,2011(6):1-5.

[5] 黄天航,刘瑞霖,党安荣.智慧城市发展与低碳经济[J].北京规划建设,2011(2):39-44.

(本文原载于《规划师》2013 年第 2 期)

平台·通道·流转·服务

——基于城市规划行政管理部门信息资源体系建设的研究

陈定荣　屠定敏　崔　蓓

摘　要:本文在全面分析和充分认识城市规划行政管理部门信息资源流转过程的各个环节及其主要问题的基础上,针对城市规划源数据的管理,数据流转通道、平台的建设和应用,数据流转体系的建立以及数据信息的共享和服务进行了一系列的分析和研究,以期通过城市规划信息资源体系的建设,最终形成"以基础地理数据为支撑、以政策法规规章为指导、以编制成果数据为依托、以审批结果数据为参考"的规划工作框架,真正实现城市规划事业"图文管理一体化、信息资源共享化、流转更新实时化、数据管理人性化和政务办公电子化"。

关键词:城市规划行政管理部门;南京;信息资源;平台;数据流转;共享;服务

1　起语

1.1　背景

当今世界,人类社会正经历着前所未有的信息化大潮的冲击,并飞速改变着世界的经济格局、产业结构、管理理念和决策方式。近年来,在迅猛发展的"电子商务"的强劲推动下,"电子政府""网上办公系统"的建设出现了空前的热潮,探索以前所未有的方式来获取、储存、掌握有关我们城市的各种环境和人文现象的信息,追求对这些信息资源最大限度的共享,提升人们最广泛利用信息资源的应用价值,已成为新一轮公共行政管理改革和衡量城市竞争力水平的显著标志之一。

1.2　意义

以 GIS 为核心的地理空间信息技术是"数字城市"的核心应用技术,它与无线通信、宽带网络和无线网络日趋融合在一起,为城市生活和商务提供了一种立体的、多层面的信息服务体系,其本质是建设空间信息基础设施并在此基础上深度开发和整合应用各种信息资源。它的深入开发和广泛应用,将有利于服务政府、企业、市民,有利于服务城市规划、城市建设和城市管理,有利于服务经济社会、资源环境、人口的可持续发展的信息基础设施和信息系统的建设。

"电子政务"作为"地图化的政府办公系统"在"电子政府"中的应用,它是各级政府加载各种专业信息和政务信息(MIS)的通用平台,是将城市空间信息与属性信息 (GIS) 进行归类、整理、提炼、加工,并为政府机关管理政府业务和决策分析提供有效帮助,是各级政府部门最终实现"电子政府"的必不可少的基础。

1.3 必要性

"数字城市""电子政府"的建设,对城市规划和建设管理提出了更高的要求。城市的规划、管理与服务水平的高低从某种程度上讲,是衡量一个城市经济社会发展水平的重要标志,是一个城市文明程度的具体体现,也反映出一个城市的现代化建设程度。随着社会经济的不断发展,城市化进程的不断加快,城市规划和管理的信息资源变得越来越纷繁和庞杂,对这些信息的整合、归纳、储存和使用显得尤为迫切。城市规划和管理逐渐依赖于数字化的城市信息进行分析、研究和决策,城市信息化工作的发展亦直接影响到规划管理的效率和质量。一个城市的城市规划行政主管部门作为城市资源配置的重要职能部门,加速实现信息化,不仅是城市规划管理部门自身建设的迫切需要,也是城市建设和发展的必然要求。

本文试图通过对城市规划信息资源的整合、归纳,以政府城市规划行政主管部门信息资源的体系建设研究为突破口,寻求规划信息资源在城市社会和经济发展过程中的运营之道,不当之处,敬请指正。

2 数据的梳理,资源的整合

2.1 源数据的管理

随着信息时代的到来,信息赖以生存的源数据渠道是否正宗?其可信度如何?跟数据建设的平台的兼容性、链接度又怎样?这些都是我们必须面对且又不可忽视的问题。为此我们必须建立一套"甄别数据有法、畅通渠道有序、分类体系可控"的源数据接收机制,通过对数据来源的归纳、整理和分类,建立相应的标准规范,为后续数据流转奠定基础,以保障数据"来而有效、用可鉴别、调而可信"。

2.2 数据的分类

当今社会,城市建设飞速发展,城市规划行业信息纷繁,门类众多,如不加甄别,全盘接收,不仅带来数据通道的堵塞,存贮空间的浪费,查找运用的不便,严重的甚至造成系统的瘫痪。为此,对信息资源进行分类管理势在必行。

根据数据来源渠道的不同,数据可分为内部数据和外部数据两类。内部数据包括测绘资料数据、规划资料数据、行政事务数据等;外部数据包括法律法规数据、社会经济数据、外部参考数据等。

根据数据的类型区别来分,数据可分为基础空间地理数据、规划审批结果数据、规划编制数据、综合管线数据、行政事务数据、法律法规数据、其他专项数据等。

根据应用程度的不同来分,数据可分为基础数据、律法数据、参考数据、过程数据等。

根据存贮方式或介质的不同,数据又可分为纸质文本数据、光盘数据、磁带库数据、网络数据等。

2.3　数据的主要内容

从数据管理和应用的角度来看,以数据的类型区别进行分类,既直观易读,又能保证数据结构清晰。基于这种认识,我们将数据分为 6 大类 18 项。

(1) 基础空间地理数据,包括:数字线化图(地形图、地下管线图)、正射影像图(航天、航空遥感图)、数字高程模型图和城市各类地图 4 项;

(2) 规划审批结果数据,包括:选址用地红线数据、建筑工程(要点、方案、施工图)审批数据、市政工程(用地、管线)审批数据和规划建设外部条件(六线)数据 4 项;

(3) 规划编制数据,包括:规划编制要点、规划编制成果 2 项;

(4) 行政事务数据,包括:日常公文材料、机关内部文件、上级部门政策文件和其他文件、通知等 4 项;

(5) 法律法规数据,包括:国家法律法规、行业标准规范、地方性法规规章等 3 项;

(6) 其他专项数据,主要指城市规划行政管理部门以外的政府行政职能部门日常运作过程中的与城市建设相关的专项数据,例如:商贸数据、旅游数据等。

3　顺畅的通道,有序的管理

3.1　通道的表现形式

信息资源是动态的、不断变化的,它通过不同的通道进行流转。针对城市规划管理部门来说,信息资源通道的表现形式分为前续通道、后续通道和数据管理中心内部运转通道三种,其中内部通道在第五节种阐述,本节主要阐述前两种通道。前续通道指的是数据管理中心获取信息资源的通道,如:从规划编制单位处获取规划编制数据,从测绘生产单位处获取基础空间地理数据等;后续通道指的是数据管理中心将自身拥有的信息资源进行共享和对外提供应用,实现服务政府、服务社会及服务公众的目标。

3.2　理顺关系,规范通道

一方面,通道的存在使处在不同部门的数据保持着紧密的、必然的联系。为此,接收数据时需要辨别自身的信息资源和原始提供的信息资源的契合关系,并要整理使用者对提取的信息资源的要求,找出其中的共性和差异,只有理顺了之间的关系才能完整无误地接收或提供信息资源。

另一方面,通道的存在延伸和拓展了数据管理中心与外界单位或个人的关系。为保障信息资源的操作者在一个良好的氛围中对信息资源进行操作,确保数据正确、及时、高效地流转,必须明确各自部门的权责,处理好其中的关系。

为了保障数据通道的畅通无阻,需要制定相应的规章制度来保驾护航。针对前续通道,需要建立:测绘数据生产标准、规划辅助制图标准、元数据标准、数据入库标准等规范标准;针对数据管理过程来说,需要制定相应的规章制度规范各个操作环节;针对后续通道,需要建立数据成果使用规定、数据共享机制等规范性文件。

3.3 加强管理,层次推进

无论数据规范还是规章制度,均要有一个强有力的执行者,否则只能是一纸空文。为此,需要加强管理力度,权责分明,做到有的放矢。同时,要认识到管理的加强不能一蹴而就,要在统筹规划、统一设计的基础上,分步实施。对于规范性文件的制定,应遵循"急用先行,成熟一批、制定一批,规范一批、推广一批、使用一批"的原则。目前,南京市规划局已经制定了《1∶500、1∶1 000、1∶2 000矢量地形图数据标准》,并通过了专家评审,同时着手《计算机辅助制图规范及成果归档数据标准》和《规划控制单元标准》的编写,为南京市规划管理工作及以后的层次推进打下了坚实基础。

4 有机的平台,建设的基础

4.1 平台构筑的要素

城市规划管理部门信息资源体系的平台主要指的是服务于信息化工作的软硬件平台和网络平台。其中,硬件平台包括机房、服务器群等;软件平台包括操作系统、数据库系统以及支撑图形系统数据运行的GIS基础平台等。

4.2 平台构筑的原则

平台构筑的原则主要包括6个方面:

(1) 先进性原则:在工作推进过程中,因涉及的相关技术较多,在技术方向的选择上,要确保先进稳定性,以满足系统的功能要求。

(2) 实用性原则:紧紧围绕城市规划行政管理部门的职能目标和工作任务,突出建设的实用性,不追求花架子。

(3) 试验窗口原则:先在一个部门或单位试点、示范,总结经验后再推广到全局范围。

(4) 安全稳定性原则:保证平台的抗干扰能力;在错误干扰下系统重新恢复和启动的能力;维护数据安全性的能力。

(5) 经济性原则:平台建设的奋斗目标要认真考虑建设的经济性,按轻重缓急精心组织系统结构,使平台建设成果运行高效且经济节约。

(6) 可维护性和可扩展性原则:为确保工作的可持续发展,建设实施方案应具有较强的可维护性和扩展性。当机构调整、人事变动、业务内容与流程变更时,能方便地进行相应的调整,以适应使用需求的变化。

4.3 平台建设的思路

平台建设主要包括硬件平台建设、软件平台建设和网络建设三部分。

(1) 硬件平台建设分机房建设和服务器群建设

建立标准的机房是数据管理中心运营的依托,其建设除了要符合国家相关标准外,用电、专用空调等设施需有足够的冗余备份,具有先进的监控报警手段,同时具备若干台中小型机甚至大型机的运行备件。除主机房外,还需建立异地备份机房,通过高速光纤联通,作为主系统的远程异地备份,以便在主系统遭遇灾难性毁坏时,能尽快启动应急补救方案。服务器群的建设是数据库系统建立和应用系统开发的保证,是机房建设和网络升级的基本条件,建设时需配备一定数量的系统服务器、数据库服务器、应用服务器、网络服务器、光纤柜、磁带机等设备。

（2）软件平台建设包括操作系统和数据库的选择应用

操作系统平台的选择应充分考虑与现有操作平台的衔接和继承性,以及用户对该平台软件使用的熟悉度和便利性。数据库平台的选择也需全面考虑软件平台对空间图形数据处理的支持能力、对海量数据的存储管理能力、对并发访问的控制能力、对联机事务处理的能力以及具备相当完善的安全管理控制功能、数据备份恢复功能。软件平台配置的重点是选择合适的 GIS 基础平台,以最大限度满足用户的业务需求(例如:海量数据管理、数据库的长事务处理、数据的版本管理等),同时考虑平台支持力量、用户群体范围、性能价格比、管理数据的能力以及对 CAD 图形文件的支持力度等。

（3）网络建设要具有完善的整体解决方案,以建立科学、高效、安全的网络

建设标准近期内考虑千兆以太网,远期将部门主干网络升级到万兆以上网络。重要服务器通过链路聚合等技术保证带宽在千兆以上,通过 VLAN 划分增加网络的效率和安全管理能力,注重提升网络安全和管理能力。通过新技术实现物理隔离的内外网数据交换能力。随着无线网络特别是无线 LAN 技术的发展为部门内部提供部分无线联网功能,最终实现优良的网络服务质量(如图1)。

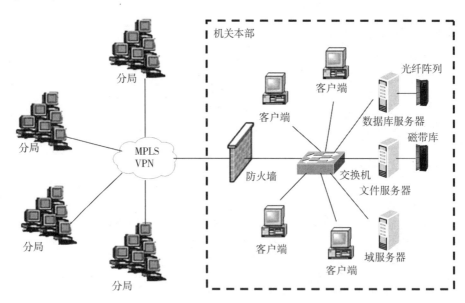

图1　以南京市规划局为例的网络建设拓扑现状图

4.4　可拓展的平台建设

在对平台进行建设时,需要充分考虑两个方面的需求。一是当城市规划管理部门内部对信息资源体系平台的需求发生变化时,平台要有较强的适应性,能够较快地满足不断变化的需求;二是随着社会的进步和科技的发展,当平台建设运用新技术以提高平台的性能时,平台自身既能较为成功地采纳新技术,而又不影响当前的需求,确保应用发展两相宜。

5 高效的流转，可控的环节

5.1 流转体系环节分析

为创建"运转高效、渠道畅通、更新有序、使用方便"的规划数据流转体系的目标，有必要对流转体系的各个环节进行梳理，以保持各环节的上、下序沟通顺畅、运转灵活，从而保证数据流转体系运营的有机和健全。

一个城市的城市规划区往往涉及范围面积较大，分布区域情况各异，加上管理部门的内设处室较多带来了数据来源渠道广泛，数据名目种类繁多，存储介质方式多样，格式五花八门，从而造成数据质量参差不齐。虽然作为数据库来说可以"海纳百川"，但数据本身必须具有可融合、便识别、标准化、规范化的特点，才能保证数据的正常流转，为此从数据接收到数据整合，必须经过一定的质量检查和标准验收环节方可契合入库的精度和深度要求。

鉴于城市规划信息数据来源的特殊性使得其运转流程不能照搬其他行业的模式，必须根据其数据本身的特点不断总结经验，探索规律，寻求关键，将数据流转体系朝规范化、制度化、高效化推进。

5.2 管理点的设立与控制

从数据运转过程中所涉及的要素入手分析，建立高效的数据流转运作模式必须依靠管理点的控制，加强流程控管，协调渠道运作，才能保证流转体系运作的集约化、效能化、科学化和有序化。根据日常数据管理工作的经验，我们认为在数据流转过程中以下6个管理点需要进行重点监控。

(1) 数据接收管理点：必须明确城市规划管理部门内各职能部门的数据收集职责，确保各数据源入口设置科学安全顺畅。

(2) 数据质检管理点：制定规划、测绘、市政等数据生产标准，形成数据验收制度，指定验收部门，从内容、格式两方面把关，使入库数据既保证质量又具现势性，确保各类数据的可信度。

(3) 数据建库管理点：面对各具特色的数据，在投入共享服务前需针对不同的数据类型定制加工入库方案。首先要建立灵活的数据存储备份手段，电子数据必须采用多形式异地存储的方式，以确保数据安全，避免损坏丢失；其次要建立直观快捷的数据共享途径，开辟专用空间，设置共享权限；第三要建设便于查找、易于分类的各种数据库，满足用户在基础平台上的不同业务需求。

(4) 平台建设管理点：借助平台建设单位新技术开发应用的独特优势，建立界面友善、可操可控、兼备拓展的基础平台，通过平台辅助规划决策、规范业务管理、提高数据运作效率。

(5) 数据调阅和下载管理点：分析各类数据的使用保密级别，制定各级使用权限，明确审查数据安全部门，保障数据调阅、下载安全有序。

(6) 数据更新管理点：动态更新是信息资源保持旺盛生命力和现势时代性的主要途径。建立灵活多样、针对性较强的动态更新机制，是各类数据满足城市信息化建设工作需求的保证。

5.3 高效流转体系的建立

基于上述分析,我们根据南京市规划局日常管理模式特点定制了流转体系,现以框图形式举例表示,见图2。

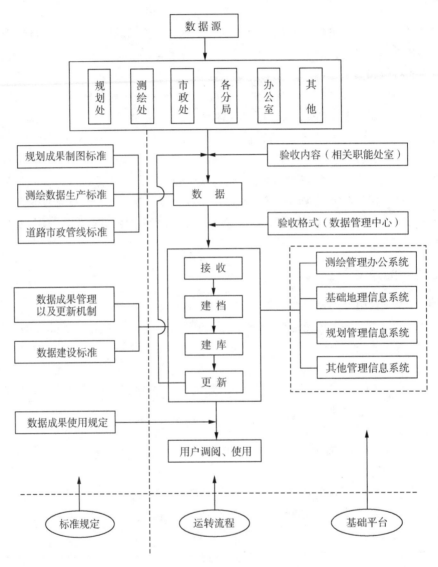

图 2 南京市规划局数据流转体系框图

6 完善的体系,健全的架构

6.1 体系的组成

对于城市规划管理部门的信息化运作,需要一个完善的信息资源体系,其内容主要包括数据标准体系、安全体系、组织保障体系、网络支撑平台、软硬件平台、各种数据所组成的数据库以及为了保障信息资源高效流转而建立的应用系统。

6.2 建设的总体思路

城市规划管理部门信息资源体系建设的总体思路应该是以相应的数据标准体系、安全体系以及组织保障体系为前提,以网络支撑平台、软硬件平台为基础,以 6 数据库为核心,以 10 个应用系统为具体表现形式,其具体关系见图 3。

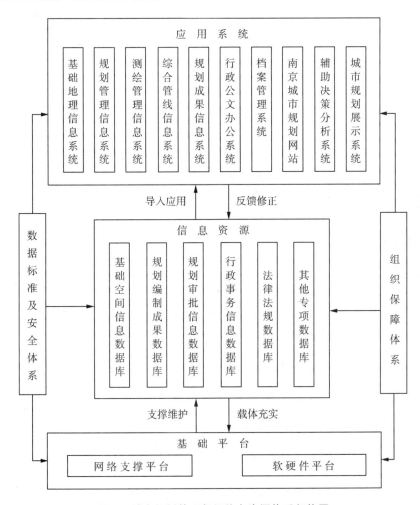

图3　城市规划管理部门信息资源体系架构图

6.3 体系建设的风险分析

在信息资源体系建立过程中,计划立项、项目招标、项目实施、项目论证、系统运行的任何一个环节都存在不同程度、不同层面带来的风险。

首先是技术风险,当今信息技术的发展极其迅速,技术的不断进步导致系统刚刚建成就面临淘汰的风险;其次是协调风险,主要包括项目承担单位与系统的应用部门、最终用户之间的需求一致性的风险,项目承担单位与系统开发方及数据生产单位之间的协调风险,项目招标的过程风险;第三是执行风险,项目资金不足往往影响系统的正常实施,项目开发人员的变动也会造成系统核心技术无法掌握和交接,此外,由于需求的变化还会导致项目系统结构大调整甚至形成项目无限期延期的风险。

6.4 体系建设的保障措施

城市规划信息资源体系的建设既是复杂的系统工程,又是对现行制度的创新。它不仅涉及人、财、物的投入,而且涉及人们思想观念、传统管理方式和工作习惯的变革,涉及利益的调整、工作的协调与业务的重组,其中任何一个工作环节不到位,都会影响整个体系建设进程。因此,必须采取切实有效的措施,为规划信息资源体系建设提供可靠的机构、制度、人才和经费保障。

7 信息的共享,良好的服务

数据信息收集、整合、建库的最终目的是为了实现信息共享和用户使用,是为了最大程度的挖掘和发挥整合后的城市规划信息数据的效用,为政府、企业、市民提供内容丰富、咨询准确的城市规划数据。信息共享服务的对象涵盖城市的多个层面,整合后的数据信息主要面向规划管理部门的日常业务办公、规划编制单位的设计修改和重点建设项目的预算研究,同时兼顾政府、企业、市民对信息咨询及技术服务的需求。针对服务对象建设综合有效的信息管理办法与共享途径对提供优质的信息服务是极其必要的。

7.1 数据服务

城市规划管理部门必须建立一个数据管理中心负责统一管理信息数据,并履行数据的分发和服务职能。在部门内部的数据共享与分发工作中,数据管理中心除了采用纸质打印、光盘刻录、共享拷贝等常规方式外,还可根据各类数据的调用规定和用途量身定制电子数据服务管理系统;最终形成"检索方便、调用留痕、沟通顺畅、反馈及时"的数据服务途径,提高工作效率,辅助科学决策。

当面向社会外界提供信息咨询、技术服务时,数据管理中心开辟对外服务窗口、建设规划在线网站,通过互联网发布信息、公示规划成果、举办展览讲座、设立咨询热线、开发触摸屏查询系统等途径将规划信息资源共享给社会,以达到"公开政务、服务民众"的目的。

目前,南京市规划局的信息共享及对外服务主要体现在以下几个方面:一是将规划和建设管理审批信息渗透规划管理信息系统中,通过核发"一书两证"等证书服务于开发建设单位,通过统计各类审批信息为市建设审批政务中心提供动态数据;二是将上级政府的各类文件通过网络传输和办公自动化系统的运行,联系各处室、各分局及其下属单位及时掌握政策、会知文件精神,对文件实施网络办理,确保文件动态共享和查询、下载、打印等服务;三是通过建立规划编制成果库、基础地理信息库,辅之以相关规定,确保上述成果的应用,实时更新和资料汇总,为规划管理部门、编制单位、建设单位在项目建设管理过程中的使用提供便捷的服务。

7.2 发展前景

城市规划信息资源是城市建设发展过程中的重要资源,整合后的信息只有通过共享、使用才能实现其存在的价值。目前信息服务还处于初级阶段,随着"数字城市""电子政务"如火如荼地开展,城市建设、生产布局、招商引资、市民生活等方面对城市规划信息的需求已从静态需求发展到动态追随,因此加强制度建设、优化服务平台、丰富提炼技术、保障共享安全、培养专业队伍、消除信息孤岛已刻不容缓,需要信息化工作人员不断地探索和完善。

8 结 语

信息资源体系的建设是一项庞大复杂的系统工程,对"数字城市"的可持续发展将起到非常重要的作用,需要各部门、各单位包括每一位信息化工作者的共同努力。

信息资源体系的建设不会是一帆风顺的,要求我们在今后的工作中通过加强领导、健全机构、明确规划信息体系建设工作责任制,全面规划、分步实施、因地制宜、量力而行,加大体系建设的资金投入力度,建立保证数据流转正常运行的长期的维护、更新和增值机制,树立创新意识、加强产、学、研结合等措施来保障。

最终通过城市规划信息资源的体系的建设,我们期望能建立"以基础地理数据为支撑、以政策法规规章为指导、以编制成果数据为依托、以审批结果数据为参考"的规划工作框架,真正实现城市规划事业"图文管理一体化、信息资源共享化、流转更新实时化、数据管理人性化和政务办公电子化"。

Platform · Channel · Flow · Service

——The paper is focus on the research of the construction of the information
resource system in the urban planning administration

Chen Dingrong Tu Dingmin Cui Bei

Abstract:In the text after fully analysis and recognition of various nodes and main issues in the operation of the information resource system for urban planning administration, we has made a series of analysis and researches on the management of supply data, data flow channels, the construction and application of the platform, the establishment for the data flow and the share and service of the data information. The construction for information resource system of urban planning administration will help form a kind of planning work structure which will be supported by basic geographical data, guided by policy and regulations, depended on the planning achievements and take the approval data as reference, and finally realize the unified-management for graphics and documents, share of information resource, information flow and update in real-time, humanity management for data and digitalized administration.

Key words:urban planning administration; nanjing; information resource; platform; data flow; share; service

(本文原载于《现代城市研究》2010年第10期,曾获南京市科协第十一届优秀学术论文奖)

"数字规划信息平台"高可用性建设与优化研究
——以南京市"数字规划信息平台"为例

崔 蓓 周 亮 窦 炜 陈 辉

摘 要:本文对南京市"数字规划信息平台"的高可用性与系统安全进行了现状分析,提出了基于集群等技术的改造方案。通过改造降低了系统灾难风险,缩减了灾后恢复的时间,提高了系统安全性、负载能力及性能。

关键词:集群;高可用;灾备系统

1 前言

随着信息技术的深入发展,当前各企事业单位的办公已逐渐都转换为电子化办公,各单位对信息系统的依赖也越来越大。相比传统的办公模式,电子化办公在带来便利的同时,也扩大了各种风险,如果考虑不周,一旦系统出现故障将带来巨大的损失。调查显示 20% 的企业平均 5 年就会遇到一次影响公司运营的意外情况。灾难发生的后果,往往是企业所无法承受的。

"数字规划信息平台"作为规划局的业务与数据平台,是规划局各职能部门办公的平台,同时管理着规划局的各类基础地理、规划编制、规划实施、规划监察等数据,一旦发生故障,后果不堪设想,因此保障其高可用运行与数据安全非常重要。

2 原系统结构分析

南京市"数字规划信息平台"是一个典型的电子政务系统,其具有以下特点:业务量大、数据量大、关联性强、时效性强、依赖性强、图文一体、数据安全要求高、运行效率要求高等。

2.1 原系统架构

如图 1 所示,原系统架构共由 4 台服务器组成,分别为:

(1) Web 及应用服务器:运行 IIS、工作流等服务;

(2) 业务数据库服务器:运行 SQL Server,存储表单、报表、多媒体以及系统流程相关数据;

(3) 矢量图形数据库服务器:运行 Oracle 数据库及 ArcSDE,存储业务相关图形数据、制图整饰数据、规划编制数据、基础地形数据等;

(4) 影像数据库服务器:运行 Oracle 及 ArcSDE,存储各类卫星影像及航空影像数据。

其中,所有数据库服务器的数据都存储在一个磁盘阵列中。

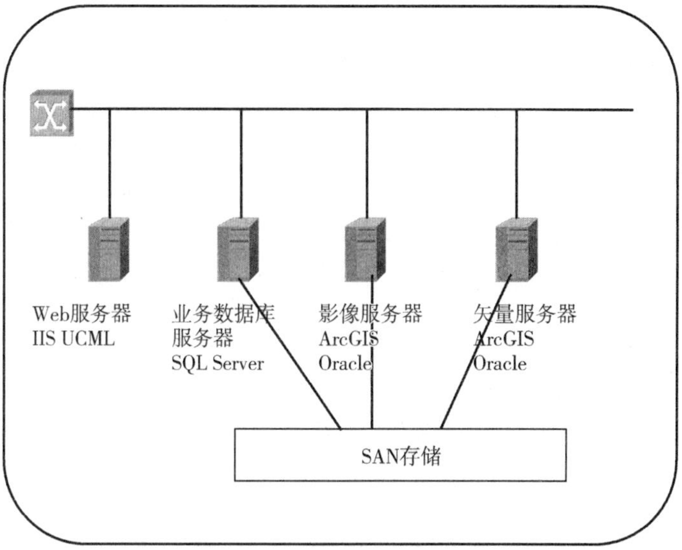

图 1　原系统架构

2.2　存在的问题

由于在系统建设初期,经费等各方面因素的影响,对系统、数据安全及应用负载等没有充分考虑,所有服务器均处于单结点运行状态,主要存在以下风险:

(1) 病毒破坏、漏洞攻击等原因造成系统宕机后要很长时间才能恢复;

(2) 服务器、存储硬件故障等原因造成的操作系统损害或数据丢失;

(3) 高负载下系统性能急剧下降;

(4) ArcSDE 和数据库共用一台服务器,造成资源紧张,并相互影响。

3　系统改造及优化

3.1　改造的原则

(1) 根据实际情况设定不同的 RTO(Recovery Time Objective,恢复时间目标)、RPO(Recovery Point Objective,恢复点目标)。

从影响程度的角度来看,灾备系统的技术指标可以通过两个参数来评估:RTO 和 RPO。RTO 指灾难发生后,信息系统或业务功能从停顿到必须恢复的时间要求,是衡量一个机构从灾难发生到恢复系统运行所需要的时间,也是一个机构所能承受的最常恢复时间。RPO 指灾难发生后,系统和数据必须恢复的时间点要求,是衡量数据在灾难发生后恢复的时效性,也是一个机构在灾难发生后所能承受的最大数据损失。

理想状态下,希望 RTO=0,RPO=0,即灾难发生对生产毫无影响,既不会导致生产停顿,也不会导致生产数据丢失。但显然这不现实。RTO 时间越短,即要求在更短的时间内恢复至可使用状态,这同时也意味着更多成本的投入,即可能需要购买更快的存储设备或高可用性软件,RTO 与成本的关系如图 2 所示(RPO 与次类似,不再赘述)。由于成本有限,对于不同的模块应根据需求设定相应的 RTO、RPO 目标。

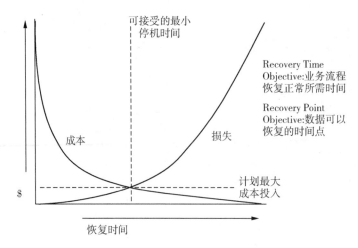

图 2　RTO、RPO 与成本的关系

　　各服务对于 RTO 和 RPO 的要求如表 1 所示。由于业务数据库和矢量图形数据库中存放的是数字规划平台日常办公的数据,其宕机将导致整个规划局的业务系统无法正常运转,因此对 RTO 和 RPO 有很高的要求。对于影像数据库由于其只作为平时办公的背景资料,且更新不频繁,因此可适当地降低 RTO 目标,设定较低的 RPO 目标。

表 1　各服务的 RTO、RPO 要求

序号	服务	RTO 目标	RPO 目标
①	业务数据库服务	高要求	高要求
②	矢量图形数据库服务	高要求	高要求
③	影像数据库服务	较高要求	较低要求
④	WEB 及应用服务	高要求	低要求
⑤	ArcSDE 服务	高要求	低要求

　　(2)尽可能地利用资源,在实现灾备的同时尽量做到负载均衡。

　　(3)适当降低不同模块在服务器上的耦合程度,减少相互影响带来的风险。

3.2　改造的方法

　　(1)使各模块功能相对独立,松耦合配置。主要是将 ArcSDE 服务器独立出来。

　　(2)采用 OracleRAC 和 Windows 集群等技术进行数据库集群。实现当单个数据库服务器系统发生故障时不中断业务运行。

　　(3)采用 Oracle Data Gurad 和数据库镜像、虚拟化等技术建立影子中心。当集群系统整体出现故障时,可实现在较短时间内恢复业务系统的运行,同时实现了数据的实时备份,当 SAN 存储出现故障时,保障数据不丢失。

　　(4)建立自动备份系统,保证了备份的自动化,降低了由维护员的操作带来的风险,备份集的多处保留,使备份可用性得到了提升。

3.3 集群系统建设

3.3.1 矢量图形数据库集群

如图3所示,此次矢量图形数据库的改造采用了 Oracle RAC 技术进行了双机集群。使用了两台新增的高端服务器作为矢量数据库服务器,并利用原有的磁盘阵列重新创建了矢量数据库。新矢量图形数据库具有以下特点:

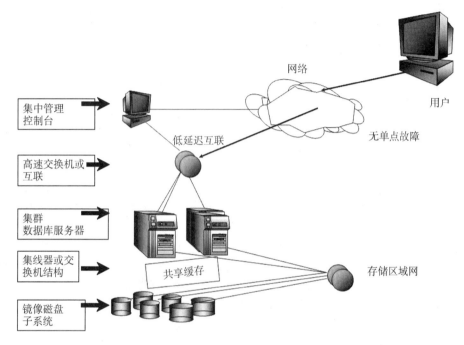

图3 矢量图形数据库集群

(1) 失败切换

如果集群内的一个节点发生故障,矢量数据库将可以继续在另一台节点上运行,大大降低了系统的宕机带来的影响。同时可在不服务的情况下有计划地对系统进行运维。

(2) 负载均衡

日常访问平均分布在两台服务器上,在提升系统高发访问性能的同时最大化保护了投资。

(3) 轻松扩展

如果未来系统需要更高的处理能力,新的节点可轻松添加至集群。提高运算能力。

(4) 高速缓存合并

新系统的另一个主要创新是高速缓存合并的技术。高速缓存合并使得集群中的节点可以通过高速集群互联高效地同步其内存高速缓存,从而最大限度地降低磁盘 I/O。

3.3.2 业务数据库集群

对于业务数据库的改造,利用了 Windows Server 2003 中的内置群集功能。当某一节点发生故障时,群集能够实现自动故障转移,且所有的过程对用户都是透明的。图4是这次群集配置的结构图。该集群由两个共享磁盘的服务器组成。各应用程序被安装到一个称为"资源组"的 Microsoft 群集服务(MSCS)群集组中。在任何时候,每个资源组都仅属于群集中的一个节点。该服务具有一个与节点名称无关的虚拟名称,称为故障转移群集实例名称。应用程序可以通过引用故障转移群集实例名称与故障转移群集实例连接,且不必知道哪一节点承载该故障转移群集实例。

此次重新构建的业务数据库也同时具有失败切换和负载均衡功能。但不同于 Oracle RAC 技术,SQL Server 集群无法直接实现负载均衡,而是将原系统 SQL Server 中相对独立的数据库分别配置在不同的集群节点上,并形成互备,这样实现的资源的充分利用,提高了系统效率。

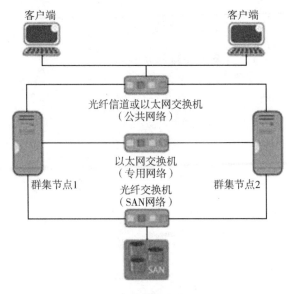

图 4　业务数据库集群

3.4　影子中心建设

3.4.1　矢量图形数据库影子

如图 5 所示,改造后的系统采用 Oracle Data Guard 技术为对 RPO 要求较高的矢量图形数据库提供了一个生产数据的同步备份。利用替换下的旧服务器配置了一个松散连接的数据集合,该系统是由生产群集数据库和单机备用数据库组成,形成一个独立的、易于管理的数据保护方案。Data Guard 配置中的工作区目前位于规划局本部机房,也可在条件成熟之后转移到不同地理位置上的机房提供更高级别的数据保护。在修改主数据库时,对主数据库更改而生成的更新数据即发送到物理备用数据库。这些更改可以应用到运行于管理恢复模式下的备用数据库。当主数据库打开并处于活动状态时,备用数据库要么执行恢复操作,要么打开进行报表访问。如果主数据库出现了故障,备用数据库即可以在很短的时间内被激活并接管生产数据库的工作。

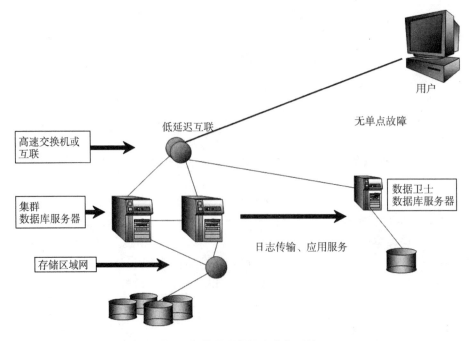

图 5　矢量图形数据库灾备系统

3.4.2 业务数据库影子

如图6所示,采用数据库镜像进行业务数据库影子系统建设。数据库镜像实际上是个软件解决方案,可提供几乎是瞬时的故障转移,以提高数据库的可用性。

数据库镜像在高安全性模式下以同步操作运行,镜像服务器不断地使镜像数据库随主体数据库一起更新。正常情况下镜像服务器将识别镜像数据库上最新完成的事务的日志序列号(LSN),并要求主体服务器提供所有后续事务的事务日志,主体服务器向像镜像服务器发生一份当前活动的事务日志,镜像服务器会立即将传入日志镜像到磁盘。主体服务器继续让客户端连接使用主体数据库,每次客户端更新主体

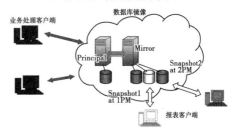

图6 业务数据库灾备系统

数据库时,主体服务器都会在写入到日志时,并将得到的事务日志发送给镜像服务器,镜像服务器会将其镜像到磁盘。同时,镜像服务器将从最早的事务日志开始,将事务应用到镜像数据库中,从而实现主体数据库和镜像数据库同步。

3.5 改造后的系统结构及特点

经过以上的一些改造,系统现在的结构如图7所示,主要具有以下一些特点:

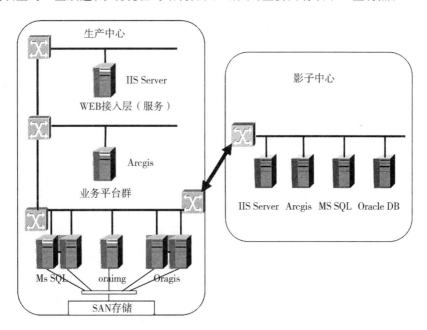

图7 改造后的系统结构

(1)多层架构

建立多层体系架构,有利于南京市规划局信息化建设的长期、健康发展。

(2)数据库高可用设计

原系统的数据库均运行在单机服务器上,容错性及扩展性较差。改造后的系统采用数据库

集群技术,有效地防止了服务器的单点失败。当前端应用增加或用户数增加,需要提升系统处理能力时,可以在不停止数据提供服务的情况下,对群集中的节点进行硬件升级或添加新的群集节点。

(3)统一的数据库备份

原系统采用人工的方式对数据库进行备份,需要大量人力维护,改造后的系统将备份作业加入到任务计划中定期执行。同时保留2份备份集,在增强数据库系统安全性的同时减少了人为干预。数据库中数据的安全得到了很好的保证。

(4)系统高可用设计

采用灾备系统作为生产系统的灾备中心,实现了系统的高可用性。当生产系统出现严重故障甚至完全丢失的情况下,只需极短的时间,就可以将业务切换到灾备系统上。从而保证全局的办公不受影响。

(5)高性能和高效率

通过数据库的集群和主机的升级,数据库系统的运算能力提高显著,SQL语句执行时间和原系统相比减少30%。同时相关模块可支撑的并发访问用户几乎增加了一倍。

(6)易扩展和系统升级

优化的系统架构,使得系统层次明确,关联清晰、集成规范,易于系统扩展和功能强化。通过数据库系统等的高可用设计,无需停机可实现数据库服务器的软硬件升级。

3.6 改造前后对比

表2 改造前后系统功能对比

	改造前	改造后
系统管理		
软件维护	停机时间较长	短暂停机
硬件维护	停机时间较长	短暂停机
系统性能		
并发用户数	—	相关模块增加约一倍
SQL语句执行	—	提升30%
典型应用模块	—	提升5%
数据库备份		
日常备份	手动	自动
灾备系统	无	有
系统扩展		
硬件升级	停机时间较长	无需停机
软件升级	停机时间较长	短暂停机

4 结论与展望

本次对南京市"数字规划信息平台"的改造优化,采用集群和影子中心两级方案,有效地降低了 RTO;采用影子中心、自动备份两级方案有效地降低了 RPO,同时显著提高了系统的负载能力,在一定程度上提高了性能。

但由于经费、改造工期等各方面的限制,本次改造优化未实施更高性能设备配置、异地容灾备份、网络交换设备负载均衡等更完善的优化方案,今后有待进一步优化和改进。

(本文在 2009 年江苏省城市规划学会城市规划新技术应用专业委员会作主题发言)

非"存"勿扰,构建美好数据家园

——浅析南京市规划局"规划云"数据中心建设

周 亮

摘 要:本文从数据中心建设的现状出发,梳理分析了南京市规划局现状业务数据种类、特点和存储方式,结合当今成熟技术,介绍了云数据中心应用的初步探索,提出了存储系统构建的需求,最后对新的数据中心转型工作予以了展望。

关键词:数据;存储;数据中心;云计算;虚拟化

1 引言

"蓝蓝的天上白云飘,白云下面'数据'跑",与"云计算"云雾缭绕、美丽虚幻的感觉不同,"Big data(大数据)"带给我们的感受是实实在在的:过去没有用信息化进行数据管理的时候,要找到所需数据信息谈何容易,纸质实物的资料不是损坏,就是不全,甚至丢失;现今时代信息数据不断积累,数据从匮乏到丰富甚至泛滥。数据来源更加多源,承载方式更加多变。海量数据的高效存储、处理和挖掘将是新的数据中心发展的必然趋势。

2 数据情况

2.1 数据类别

1998 年,南京市规划局第 1 代规划管理信息系统问世并投运,标志着南京市规划局管理审批业务从传统纸质时代进入到信息化时代,在历经了第 2 代、第 3 代管理系统建设的十几年发展之后,我们基本建成了城市规划管理相关的数据中心。数据中心包含了以下 8 大类数据资源:

(1) 实施管理数据:城市规划实施管理系统中产生、流转、存储的各种信息数据。

(2) 编制成果数据:城市总体规划、控制性详细规划、交通市政规划等编制成果;教育、商业、文物等专项规划编制成果;重大项目专项规划设计以及规划调整等相关数据。

(3) 地理信息数据:卫星/航空影像、数字高程模型、矢量地形图、GIS 数据、竣工测量和放验线成果、专题电子地图、市政管线数据、地质调查数据、历史地图数据、连续运行基准站网数据等。

(4) 公文办公数据:公文、阅件、信访、会议、建议提案、发文等相关数据。

(5) 政务信息数据:内/外网站信息、调研交流等相关信息。

(6) 基础研究数据:城市规划管理年报、规划用地管理年报相关数据。

(7) 人事财务数据:相对比较独立的人事、财务、资产系统等相关数据。

(8) 其他专项数据:各业务处室专业(行业)管理数据、跨职能部门共建共享数据以及其他管理工作过程中形成的专项成果数据等。

2.2　数据特点

经过对城市规划管理相关数据的加工处理和管理使用的分析,目前的数据具有以下几大特点:

(1) 数据体量巨大。多年信息化建设的积累,上述各类数据在各自系统平台的运维管理中合计已超过20TB,而分散存放在部门和个人的数据(含重复数据)的体量则更大。

(2) 数据类型繁多。在日常工作中,工作人员会使用到各种类型或格式的数据,有单独文件,也有数据库文件,各种文件格式包括文本、表格、图像、图形、音视频、地理位置信息等等,数据类型的多样性带来了数据存储形式需求的不同。

(3) 数据响应性要求高。各种应用系统是信息数据处理和展现的平台,我们一直不断追求数据访问处理的高速度,总是希望再快点再快点。新技术、新产品的性能不断提升,帮助我们应对"大数据"的挑战,快速地从海量数据中定位、处理得到我们期望的结果。

(4) 数据安全性要求高。数据安全包含两方面内容,一是可用信息不丢失,二是隐私内容不泄露。在云计算、虚拟化、移动互联等技术不断深入应用的今天,数据安全尤为重要,数据存储设备的性能要强、故障率要低,信息安全设备的防护能力要强、覆盖面要广。

(5) 数据可挖掘价值高。面对海量的第一手基础数据资料,数据应用服务不能仍停留在规范化的信息技术辅助上面,而通过对数据价值进行更深层次的挖掘,真正"让数据说话"才能展现出科学化的信息辅助决策的能力,才能逐步从"数字规划"进入到"智慧规划"。

2.3　数据存储

数据存储有两层含义,一是用于数据存放的物理介质,二是确保数据完整安全存放的方式和行为。针对数据的不同类别及特点,我们采用了不同的数据存储介质和方式(见图1),主要分为以下几种:

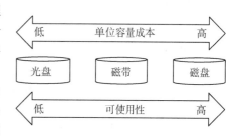

图1　常用存储介质的比较

(1) 在线存储。主要应用于日常办公的各种平台系统、数据库系统,利用磁盘阵列技术实现,存储设备及所存数据时刻保持"在线状态",存取速度最快。重要的业务应用集群都是采用基于光纤通道的SAN存储架构和统一的网络虚拟化存储平台,如规划实施管理系统、编制管理系统、"天地图—南京"系统(见图2)等等。

(2) 离线存储。主要应用于定期为各种平台、数据库系统以及其他归档数据的备份,防范可能发生的数据灾难。我们会定期为各应用平台、数据库系统、归档成果文件进行磁带或光盘备份,然后进行异地存放(存放的环境必须满足存储介质的存放要求,如防盗、防火、防潮、防磁等等)。

(3) 近线存储。介于在线和离线之间的一种存储方式,其实质还是在线存储,主要是针对访问人不多、访问量不大、访问频率不高,但是需要在线存放的那部分数据,如业务部门管理数据、部分项目阶段成果数据等等。这部分数据量是三种存储方式中最大的,一般以文件服务器(SAN或者NAS)为载体,提供数据存储服务。

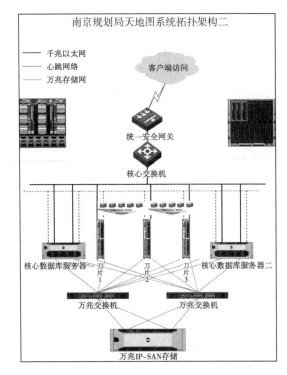

图2 "天地图—南京"系统拓扑架构

3 技术应用与展望

3.1 虚拟化

信息化建设年年都在投入,我们很早就发现一个问题:实施一个新的信息化应用系统就必须配置一套物理设备吗?虚拟化给出了否定的回答。虚拟化曾经被视为尖端技术,现在已经成为了一种核心的IT基础设施技术。专业虚拟化管理软件问世,使虚拟机独立运行于底层硬件,性能和稳定性大大提高。

2009年,结合当时需上马的多个信息化项目,我们整合了有限的基础资源,开始尝试搭建虚拟化基础架构。如今,我们的规划用地管理系统、规划编制管理系统、六线入库与更新系统、交通市政平台、IT运维监控系统等近十个应用系统正运行在虚拟化的应用管理平台之上,用户不需要了解应用具体存放在哪个服务器、分区或存储系统中,而给予支撑的硬件仅是两台高性能服务器和一台存储设备,"按需分配"实现了对有限的物理资源更加灵活、动态、简单、高效的管理和应用。

在系统研发过程中,从虚拟环境搭建、开发测试到应用部署,作为测试服务器的虚拟机自始至终发挥着重要作用,在系统正式上线后,虚拟机的存储空间都可以完全被释放而再利用。

近期,我们将对现有虚拟化基础架构进行扩容,包括前端服务器(主机、CPU、内存等)、I/O、网络等,充分发挥虚拟化的业务连续应用、动态迁移、快速部署、灵活扩展的优势。

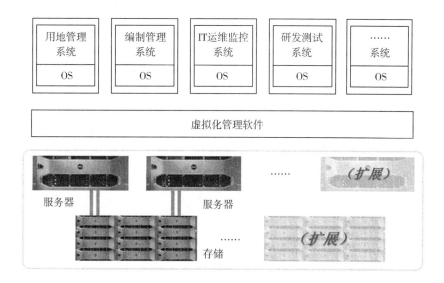

图 3 虚拟化应用示意图

3.2 动态数据中心

传统数据中心普遍存在资源利用率低、应用资源孤岛、自动化部署能力低、功耗较高、安全隐患明显等问题,改造数据中心的意义重大。为了能够采用更自动化的管理和资源分配方式,基于云计算架构的动态数据中心是数据中心发展的趋势。动态数据中心通过利用自动化控制和资源管理,以及虚拟化技术把服务器、存储和网络等硬件设施整合成一个能够共享资源、动态调节、高自动化和高可用的新一代数据中心。

现在以至未来一段时间里,打造"IT即服务"的动态数据中心是我们进行"规划云"计算实践的一项核心工作:建设集中和分布式相结合的大容量存储集群,利用存储虚拟化和数据管理技术(分级、快照、容灾等),实现全自动业务处理的"规划云"系统。

"规划云"数据中心解决方案在逻辑上可分为四层(见图 4):

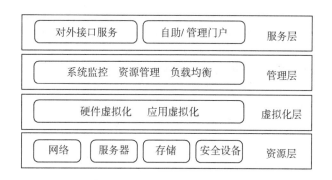

图 4 "规划云"的分层

(1)资源层。融合了网络、服务器、存储设备等各种物理 IT 资源的基础层,可以是不同的硬件平台资源,通过高速以太网或光纤连接,为虚拟化打下硬件基础。

(2)虚拟化层。负责物理硬件抽象并对应用进行虚拟化。在线迁移功能实现应用系统的自动化部署；根据需求提供基于不同 OS 架构的虚拟化环境。

(3) 管理层。负责对虚拟化资源、物理资源进行自动配置、动态分配、备份和监控管理以及负载均衡等网络服务等。

(4) 服务层。包括应用接口服务以及客户端管理服务等。

3.3 存储系统

在"规划云"建设之初，需要全面综合评估，确立高效、发展、集约的建设原则，而作为 IaaS 模式的最重要的部分，存储系统的建设将是基础设施构建的首要任务。在存储系统的建设选型方面，应该明确以下需求：

(1) 作为云计算的基础技术支撑，必须高度支持虚拟化。

(2) 基于标准化 IP 网络，易于部署。

(3) I/O 运算性能高，易于扩展。

(4) 存储管理软件功能强大，易于维护。

(5) 安全保障措施到位，预防性强。

4 小结

信息技术日新月异的今天，海量的存储数据亟待我们深入挖掘和利用，传统数据中心必须顺应发展、找准定位、快速转型。一方面，努力推进技术标准化、资源弹性化、服务快速化、部署自动化、管控集中化、绿色低碳化的"规划云"数据中心建设；另一方面，牢牢抓住云计算技术深入应用的契机，IT 部门的角色应完成从"底层支撑型"到"资源服务型"的转变，"数字规划"终将向"智慧规划"迈进。

参考文献

[1] 南京市城市规划信息化评估与指引(2012 年)

[2] 张冬.大话存储Ⅱ:存储系统架构与底层原理极限剖析.北京:清华大学出版社,2011

[3] IBM"虚拟化与云计算"小组.虚拟化与云计算.北京:电子工业出版社,2009

[4] 李德毅.超越"虚拟的美丽"——云计算实践再分析.第四届中国云计算大会主题报告,2012

[5] 刘岩.面向虚拟数据中心的分层存储.EMC 培训资料

(本文收录于《2012 年中国城市规划信息化年会论文集》)

基于 CAD 环境的地形图变化检测技术研究

诸敏秋　迟有忠　窦　炜　尹向军

摘　要：本文在分析城市大比例尺地形图变化检测技术的基础上，基于地理要素的抽象特征，从多个角度研究地理要素变化特征、地理要素表达规则、CAD 实体结构，并进行地理要素变化逻辑分析。基于变化检测的"相同"原则，研究并实现了基于 CAD 平台自动获取变化信息文件的检测方法，为增量更新 GIS 数据库提供更新依据。

关键词：CAD 平台；大比例尺地形图；变化检测；变化信息文件；程序实现

1　引言

基础地理要素的变化检测是近几年来广泛被关注的技术热点，通过变化检测技术，可以获知基础地理信息的变化内容：增加、删除、几何变化、属性变化等等版本变化的实质性内容，为 GIS 数据库更新提供更加有利的条件。目前国内外基于变化检测技术主要有以下三种方法：① 基于卫星遥感数据自动或半自动识别。该方法是国内研究数据库更新研究最多的方法，如李德仁、张剑清等。但这种研究面临着影像数据精确配准、影像变化信息自动提取质量与效率等多种技术难题，离更新生产实际尚有很大差距。② 基于事件的变化信息，形成变化信息文件。这种方式无需通过技术手段去研究地物的几何或属性性质与规律以判读变化地物，而是通过记录地物发生变化的每一个过程事件，形成信息文件，为更新 GIS 数据库提供依据。但这种方式对要求跟踪整个生产与更新过程，每个过程不能有疏漏，要求有较高的监控力度，难以大面积推广。③ 基于两版本数据进行对比，检测并形成变化信息。这种方式首先需要我们对数据的几何、属性以及变化规律有详细的了解和分析，它基于统一的数据标准，通过空间位置、属性结构以及拓扑关系等多个角度，设计变化比对算法以实现检测变化地物，这种方式不需要关注变化的每一个过程，只要关注获取版本与提交版本之间的差异即可，是一种比较理想的更新方式。总之，前两种变化检测方式，目前已经有较多的研究成果，但对于后一种，研究目前还较少，如在吴建华在"数据更新中要素变化检测与匹配方法"一文中研究的在要素类之间缺乏同名实体关联关系的情况下，在 GIS 环境下通过空间分析自动识别出当前要素的同名实体及它们之间的变化信息，提出了基于权重的空间要素相似性计算模型，以达到变化检测与匹配更新的目的，但就国内外关于基于 CAD 矢量数据变化检测（两个版本比对）技术研究还处于起步阶段。这种方式可以使 GIS 数据库管理者轻松地获得两个版本的变化比对信息，并作为快速 GIS 数据库要素更新的直接依据。这种方式的研究对 GIS 更新具有重要意义，并将产生可观的经济效益。

本文主要在分析城市大比例尺地形图变化检测技术现状的基础上，研究基于 CAD 平台的变化检测技术，从而获得变化检测信息文件，为增量更新 GIS 数据库提供有效的变化信息。

2　基于 CAD 环境下矢量数据变化检测分析

如果不考虑地理要素的时态信息，地理要素的信息包括图形（几何）信息和属性信息，则地物的变化包括图形信息的变化和属性信息的变化。虽然 CAD 环境下的要素实体不存在严密的拓扑关系,但只要我们对基于 CAD 环境下地理要素的变化类型条件与规律深入研究,就能找出地理要素变化判断与检测的技术方法。

2.1 地理要素表达规则分析

目前,我国不少城市已经拥有了一套基于统一标准的基础地理信息成果数据,这些数据都基于严格的、统一数据编辑平台、统一的表达规则。本文中所述的是大比例尺地形图地理要素的表达,其抽象程度较小,要素描述较复杂,但基于一定的规则。下文的表达规则分析以某市大比例尺地形图分类和数据标准为依据。

2.1.1 几何表达方式

大比例尺地理要素的几何类型涉及点、线、面、注记。但在 CAD 平台中,与 GIS 软件不同,它并没有面的概念,它的面是通过封闭的线来表达的;另外,点的描述也分两种:POINT、BLOCK,前者为真正意义上的点,如高程点等,后者则为符号点,如通讯线等有向符号或喷水池等无向符号。

CAD 平台中要素表达的几何实体类型一般采用点"POINT"、优化多段线"LWPOLYLINE"、二维多段线"POLYLINE(2D)"、符号块"BLOCK"、圆"CIRCLE"、单行文字"TEXT"、弧"ARC"、直线"LINE"八种 CAD 实体类型,所以一张质量合格的大比例尺地形图中的 CAD 实体类型是有限的,这将大大减少变化量检测判读所要考虑的条件,提高检测效率。

2.1.2 属性的表达方式

地理要素的属性内容主要在 CAD 环境下的"LAYER""THICKNESS""ELEVATION""XDATA""BLOCKNAME""TEXT"中体现。下面对属性内容表达进行一定的归类分析:

① 代码表达:普通点("POINT")、线、面要素代码利用 CAD 实体的"厚度"值或扩展属性值的方式来描述(见图 1);点符号("BLOCK")的代码利用其"块名"来表达(见图 2)。② 分类信息表达:按照地理要素九大类分层表达,其层属性中继承了要素大类信息。为描述面向 GIS 的要素特征,还增加了一些 GIS 辅助层。③ 高度值表达:高程注记点、控制点、等高线的高程值均放置于高程点的"ELEVATION"属性值中(见图 3)。④ 扩展属性表达:面向 GIS 对象的地理要素属性分类不仅仅只有上述几项,它还包括该要素所承载的其他特性,如对于建筑物而言,它的属性项还包括名称(单位名称)、结构、楼层、门牌号码、房屋用途、房屋高程、建筑物名称等;在 CAD 环境中,这些数据都被称为"属性扩展数据",被按照一定的规则(见图 4)放在"XDATA"中。⑤ 注记表达:注记作为一种特殊的要素类型,它的文字内容即是它的重要属性值。

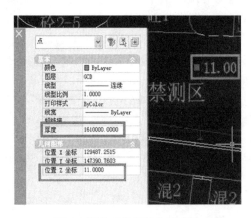

图 1 普通点代码表达示意图

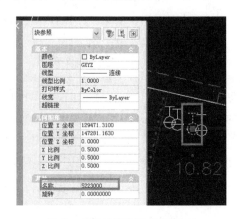

图 2 点符号代码表达示意图

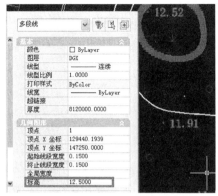
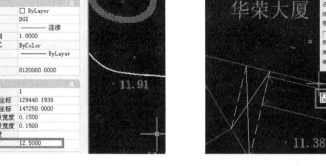

图 3　高程表达示意图　　　　　图 4　扩展属性表达示意图

2.2　地理要素 CAD 实体结构与变化检测条件的逻辑关系

变化检测 CAD 二次开发软件的类库或者函数库都是基于 CAD 实体的组码结构来解析的。从地理要素表达规则可以知道,在进行变化检测比对时,主要考虑的变化检测实体类型是 POINT、LWPOLYLINE 等以上八种 CAD 实体类型,这些实体类型在 CAD 环境中都以固定的数据结构来描述。将此八种实体结构进行仔细分析,可以归纳出与变化检测条件相关的实体组码值比对表:

表 1　与变化检测实体类型相关的实体组码对照表

组码	类别	POINT	BLOCK	LWPOLYLINE	2D POLYLINE	ARC	CIRCLE	TEXT	LINE
0	实体类型	●	●	●	●	●	●	●	●
1	字体内容							●	
2	符号块名		●						
5	实体句柄	●	●	●	●	●	●	●	●
6	线型名称			●	●	●	●		●
8	图层名称	●	●	●	●	●	●	●	●
10	起点			●	●	●		●	●
	...								
75	拟合方式				●				
90	多段线顶点数目			●					
−3	扩展属性		●	●	●	●	●		●
	...								

注:●代表某实体类型具备该组码值,并与变化检测条件相关。

从表1可以看出,在统一的标准下,对于两个时间版本地形图数据,要将它们进行变化比对与检测,需检测的实体类型是有限的、明确的,这将提高变化检测的效率。

3 变化检测设计

3.1 变化检测前提条件与检测原则

3.1.1 前提条件

本文中变化检测是针对相邻更新时间的分幅地形图而言,即以 A 时间版本分幅地形图(前一个版本)为依据,对同范围的 B 时间版本分幅地形图(后一个版本)进行变化比对,并产生变化信息文件,A 其设计前提条件是:

① A、B 时间版本地形图均是标准分幅的地形图,变化检测的范围完全一致;② A 时间版本分幅地形图为当前 GIS 数据库同步的 CAD 地形图成果数据,即两者在内容、表达上一致;③ 版本数据均经过严格的数据质量检查,保证 A、B 版本数据均按照统一的数据标准生产。

3.1.2 检测原则

依据前面的分析,地理要素的信息变化体现在几何、属性信息变化两个方面。几何信息变化检测的判断原则有两种:"相同原则""相似原则"。"相同原则"指的是两个 CAD 实体在几何性质上完全相同,即它们的几何数据结构是完全一致的。而"相似原则"则认为 CAD 实体在一定容差范围内,形状相似即认为相同,如 A 曲线的顶点数与 B 曲线不一致,B 曲线是 A 曲线一定容差内插点生成,这种情况认为两者一致。由于后者判断条件较多、条件容易遗漏,并会导致程序的运行效率降低,所以本文中采用的是"相同原则"。

3.2 变化检测逻辑关系

一般来说,单个地理要素的变化类型归纳为出现、消失、属性变化、扩大、缩小、变形、移动和旋转等 8 种类型;而变化检测包括了几何信息检测和属性信息检测两个方面,几何变化是变化检测首要条件,依据"相同原则",它导致的数据变更产生三个结果:新建、修改、删除。然后判断的是属性信息变更,它是在几何信息产生修改的结果上再进行判断的,所以它只产生一种结果:修改。这些结果类型也是我们客观记录变化检测结果的几种类型。

由于"修改"操作具有较高的计算复杂性,不便于处理和控制,所以适合于将这一过程分解为"新建"和"删除"两个过程来实现。CAD 中的每个实体都有一个句柄作为它的唯一标识,是以后更新 GIS 数据库的纽带。依据 CAD 句柄为逻辑主线进行 A、B 版本两幅图变化比较应该考虑以下几种情况(见图 5):

(1) A 版本中某实体句柄在 B 版本中不存在,其变化检测结果是"删除"。

(2) A 版本中某实体句柄在 B 版本中存在,但并不一定相同,两者如果存在扩大、缩小、变形、移动、旋转的几何差异,其变化检测结果则是"几何变化";如果不存在以上的几何差异,则进一步进行其属性信息的比对检测,属性不同,其变化检测结果则是"属性变化";如果几何与属性都相同,则其变化检测结果则是"不变",不予记录。

(3) 如果 B 版本中某实体句柄在 A 版本中不存在,其变化检测结果是"新建"。

(4) AB 版本的两个 CAD 实体完全一样:其空间位置、外观、属性完全相同,但句柄却不同,有可能是因为复制了原要素的原因(原要素已被删除),这种情况在本文所述的 GIS 动态更新流程中出现的概率很少,但也应作为特殊情况考虑,变化检测结果应为删除一个旧版本实体,新建一个新版本实体。

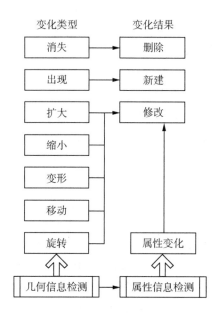

图 5　变化类型与变化结果关系示意图

4　变化检测实现

4.1　变化检测判断条件

常规情况 CAD 环境下的变化检测应从 CAD 实体的结构分析出发,对每一个要素进行结构性的完全比对,很显然,这种检测是带一点盲目性的,一方面效率低,另一方面对软件设计的要求很高。依据前面的论述,我们的变化检测是有限条件下的检测,在有限的实体类型及有限的组码条件下,对每个 CAD 要素按照先几何比对后属性比对的顺序进行。每一类 CAD 实体的比对不是全结构的数据比对,而是按照与变化检测相关联的组码类,依据每一个要素与其周边要素进行几何与属性的逐个比对。

4.2　程序实现

目前 CAD 提供多种二次开发接口,本文选择的 ObjectARX 开发接口可以和 AutoCAD 共享地址空间,直接调用 AutoCAD 的内部函数,可用于对 AutoCAD 实体和对象进行各种访问和操作,其数据访问方式及获取的实体结构信息途径与 CAD 组码结构相一致,我们可以通过它轻松读取每一个 CAD 实体结构的特征值,如坐标、层名、厚度、方向、扩展属性等,方便两个实体间的变化比对。

4.2.1　关于被比对图幅句柄的处理

假定 A 为从与 GIS 数据库同步的地形图成果库下载的 A 时间版本大比例尺地形图,B 为经过某过程修测后的直接在 A 版本基础上修改的 B 时间版本地形图。变化检测必须把两幅图合在一起,便于在统一的空间基准下搜索、判断、检测,由于图中的句柄值是以后 GIS 库增量更新操作的依据,两图幅合并后,被插入的图幅中要素的句柄将改变,所以在变化检测前,应对被插入的 A 图中的句柄记录到内存,并与插入后每个要素的流水号进行绑定。

4.2.2 变化记录方式

从程序设计的角度出发,以上四种结果的判断均来自于对 CAD 实体几何与属性的判断,所以在我们变化记录表格中,分为两个子表来描述:几何比对结果、属性比对结果。下面就以某个竣工测量后地形图变化的例子来说明变化检测结果的记录方式:

从图 6 可以看出:① 图中"序 3 号楼"在变化前后其几何空间与属性均未发生改变,所以不需要作任何记录;② 图中"序 2 号楼"A 图中存在,但竣工测量后该楼进行了拆除,故在"几何比对结果"表中记录 A 图中该要素的句柄值,并注明"删除";③ 图中"序 4 号楼"A 图中存在,但竣工测量后该楼进行了拆除,并新建了竣工测量后的新建筑物"序 5 号楼"在 B 图中存在。分两种状况分析:第一种,如果两者句柄不同,此变化在"几何比对结果"表中记录 A 图中"序 4 号楼"的句柄值,并注明"删除",同时记录 B 图中"序 4 号楼"的句柄值,并注明"新建";第二种,如果两者句柄相同,该变化属于"几何修改",但考虑后面的增量更新 GIS 数据库的规则简单化,记录方式同第一种;④ 图中"序 1 号楼"A 图中存在,在 B 图中也存在,它们的几何性质相同,但属性不同(单位名称有改变)。此变化在"属性比对结果"表中记录 A 图中"序 1 号楼"的句柄值,并注明"属性变化"。

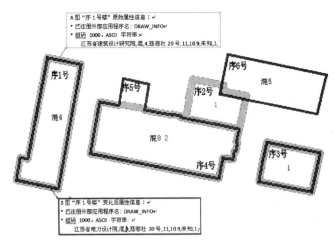

图 6　竣工测量前后地物要素前后对比图

注:图中灰色粗线部分为竣工测量前未变化的原始图幅 A,黑色细线部分为竣工测量建筑物发生变化后的图幅 B。

4.2.3　程序设计与实现

依据上述的变化检测的条件、原则,设计基于 CAD 平台的变化检测的软件设计流程(见图 7),实现变化检测结果的获取,为增量更新 GIS 数据库提供依据。

依据变化检测信息文件结果,就可以实现 GIS 数据库进行信息判断、增量要素更新,达到变化检测的真正目的。

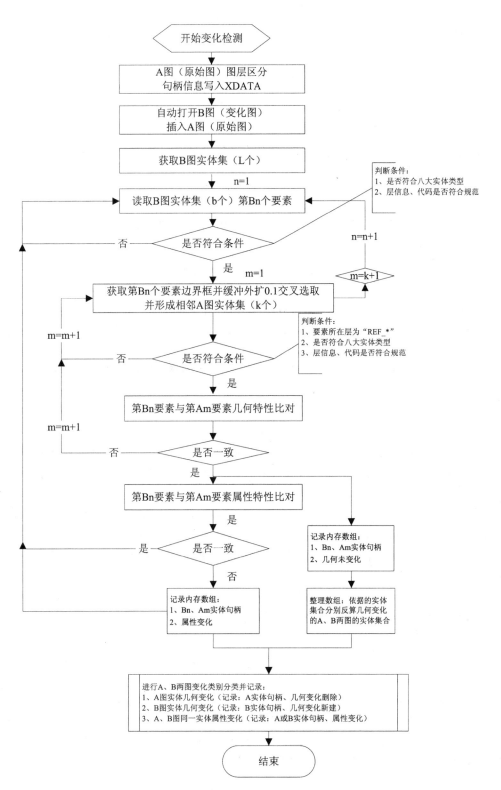

图 7　变化量检测程序流程图

流水号	要素代码	要素句柄	变化类型	要素所在文件名
1920	6240107	1871	删除	13610614_2006-11-15.dwg
1921	2110307	174E	删除	13610614_2006-11-15.dwg
1922	2110307	174C	删除	13610614_2006-11-15.dwg
1923	2110307	174B	删除	13610614_2006-11-15.dwg
2081	1610000	235A	新建	13610614_2007-07-11.dwg
2082	2110100	1854	新建	13610614_2007-07-11.dwg
2083	2110100	1853	新建	13610614_2007-07-11.dwg
2084	2110100	1852	新建	13610614_2007-07-11.dwg
2085	2130098	16B8	新建	13610614_2007-07-11.dwg
2086	4300398	1686	新建	13610614_2007-07-11.dwg
2087	4300398	1685	新建	13610614_2007-07-11.dwg
2088	4300398	1684	新建	13610614_2007-07-11.dwg

流水号	要素代码	要素句柄	要素图层	实体类型	要素所在图	要素高程	要素扩展属性
98	4300300	179D	DLSS	LWPOLYLINE	13610614_2006-11-15.dwg	0	未知,沥,一般道路
99	4350000	179D	DLSS	LWPOLYLINE	13610614_2007-07-11.dwg	0	未知,沥,等外道路
100	2130000	16B2	JMD	LWPOLYLINE	13610614_2006-11-15.dwg	0	南京恒坤预制品公司,混,3,未知,20,-99,未知,1
101	2110200	16B2	JMD	LWPOLYLINE	13610614_2007-07-11.dwg	0	南京恒坤预制品公司,混,3,未知,20,-99,未知,1
102	8110000	12ED	SXSS	LWPOLYLINE	13610614_2006-11-15.dwg	17.5	未知
103	8110000	12ED	label	LWPOLYLINE	13610614_2007-07-11.dwg	15	未知

图 8　程序输出结果表——几何、属性比对结果信息表（例子）

5　结　语

本文对基于矢量数据变化检测的技术探索取得了一定的成果,在增量要素级更新数据库的效率,减少更新数据冗余方面效果明显,但仍存在一定的不足,本文中变化检测是在有限条件下的变化比对,诚然,该方式可以提高检测效率,但也在某种程度上,限制了程序变化比对的应用范围;另一面,本文中的变化检测是基于"相同"原则,即实体每一个检测条件的数学特征都一一进行比对,稍有差异即反映变化,这种方式的检测结果检测敏感度高,希望以后的变化检测能向"相似"原则突破,为城市 GIS 增量要素级更新提供更为有效的手段。

参考文献

[1] 李德仁.利用遥感影像进行变化检测[J].武汉大学学报:信息科学版,2003,28(特刊):7-11.

[2] 张剑清,朱丽娜,潘励.基于遥感影像和矢量数据的水系变化检测[J].武汉大学学报:信息科学版,2007,32(8):6632666.

[3] 陈军,李志林,蒋捷,等.基础地理数据库的持续更新问题[J].地理信息世界,2004(10):1-5.

[4] 周晓光,陈军,朱建军,等.基于事件的时空数据库增量更新[J].中国图象图形学报,2006(10):1431-1438.

[5] 吴建华,傅仲良.数据更新中要素变化检测与匹配方法[J].计算机应用,2008,28(6):1612-1615.

[6] Claramunt C, Theriault M. Managing Time in GIS An Event-Oriented Approach. Recent Advances on Temporal Databases[C]//Springer-Verlag, Zurich, Switzerland. Clifford, J. and Tuzhilin, A. 1995:22-42.

[7] 张保钢,袁燕岩.城市大比例尺地形图数据库中地物变化的自动发现[J].武汉大学学报,2005(7):640-642.

（本文原载于《测绘科学》2012 年第 1 期）

城市矢量地形图数据标准研究与实践

诸敏秋　　王芙蓉　　谢士杰

摘　要:城市基础地理信息标准化对 4D 产品的生产、数字城市的建设至关重要。但目前我国城市基础地理信息标准还不够完善,难以满足目前各个城市对基础地理信息的获取、处理、和应用的需要。因此,南京市规划局为满足今后"数字南京"基础地理信息系统建设的需要,组织编写了《南京市 1:500、1:1 000、1:2 000 矢量地形图数据标准》地方行业标准,本文以此标准为例,详细阐述其编写思路、编写框架及内容。

关键词:矢量地形图;数据标准;城市基础地理信息;数字城市

1　引言

城市基础地理信息框架是数字城市建设的基础与主要组成部分,它的可共享性、可交换性将直接影响到数字城市建设的进程。传统的城市基础地理信息数据的生产工艺成熟,只用于较少领域,所以相互之间协调性较好,出现的矛盾也较少。但随着数字城市建设热潮的悄然兴起,获取数据的新工艺、新方法日新月异,城市对基础地理信息数据的质量和内容的要求大大提高,就必须制定与这些数据产品相关的一系列生产标准和验收标准。但就目前来看,国家尚未形成一整套完善的城市基础地理数据标准,已有的标准还不够全面,城市基础地理信息数据的标准化问题已成为当前制约我国数字城市建设的又一大瓶颈。

南京市基础地理信息数据标准一直处于不统一的状态,各家测绘单位根据自己的实际需要制定相应的数据生产技术方案。由于缺乏统一的标准,数据格式各异,给社会化的数据共享、交换带来极大不便,也抑制了"数字南京"建设的步伐。随着南京市测绘市场体制改革的进一步深化,为满足今后"数字南京"基础地理信息系统建设的要求,尽快建立科学、合理的基础地理数据生产及验收标准已成为当务之急,南京规划局组织制定了《南京市 1:500、1:1 000、1:2 000 矢量地形图数据标准》(以下简称《标准》),该标准服从于国家已有相关标准,考虑了地方实际需求,实践证明,该标准为南京的城市信息化建设提供了保障。本文主要介绍《标准》建立的原则及思路,可供其他城市参考。

2　《标准》建立的原则

《标准》应遵循实用性、可操作性和先进性等三个基本原则。还必须考虑与国家标准、行业标准相兼容,并结合南京实际,注重与实际生产相结合,方便数据生产操作;方便建立 GIS 数据库,方便数据交换、共享。下面具体说明之。

2.1　与实际相结合

任何一个标准都来源于实践而又高于实践,如果闭门造车,孤立地完成标准制定任务,将在以后的应用中出现难以协调的问题。所以在《标准》的制定前,我们广泛了解了南京市及其他城市各家测绘单位的技术方案、技术经验和在生产过程中出现的问题以及不足之处,并听取了南京市知名院校有关专家和教授的意见,对收集来的意见加以统一,明确了《标准》制定的总体思路和框架。

2.2 遵循国家已有标准

国家标准是国家最高层次的标准。这类标准往往由许多政府部门、学术团体等各个方面的专家共同研制,经国家主管部门批准,发布实施的。尽管国家有关城市基础地理信息标准还不尽完善,但我们《标准》的制定必须遵循国家已有标准(包括行业标准),这样才能使地方行业标准纳入国标框架,便于资源共享。

2.3 科学性和实用性

《标准》的制定必须具有科学性和实用性,简洁明了,便于掌握。《标准》从编写格式、语意表达、注意事项、计量单位等都符合相应规范。在《标准》制定的过程中,聘请了有关专家、学者、生产一线的技术人员等人员经多次讨论完成,特别是编写格式、语意表达上尽量与国际标准接轨,避免在使用的过程中产生歧义。

2.4 一致性

《标准》的制定必须保证内容之间没有矛盾冲突的地方,特别是分类代码表、元数据表等的制定在发布前进行了严格的测试,以保证标准整体内容上的一致性。

2.5 协调性

在制定《标准》前,编写人员仔细研究了国家及行业的相关标准,由于国家及行业标准在制定的过程中难免存在冲突的地方,所以协调好与相关标准间的关系是制定《标准》的重要环节。此项工作难度很大,也是存在问题中比较突出的方面。如果发现有这样的问题,一方面对已有标准进行分析,对需要协调的问题进行讨论选择适合于《标准》的方案妥善解决,如果实在无法协调的只有自己重新制定。例如我们在制定《标准》的过程中,发现国家测绘局发布的《全球定位系统(GPS)测量规范》、建设部发布的行业标准《全球定位系统城市测量技术规程》以及《1：500、1：1 000、1：2 000 地形图要素分类与代码》中对 GPS 点等级设定的描述不一致,经过多次讨论,决定均衡采纳两者的描述,合理表述了《标准》中的 GPS 等级代码。

2.6 时效性

保证《标准》时效性的目的在于使标准具有现实的指导作用,落后的标准无法指导生产。国家标准规定其更新周期为 3～5 年,但由于目前在基础地理信息数据生产行业,新技术、新工艺、新方法、新软件不断涌现,我们应更加重视标准时效性问题,虽然《标准》目前已经完成,但应根据实际情况及时更新、修订《标准》,使《标准》真正起到指导城市基础地理数据生产的作用。否则标准将失去应有的作用。

3 《标准》制定

《标准》主要针对南京市域内大比例尺矢量地形图数据的标准化生产,确定地理信息数据采集、表示、处理的统一方法,用于数据的生产和验收,是各数据生产单位的模板。

3.1 技术依据与质量要求

90年代后,国家科技公关研究和各部门在地理信息标准化方面做了大量工作,已经取得了一定进展,不仅提出了大量标准研究报告和标准方案,而且已经发布实施了许多国家标准,另外还有一些已经制定但尚未发布的标准,已发布实施的标准中包括《城市测量规范》(CJJ 8—1999)、《1:500、1:1 000、1:2 000 地形图图式》(GB/T 7929—1995)、《1:500、1:1 000、1:2 000 地形图要素分类与代码》(GB/T 14804—1993)、《城市基础地理信息系统技术规范》(CJJ 100—2004)、《基础地理信息数字产品元数据》(CH/T 1007—2001)等,本《标准》在制定的过程中严格依据上述已发布的标准。

《标准》中还简单阐述了对数据质量的要求,涉及数据的几何精度、图形质量、属性精度、一致性、完整性,这些描述与最近颁布实施的《城市基础地理信息系统技术规范》是一致的。

3.2 总体框架

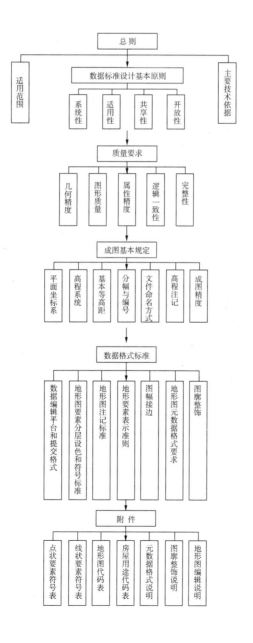

3.3 成图基本规定

基础地理信息数据所采用的平面坐标系、高程系是制定《标准》的基础,平面坐标系和高程系一旦确定,就意味着空间参照系统的确立,这样才便于基础地理信息数据的共享。目前《标准》规定采用 92 南京地方坐标系和吴淞高程系。成图基本规定还包括基本等高距、分幅与编号、文件命名方式、成图精度等方面的规定。

(1) 基本等高距根据南京为丘陵地带的实际情况,在《城市测量规范》的基础上作了更为详细的规定;

(2) 分幅与编号仍沿袭南京已有的方法;

(3) 严格规定了数据文件命名方式;

(4) 由于国家及行业标准就目前基础地理信息数据的生产工艺(全野外数据采集成图、航测法成图等)的成图精度没有明确规定,所以在《标准》中,成图精度遵照《城市测量规范》中城市地形测量的相关规定。

3.4 数据格式标准

在《标准》中严格规定了数据编辑平台和数据提交格式。详细规定了基础地理要素分层设色标准。分层设色标准严格遵循《1∶500、1∶1 000、1∶2 000 地形图图式》要求,详细规定了以地理要素大类分层的原则,考虑到 GIS 建库的需要,设立了框架线(用来描述非封闭性面状地物外形特征的范围线)、轴线(用来描述线状地物连通性特征的中心线)、骨架线(用来描述某些复杂线状符号的定位线)等 GIS 表述层。

《标准》规定了要素点状符号、线状符号、面状符号的实体设定方法和命名方法,并在附件中作详细的描述。

另外,注记作为基础地理信息的组成部分,在《标准》中也作了详细规定,明确了各类、各等级注记的高度、字体、倾斜度、高宽比等,避免在数据生产的过程可能出现注记表述混乱的状况。

3.5 地形图要素编码体系

1993 年国家针对大比例尺地形图颁布实施了《1∶500、1∶1 000、1∶2 000 地形图要素分类与代码》(以下简称 GB14804—1993),为各地方、各行业提供了大比例尺地形信息分类编码体系框架,也为各地方或行业进一步制定细部编码体系奠定了基础。我们的《标准》以 GB14804—1993 为基础,本着科学性、系统性、可延性、兼容性和实用性原则建立地形图要素编码体系,按照地理信息大类分为测量控制点及高程点、居民地和垣栅、工矿及农业设施、交通及附属设施、市政设施及管线、水系及附属设施、境界、地貌土质、植被 9 大类,编码统一用七位数字描述,结构为(见表 1):

表 1　地形图要素编码描述

主编码(共 5 位)		附加码(共 2 位)
4 位	1 位	2 位
原则上按 GB14804—1993 要求规定,但 GB14804—1993 中不足四位的,用"0"补齐	在 GB14804—1993 的基础上进一步细分类的码,无细分类时,用"0"补齐	无附加码时用"0"补齐

为便于 GIS 分析处理,对附加码九种加载方式作了严格规定,并根据代码的分类结构和附加码的扩展原则,形成《南京市 1∶500、1∶1 000、1∶2 000 矢量地形图代码表》,作为大比例尺矢量地形图生产的重要依据。代码表着重体现了地理信息的可分析、可检索、可交换、可扩展的优点,是《标准》制定的重要体现。

3.6　要素代码及属性描述

首先,对地形图要素的属性项进行严格的定义,按照地物大类,详细规定各类属性项内容。

其次,对所有地形图要素代码放置的实体字段位置进行了严格规定,明确放置于"Thickness"字段中;对高程、等高线的高程值放置的实体字段位置进行了单独规定,明确放置于"Elevation"字段中;对除上述两项之外的属性项放置于地形图要素扩展数据(Extended Data)上,并用表格详细说明了扩展数据的注册应用程序名、组码、属性项目表示格式等,其详细性方便指导生产。

最后,就地形图要素属性项填写准则进行了阐述。详细说明了各类地形图要素属性项填写原则、如何择要填写、表述的粗细程度、调查不明的属性项如何表述等。

3.7　地形图元数据

良好的地理信息元数据是实现地理信息共享的重要条件之一,在 2001 年 3 月发布的国家测绘行业标准《基础地理信息数字产品元数据》中规定了数字线画图的元数据的标式、内容、质量、状况等描述格式。本《标准》元数据格式和内容主要依据它为框架,从数据标识、空间特征、属性特征、时间特征、质量评价、数据管理、数据形式等各个方面全面详细描述了大比例尺矢量地形图数据本身及其产生过程。严格规定了元数据提交格式,要求元数据信息的填写真实客观,并把元数据格式分为主表和扩展表,主表主要描述数据的基本信息、生产方式及人员、质量评价等,扩展表则描述数据后续修测信息以及根据需要扩展属性项信息。

3.8　图幅接边和图廓整饰

《标准》中规定了相邻图幅接边应采用"捕捉"方式进行图廓线上端点精确的数学接边。线要素以及面要素既要进行图形的接边,也要进行属性的接边。图廓整饰按照《标准》中附件的规定执行。

3.9　地形图细部编辑说明

本《标准》作为地方行业标准,它的内容应更接近生产实际,所以我们在制定标准的过程中,为方便实际生产,使数据更趋于统一,增加了《1∶500、1∶1 000、1∶2 000 矢量地形图编辑说明》作为《标准》的附件。在附件中重点阐述了数据编辑的原则:完整性原则、捕捉到位原则、避让原则、公共边重合原则、面状地物封闭原则,并对一些重要或难以表达的细部地物及地貌的编辑作了详细的说明。

4　结　语

以上讨论了《标准》制定的总体框架和具体思路,目前此标准已经作为南京市大比例尺矢量地形图数据生产依据发布实施。目前,此标准已用于南京市江北测绘大比例尺测图项目中,对以后南京市基础地理数据标准的统一和建库起到重要作用。虽然在《标准》的某些方面,比如数据字典的定义、质量方面的规定还有待进一步加强和完善,但它作为南京市第一个有关地理信息的行业标准,它的意义是非同一般的,它的颁布与实施加快了"数字南京"前进的步伐。

参考文献

[1] GB/T 14804—1993.1:500、1:1 000、1:2 000 地形图要素分类与代码

[2] CJJ 8—1999.城市测量规范

[3] GB/T 7929—1995.1:500、1:1 000、1:2 000 地形图图式

[4] GB/T 17941.数字测绘产品质量要求第一部分:数字线划地形图、数字高程模型质量要求

[5] GB/T 18315—2001.数字地形图系列和基本要求

[6] GB/T 18316—2001.数字测绘产品检查验收规定和质量评定

[7] GB/T 17160—1997.1:500、1:1 000、1:2 000 地形图数字化规范

[8] CJJ 100—2004.城市基础地理信息系统技术规范

[9] CH/T 1007—2001.基础地理信息数字产品元数据

[10] GB 7931—1987.1:500、1:1 000、1:2 000 地形图航空摄影测量外业规范

[11] GB 7930—1987.1:500、1:1 000、1:2 000 地形图航空摄影测量内业规范

[12] 阎正,等.城市地理信息系统标准化指南.北京:科学技术出版社,1998

(本文原载于《测绘通报》2006 年第 1 期,曾获南京市第七届自然科学优秀学术论文二等奖)

城市基础地理信息系统符号化及符号快速配赋研究

窦　炜　诸敏秋　陈新玺

摘　要：符号化是城市基础 GIS 建设中的一个重要环节,同时也是一大难点。本文研究了城市基础 GIS 符号化的特点、各种地物及注记等的表达方法、符号选用原则、符号的快速自动配赋及符号化结果的存储等问题,并基于 ArcGIS 平台提出了符号化解决方案,论述了符号快速自动配赋工具的设计与实现。

关键词：基础地理信息系统;符号化;制图

1 引言

城市基础地理信息系统对于规划、国土、消防、公安等均有重要的意义和作用,是数字城市的重要组成部分,因此国内各大城市均竞相进行基础 GIS 建库工作。符号化是建库过程中的一个重要环节,甚至决定了整个城市基础 GIS 建库的成败。当前各城市的基础 GIS 建库基本都是采用先生产出 DLG 数据(一般为 DWG 或 DGN 格式),然后再通过数据转换形成 GIS 数据,最终入库形成基础 GIS 数据库。但由于 DLG 和 GIS 间的特点、定位等各方面的差异,造成了 GIS 和作为建库基础的原始 DLG 在图面表达上存在较大差异。另一方面由于城市基础 GIS 承载的信息量大,各种符号众多,造成了手工配赋符号工作量大、周期长。

很多专家和学者对符号问题进行了研究,但往往专注于符号的设计、符号库的管理等方面。符号化只是城市基础 GIS 建设过程中的一个环节,其不是单独存在的,应综合考虑应用及数据源等各方面的影响。鉴于以上城市基础 GIS 符号化中存在的一些问题,本文研究了城市基础 GIS 符号化的特点,基于 ArcGIS 平台论述了各种要素的符号表达方法及符号选用原则,并提出了一个包含简单符号、程序符号、实转符号的符号方案,同时提出了一种程序自动配赋符号及符号化结果的存储的方法,简化和加快了符号的配赋及使用。

2 城市基础 GIS 符号化的特点及各种地物、注记的表达

2.1 城市基础 GIS 符号化的特点

城市基础 GIS 系统主要功能是保证各行业,政府部门等的决策、分析,如规划部门的规划审批、公安部门的警力部署等,要有较高的调用效率,同时需尽可能兼顾制图的要求,并能保证在一般要求下可以直接出图。该功能定位也决定了其符号化的目标和原则,即:尽量满足制图的要求,但要权衡考虑符号方案对效率等的影响,在保证图理正确,地理信息表达准确的前提下,允许与地形图存在一定的差异。

另一方面,城市基础 GIS 的数据源一般来源于城市大比例尺地形图测绘,由于设备、作业效

率、误差等各方面的影响,其数据质量及数据组织方式并不能完全达到 GIS 的理想要求,因此在符号化时还需充分考虑数据质量及数据组织方式的影响。

2.2　符号及其选用原则

为了满足图式要求,结合 GIS 的特点,本文提出的符号化方案共涉及三大类符号,分别为简单符号、程序符号及实转符号:

(1) 简单符号包括简单点状符号、简单线状符号、简单面状符号。

(2) 程序符号是指,通过程序直接获取 DC,按指定的方法进行符号绘制的符号化方法。有些地物符号比较复杂,较难直接通过线形、填充等方法来解决,但图形较规则,如依比例尺人行桥、依比例双向地下建筑出入口等,这时候就需要用到程序符号化。由于 ArcGIS 是完全基于 COM 架构的,实现程序符号时,只要实现其定义的标准接口,就可以无缝的嵌入到 ArcGIS 体系中,并按照自定义的方式对地物进行符号绘制。

(3) 本文将直接把原始数据中的符号点、线等转换到 GIS 中作为符号的方式称为实转符号,在 GIS 系统中这些数据仅用作符号表达,不代表任何要素。

对于能够使用简单的点、线、面符号表达的尽可能使用简单符号,无法使用简单符号的采用程序符号或实转符号。程序符号往往涉及较多的计算,在大量采用时,会造成效率低下,同时只有数据按预先定义好的格式才能获得正确的结果,对数据格式有较高要求;而实转符号会极大地增加数据量。因此对这两种方法的选取,需综合、权衡考虑。

2.3　点状地物的符号表达

点状地物主要指大小与地图比例尺无关的小面积地物或独立地物,表达时主要分有方向点和无方向点两种,对方向不敏感的点状地物称为无方向点,反之则称为有方向点。如图 1 所示的路灯等为典型的无方向点,如图 2 所示的电杆为典型的有方向点。

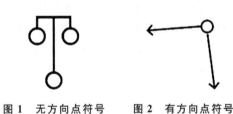

| 图 1　无方向点符号 | 图 2　有方向点符号 |

无方向点可通过点、线段、折线、样条曲线、多边形、矩形、三角形、圆、圆弧等基本的几何构造单元组合成点状符号来表达。而有方向点还需另外表达方向信息。

以电杆为例,每个电杆均有自己的旋转角度。在 ArcGIS 中可以通过将每个电杆的角度信息存储到指定的属性字段中,并通过在 ArcGIS 中设置旋转字段来实现。

ArcGIS 中的点状符号主要有栅格和矢量两种实现方式,栅格方式速度较快,但在图面显示时容易产生"发虚"等问题,而矢量方式图面表达效果较好,但速度较慢。

2.4　线状地物的符号表达

线状地物指地理空间上以线状、带状分布的地物,其长度在地图上按比例表示,而宽度不依比例表示,例如:道路、河流、陡坎等。线状地物同样也分有方向和无方向两种(本文将对线的走向敏感的线状地物称为有向线)。表达时,从纵向分析可以看成是若干基本线条的组合和叠加,从横向可以看做是点状符号沿着线前进方向的周期性重复。

对于一般的线状地物可以通过配赋线形来实现,有向线的表达需分左右,在符号化时需制作对称的两个线形分别符号化(如图 3、图 4 所示)。

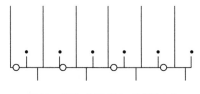

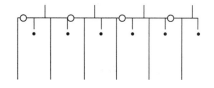

图 3　斜坡式栅栏加固岸(左)　　　　图 4　斜坡式栅栏加固岸(右)

对于一些复杂的线状地物的表达则需通过程序符号的方式来解决,如图 5 所示:不依比例人行桥等。符号化时传入骨架线的两个端点,通过程序符号化完成 4 个角的绘制和表达。

图 5　不依比例人行桥　　　　　　　图 6　变坡

而对于如图 6 所示的变坡等线状地物,由于其符号(示坡线)无规律,所以无法通过线形或程序符号来实现,本文采用将所有的示坡线都实转到 GIS 中作为符号线即实转符号的方式来实现符号表达。

2.5　面状地物的符号表达

面状地物指地理空间上以面状分布的地物,符号范围与地图比例尺有关。面状地物的符号表达包括封闭轮廓线和内部填充两个部分。边线的符号化同线状地物;内部填充主要分井字填充及品字填充两种。基础 GIS 中大多是品字填充(如图 7 所示)。通常采用制作普通点或线符号的方式制作好内部填充符号,然后用点填充和线填充方式实现。对于如图 8 所示幼林等比较复杂的填充符号,则需要制作出多个填充符号进行交叉、叠加填充。

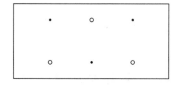

图 7　品字填充的面状符号　　　　　图 8　交叉填充的面状符号

有些面状地物需要通过程序符号化的方式实现:如图 9 所示的依比例尺人行桥为例,根据顺序传入的 1,2,3,4,其中 12 和 34 为桥边线,在 Draw 函数中分别以 45 度角方向绘制出四个角上的斜短线,并绘制各边线。

图 9　依比例尺人行桥　　　　　　　图 10　沙砾滩/沙石滩

对于类似图 10 所示的沙砾滩/沙石滩由于填充内容无规律,因此需使用实转符号来表达。

2.6　注记

ArcGIS 中注记通常可采用 Label 或 Annotation 两种方式,两者互有优缺点。Label 方式无论建库还是显示,效率都较高但表现力较弱(如:较难在同一个要素类中实现分级显示等);Annotation 方式效率较低,但表现力较强,可以每个注记单独设置颜色、大小、字体等。通过综合考虑,本文使用 Annotation 方式。

2.6.1 注记大小,拉伸及旋转

在设置注记字体大小的时候需根据 DLG 中的字高到 TrueType 字号的转换关系进行转换,并设置合适的拉伸值等参数,从而达到和原始数据基本相同的显示效果。

有些注记需设置旋转角度,如图 11 所示为道路名称注记的效果。

 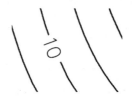

图 11　道路名称注记　　　　　图 12　等高线注记消影

2.6.2 注记消影

对于等高线等注记需要作消隐处理,如图 12 所示为注记消隐的效果。

2.6.3 耸肩、左倾斜等特殊注记

DWG 中一般采用 SHAPE 字体,这些字体样式中包含耸肩、左倾斜等特殊字体,而 ArcGIS 中的注记采用 TrueType 字体,常用的 TrueType 字体如宋体、华文细黑等只能设置右倾斜,没有耸肩、左倾斜等姿态。本文采用在一般 TrueType 字体的基础上通过 FontCreateor 等字体编辑工具中通过设置倾斜角度等参数来生成所需的特殊字体,来解决该问题。

图 13　左倾斜注记　　　　　　图 14　耸肩注记

3　符号的快速自动配赋及结果存储

3.1　数据及符号库的要求和准备

符号化不是独立存在的,为了达到符号化的要求必须首先通过数据标准,相关规范等对数据进行约束,使其包含必要的信息,采用统一的格式。

点状要素需包含角度字段,注记需包含注记内容及角度字段等。对于采用程序符号化的要素应符合程序符号的约定。以 DWG 格式数据为例:在转换到 ArcGIS 数据时,可将 DWG 数据中的块等的角度信息等转换到 GIS 要素类的 ROTATION 等字段中,注记采用了 Annotation 方式存储,并在数据转换时设置了相应的角度、字号。对于需要程序符号化的数据,在前端开发数据处理工具,协助数据生产人员自动查询定位到需程序符号的要素并采用人机交互的方式自动检核、处理数据。

在进行符号化前需通过各种符号制作工具制作完成各种相关的符号并形成符号库,为了便于程序自动配赋符号,所有的符号均以编码命名。

3.2 基于 XML 的配置文件

在符号化的过程中,有些信息,需能够方便的批量配赋或更改,如:每个层的表现信息,包括颜色,有向点的旋转角所在字段,地图的参考比例尺等。本文采用 XML 配置文件的方式描述这些信息,在符号化时,配赋符号程序自动读取该文件并实现配置。

3.3 符号自动配赋流程

符号自动配赋流程如图 15 所示,工具基于 AO 开发,对于非注记要素类主要采用 ArcGIS 的 Unique Value Renderer 方式,为要素类中的每种编码对应的要素配赋各自的符号。注记由于采用 Annotation 方式,其角度、大小等信息在数据转换时就已经确定了,在配赋符号时,只需根据配置文件统一设置颜色等。

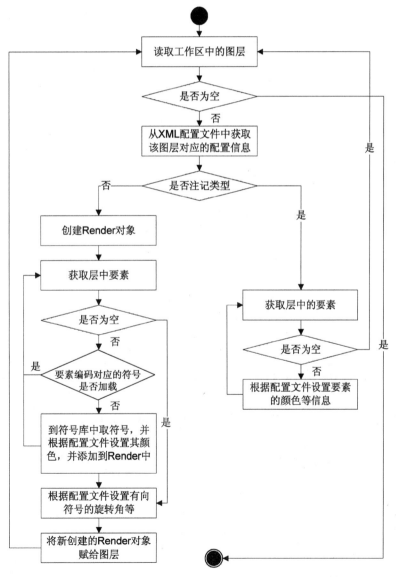

图 15 符号配置流程

3.4 符号化结果的存储

通常情况下直接将符号化完的成果存储成工作区,就可以在下次直接打开显示了,但这种方式必须依赖工作区文件(ArcGIS 中为 MXD),不够灵活。因此还需提供第二种方式,即序列化成 Render 库的方式,并开发 Render 导入导出工具,在应用系统地图浏览程序中开图时自动从 Render 库中读取这些信息,实现符号信息的快速加载。

4 结 论

城市基础 GIS 的符号化一方面要尽可能地满足图式的要求,一方面又要保证较系统具有较高的效率,同时还要考虑原始数据格式及质量的影响等问题,在表达和效率等之间存在冲突时需权衡考虑。通过普通符号、程序符号、实转符号的综合运用和合理选取可以较好的满足城市基础 GIS 符号化的要求。符号的程序快速自动配赋,大大加快了符号化的速度,减轻了符号化人员的工作量,但该方法对数据的质量要求较高,通常自动符号化完成后对一些特殊情况还需进行一些手工微调才能达到理想的效果。

参考文献

[1] 张佩瑶,王艳东,龚键雅.GIS程序符号的设计与实现[J].测绘信息与工程,2006,31(5):32-33.
[2] 熊伟,王家耀,武舫,等.地图符号化中的几个关键问题研究[J].测绘科学技术学报,2006,23(1):48-51.
[3] Lai, P-C, Yeh etc. Assessing the effectiveness of dynamic symbols in cartographic communication[J], The Cartographic Journal, 2004, 41(3):229-244.
[4] 祁华斌,艾廷华,胡珂,等.基于ArcGIS的地图符号库建立及符号化实施[J].测绘通报,2003(1):14-17
[5] 薄伟伟.基于ArcGIS的地图符号设计与研究[J].地理空间信息,2006,4(2):70-72.
[6] 于雷易,边馥苓.基于AO的符号组件设计与实现[J].测绘通报,2004(1):20-21.
[7] 吴小芳,杜清运,徐智勇,等.复杂线状符号的设计及优化算法研究[J].武汉大学学报:信息科学版,2006,31(7):632-635.
[8] 王均,王红,陈向东.数字制图中地图符号的标准化研究[J].地球信息科学,2003(2):16-19.

Research on the Urban Foundational GIS Symbolization and Quick Setting

Dou Wei   Zhu Minqiu   Chen Xinxi

Abstract:Symbolization is a difficult problem in establishing urban foundational GIS. This paper researched on the characteristic, expression of all kinds of features and annotations, fundamental of selecting symbol, quick setting symbols and the storage of the result in urban foundational GIS. Based on ArcGIS a resolvent was presented to resolve the symbolization problem. And the designing and implementation of tools to quick set symbol was discussed.

Key words:urban foundational GIS; symbolization; cartography

(本文原载于《地理与地理信息科学》2009 年第 25 卷)

本原 GML 数据库系统设计与实现

孙玉婷　张书亮　戴　强

摘　要:随着 GML 形式数据的大量涌现,如何对其进行有效地存储和管理,已经成为 GML 应用研究的热点之一。本文借鉴现有的本原 XML 数据库存储技术,设计并实现了一种既能支持 GML 文档集的高效集约存储,同时又可以满足 GML 要素和结构语义信息提取的本原 GML 数据库系统。在此基础上,分析了本原 GML 数据库系统的内涵,设计了其体系结构并构建了系统原型。通过和开源本原 XML 数据库系统在存储性能上的对比,本文所构建的本原 GML 数据库原型系统能够满足较大数据量的 GML 存储,并且存储时间长短和存储文件大小与目前流行的开源本原 XML 数据库相近。

关键词:GML;XML;GML 存储;本原 GML 数据库系统

1　引言

地理标记语言(Geography Markup Language, GML)是开放地理信息系统联盟(Open Geospatial Consortium, OGC)制定的基于 XML 的地理信息编码标准,用于地理信息传输与存储,描述了地理要素的空间与非空间属性。基于地理信息共享的迫切需求,特别是随着 GML 国际标准(ISO 19136—2007)和中国国家标准(GB/T 23708—2009)的实施,众多由人为创建或空间服务自动生成(如 OGC 的 WFS)的 GML 数据迅速在 Internet 环境下大量涌现。

GML 文档的文本特点及其允许冗余的嵌套结构,使得在描述同样的地理要素集时,它要比传统的 GIS 格式文件大很多。这直接导致了 GML 数据资源管理软件处理效率的低下,也影响了 GML 解析、查询等其他技术性研究的进一步开展。为了解决这一困扰,许多研究学者与科研机构开展了 GML 文档存储的研究。

传统的对象关系数据库具有数据处理能力强、查询性能好的优势,目前许多研究者借助对象关系数据库开展 GML 存储方法的研究,并形成了一批有影响的研究成果。但由于 GML 的层次嵌套特性与平面化的关系数据模型之间存在较大的差异,传统的对象关系数据库并不适合 GML 空间数据的存储、查询与索引。

本原 XML 数据库系统是 XML 数据管理领域新兴的一种数据管理系统,它以特有的存储模式支持 XML 数据的半结构化特性,并从数据库核心层直至其查询语言都采用与 XML 直接配套的技术。考虑到本原 XML 数据库系统是 XML 数据管理研究与开发的趋势,可以预见:随着互联网环境下"类 GML"数据资源的日益丰富,在半结构化 XML 形式空间数据资源管理、挖掘、抽取、搜索、分类等研究与应用等方向上,本原 GML 数据库系统也将在未来扮演重要角色。目前已有研究者基于本原 XML 数据库系统相关研究成果探索了本原 GML 空间数据库系统及其构建方法。但仔细分析这些研究成果,它们基本上都直接利用本原 XML 数据库系统,将 GML 数据看作普通的 XML 数据,将其中的坐标信息作为普通的文本值处理,这些方法忽略了 GML 要素、几何以及拓扑等语义信息。存储后的数据并不支持 GML 的空间查询，也无法体现 GML 中的语义信息。这种基于本原 XML 数据库的 GML 存储方案并不能称之为真正意义上的本原 GML 数据库系统。

本文认为，本原 GML 数据库系统应当是利用本原 XML 数据库相关技术成果，融入 GML 语义特性与空间特性，同时结合基于文本的 GML 解析、查询与空间索引技术，从逻辑层的操作模型至物理层的存储策略重新设计并构建。本文首先分析了本原 GML 数据库系统的内涵，然后设计了本原 GML 数据库系统的体系结构，利用 J2EE 环境和相关的开源软件，最终实现了一个本原 GML 数据库原型系统。

2 本原 GML 数据库系统的内涵

GML 数据是基于 XML 编码的空间数据。因此用于存储和管理 GML 数据的本原 GML 数据库系统应当具有空间数据库系统和本原 XML 数据库系统的双重特点，更应具备或包括以下内涵

(1) 能够保持 GML 文档的结构、语义与空间特性。本原 GML 数据库系统区分文档中 GML 元素类型与普通 XML 元素类型，记录 GML 对象之间的嵌套关系，易于与 GML 索引技术结合支持 GML 空间查询与分析。

(2) 提供文档集合管理。文档集合的概念比文档更高一层，它将 GML 实例文件聚集在一起，方便用户操作。集合级别上的查询与修改操作都会反映到集合内的每一个文档中。文档集合可以进一步分为有模式文档集合与无模式文档集合。

(3) 提供 GML 应用模式管理。模式管理提供模式解析、文档有效性验证、以及数据操作合理性验证等与 GML 应用模式相关的操作。在本原 GML 数据库系统中引用模式管理可以在更新与删除 GML 文档时保持数据的完整性。

(4) 提供良好的编程接口。包括提供类似于 ODBC 和 JDBC 那样的数据库连接接口、执行查询和返回结果的接口以及提供文档信息提取与遍历操作的接口。

(5) 提供支持空间查询与分析的半结构化空间数据查询语言。本原 GML 数据库系统使用的查询语言首先应当支持 XML 查询，并且在 XML 查询的基础上，融入空间操作算子，提供面向半结构化空间数据的 GML 查询。

(6) 支持多种类型的索引包括：元素值索引和属性值索引、元素名索引和属性名索引、结构索引以及空间索引。

(7) 具有良好的开放性。所谓开放性是指符合标准和规范，如 W3C 的 XML Data Model 标准、OGC 的 Simple Feature Specification 以及 OGC 和 ISO/TC211 共同推出的基于 Web 服务的空间数据互操作实现规范 Web Map Service，Web Feature Service 等。

3 本原 GML 数据库系统的体系结构与关键技术

3.1 本原 GML 数据库系统体系结构

本原 GML 数据库系统与普通的数据库系统一样，支持事务处理与发控制，并提供良好的编程接口。本原 GML 数据库是实例数据、模式文档、索引数据以及元数据的存储载体，它利用 GML 解析与 XML 解析技术实现对待存储数据内容的分析，并转化成为数据库内部的存储模

型。其体系结构如图 1 所示。

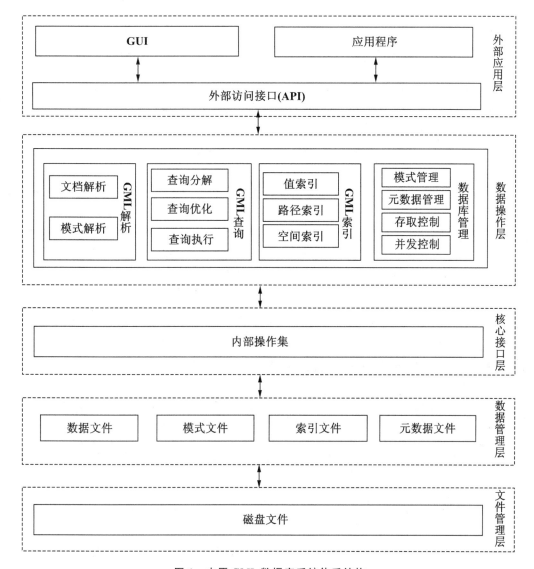

图 1　本原 GML 数据库系统体系结构

本原 GML 数据库系统自上而下划分为五层:外部应用层、数据操作层、核心接口层、数据管理层以及文件管理层。

(1) 外部应用层。向外部应用程序与用户提供数据库的操作接口。

(2) 数据操作层。提供 GML 数据的查询、索引、解析以及数据库相关其他操作。

① GML 解析

当用户需要存储 GML 数据时,本原 GML 数据库依靠 GML 模式解析与文档解析技术,载入并存储 GML 实例数据。

② GML 索引

在数据存储过程中,系统利用 GML 索引技术生成各类索引文件,包括值索引、结构索引与空间索引。

③ GML 查询

本原 GML 数据库系统接受各种用户接口产生的查询命令,如支持空间查询的 GML 查询语言以及数据库提供的查询接口。数据库对查询命令进行分解,生成查询求解计划,然后在数据库中执行这些计划,并返回结果。

④ 其他操作

本原 GML 数据库中的模式管理与元数据管理是查询计划的生成依据。模式管理存储实例文档的模式信息,元数据管理存储描述实例数据文档的 XML 元数据文件。本原 GML 数据库中按照用户角色的权限分配对数据实行存取控制,保证数据的安全性与完整性。事务管理是任何一个数据库系统必不可少的部分,本原 GML 数据库系统的事务管理可以参考本原 XML 数据库系统的事务管理技术,目前这一领域研究较少。

(3)核心接口层。提供一个数据库的内部的基本操作集。如,向数据操作层提供具体数据与模式信息的提取、修改、更新以及索引创建等接口。

(4)数据管理层

数据管理层负责整个系统中各类数据集合以及集合内的 GML 文档、GML 模式文件、数据库元数据文件的建立、删除与修改。

(5)文件管理层

负责实际存储数据的磁盘空间管理,包括分配、回收、读和写页面。存储管理还包括缓冲区管理,提供内存中缓存页面的读、写、查找以及按照替换策略进行页面替换的接口。

3.2 本原 GML 数据库系统中的关键技术

本原 GML 数据库系统的构建是集存储、解析、查询、显示以及索引技术为一身的综合性研究课题,各项技术间的关系如图 2 所示。

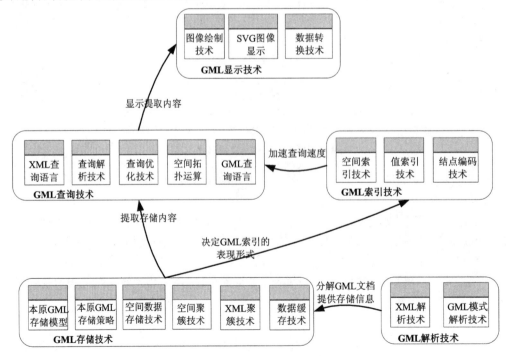

图 2 本原 GML 数据库系统技术体系

借鉴传统 XML 解析的概念及方法,GML 解析是按照 GML 标准中核心模式的一般规则和基本模式组件的内容特点,遵循一定的接口标准,通过软件实现,判断 GML 文档中元素的类型,提取元素间的语义含义。它和 GML 查询有着本质的不同,后者更强调面向元素值的操作,如提取或修改。GML 解析是其他 GML 应用技术的基础,只有较好地解决 GML 数据在内容、结构与语义层面上的信息提取问题,GML 数据的存储才能够得以实现。

索引对于任何存储系统来说都至关重要,如果不能对存储的 GML 文档建立有效的索引结构,以支持数据信息高效提取,那么本原 GML 数据库系统在数据提取方面的性能与文件系统相差无几。通过在 XML 值索引与结构索引的基础上添加空间索引,GML 索引可以是分别面向值、结构以及空间的独立索引,也可以多维的联合索引。

通过在 XML 的 XQuery 上扩展空间操作算子以形成 GML 查询语言,GML 查询技术则以此为基础,涵盖查询解析、查询优化以及空间拓扑运算等处理流程。

GML 显示技术是本原 GML 数据库系统展示数据的窗口。基于浏览器的 GML 显示通常是将 GML 数据转换为 SVG,利用 SVG 图形显示插件达到 GML 数据可视化的效果。另一种 GML 可视化方案则是使用操作系统提供的图形函数,通过编程实现 GML 数据的可视化。

GML 存储技术提供一组规范和约束,或者是通过某种形式的映射规则,将 GML 文档数据重新组织后存入物理磁盘中,存储的同时保持 GML 文档本身的树形结构、空间特性以及语义特性。GML 存储技术涉及了存储模型设计、存储粒度与聚簇方式选择等多种技术细节。

4 本原 GML 数据库原型系统

4.1 本原 GML 数据库原型系统的开发环境

本原 GML 数据库原型系统 NativeGMLDB(Native GML Database)选择 Java 作为开发语言,采用了 Borland 公司的 JBuilder2006 作为集成环境。Java 是一种平台独立、易于处理的面向对象编程语言,除设计思想之外,Java 体系结构的许多特征很适合作为 XML 的编程语言。JAXP(Java API for XML Processing)为 Java 处理 XML 文档提供丰富的编程接口,使得采用 Java 语言处理 XML 文档显得更为方便。系统提供 Text、Grid 以及 Map 三种 GML 视图形式,主界面如图 3 所示。

4.2 系统采用的存储模型与存储策略

原型系统采用以元素为单位的细粒度存储模型,将表达元素的信息分为元素名、属性名、元素值、属性值、结构信息以及空间信息六类,并为各类信息设计独立的存储结构,元素名与属性名采用压缩的存储策略,避免重复存储。元素内部以结构信息为主体,与元素的名/值、属性的名/值以及空间信息相关联。元素之间通过扩展区间编码记录位置关系。每个元素的编码值为 $Code(n) = <pre, post, level>$,其中 pre 为前序编码,post 为后序编码,level 为深度,根结点 level=0。

在具体实现物理存储时,系统按照深度优先的聚簇方式将不同类型的数据存储在不同的磁盘文件中,并借鉴 dbXML 的分层物理存储策略:底层利用页面文件存储 GML 文档数据以及索引数据,上层利用 B+树实现对页面的索引。

4.3 系统支持的查询方式与索引类型

NativeGMLDB 中支持非空间查询、空间查询以及混合查询,界面如图 4 所示。在实现空间分析与查询功能时,系统使用 JTS(Java Topology Suite)开源代码实现空间分析,选用 JavaCC 作为扩展 XQuery 查询语言解析器的自动生成工具。JTS 是一个关于空间谓词和函数的 Java API,遵守由开放地理信息系统协会 OGC 发布的 Simple Feature Specification For SQL1.0 规范,并提供一个完整、一致和健壮的基本 2D 空间算法实现。JavaCC 是由 Sun 公司开发的、目前较为流行的编译器自动生成工具。

NativeGMLDB 中的索引主要支持元素值索引、属性值索引、元素名索引、属性名索引、结构索引以及空间索引。其中空间数据索引采用 Spatial Index Library 提供的 R-Tree 索引。Spatial Index Library 是一个开放源代码的、纯 Java 开发的空间数据索引库。

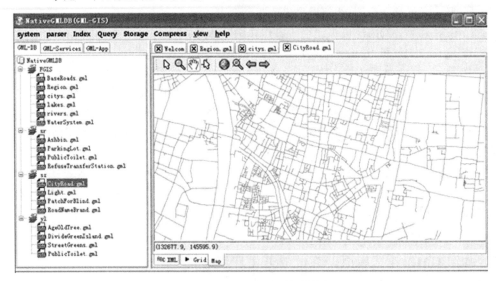

图 3　NativeGMLDB 系统主界面

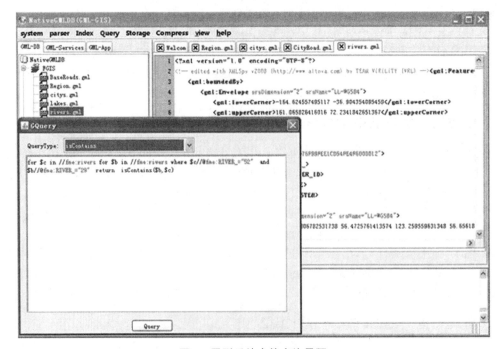

图 4　原型系统中的查询界面

4.4　与开源本原 XML 数据库的比较与分析

本文将 NativeGMLDB 与 dbXML 以及 eXist 这两种目前较流行的开源本原 XML 数据管理软件进行了存储性能的对比实验。系统采用 CPU P4 3.06 GHZ、内存 1G、硬盘 120G、WindowsXP 操作系统的硬、软件测试环境,实验结果如表 1、表 2 所示。

表 1　GML 文档大小与存储时间

存储时间(s) ＼ 文档大小(M)	2	5	10	20	50	70
dbXML	1.71	3.84	—	—	—	—
eXist	6.26	12.53	29.64	257.07	626.12	971.67
NativeGMLDB	21.13	40.73	81.47	279.58	997.94	1 773.31

表 2　GML 文档大小与存储空间

存储空间(M) ＼ 文档大小(M)	2	5	10	20	50	70
dbXML	1.7	4.3	—	—	—	—
eXist	5.3	12.8	25.7	51.1	149.9	206.2
NativeGMLDB	3.50	8.73	17.2	34.4	87.8	120

表 1 与表 2 分别显示了存储时间与存储空间上的效率对比,表中斜划线表示内存溢出情况。dbXML 采用的是文件级的记录存储粒度,将整个文档的结构信息存储在一张 DTSM 表(Document Table Storage Model, DTSM)中,只适用于管理小规模的 XML 数据文件。当文件超过 10M 时已经产生内存溢出现象。

本原 GML 数据库原型系统采用与 eXist 类似的元素级存储粒度,但增加了对空间信息的处理,在存储时间上逊于 eXist,但相差不大。而在存储空间的占用上,原型系统要优于 eXist。总之,本文所构建的本原 GML 数据库原型系统能够满足较大数据量的 GML 存储,并且存储时间长短和存储文件大小与目前流行的开源本原 XML 数据库相近。

5　结语

GML 存储研究一直是 GML 应用技术研究的薄弱环节。为了解决传统空间数据库不支持 GML 数据结构特性的弊端,改善本原 XML 数据库不支持 GML 数据空间与语义特性的不足,本文借鉴本原 XML 数据库存储技术,设计并实现了本原 GML 数据库系统,为其他 KML、CityGML 等类 GML 的半结构化空间数据的存储提供了可以借鉴的方法。完整的本原 GML 数据库系统的构建是一项工程浩大的工作,还需要更多的学者参与。本原数据库系统中的模式管理、元数据管理、查询优化等都可以作为本文今后的研究方向。

参考文献

[1] Open Geospatial Consortium Inc.：OpenGIS ® Geography Markup Language（GML）Encoding Standard Specification 3. 2. 1[EB/OL]. (2007-08-27)[2010-4-7]. http：//www. opengeospatial. org/standards/gml.

[2] J E Corcoles, P Gonzalez. Analysis of different approaches for storing GML documents[C]//In: Proceedings of the tenth ACM international symposium on Advances in geographic information systems. Virginia, USA, 2002:11-16.

[3] Ho-young Jeung, Soo-hong Park. A GML Data Storage Method for Spatial Databases[J]. The Journal of GIS Association of Korea,2004,12(4):307-319.

[4] 李俊,关佶红,李玉珍. GML 空间数据存储映射模型研究[J]. 武汉大学学报:信息科学版,2004,29 (12):1071-1074.

[5] 谭玉敏,池天河,唐中实. GML 的空间信息映射模式[J]. 华侨大学学报:自然科学版,2004,25(1): 87-90.

[6] Manoj Paul and S K Ghosh. Application Schema Mapping based on Ontology：An Approach for GML Storage[C]//In: Proceedings of The 6th IEEE International Conference on Computer and Information Technology,Bhubaneswar, India,2006:28.

[7] 殷丽丽. 基于对象关系数据库的 GML 存储机制研究[D]. 南京:南京师范大学硕士学位论文,2006.

[8] 兰小机,邓华梅,李肖锋. 基于 Oracle 的 GML 空间数据存储研究[J]. 金属矿山,2007,(11):79-82.

[9] 张爱国,邬群勇,王钦敏. 基于 PostgreSQL 数据库的 GML 数据存储[J]. 测绘科学, 2008, 33 (1):194-196.

[10] 史婷婷,李岩,王鹏. 基于 GML 空间数据存储方法研究与实现[J]. 计算机应用,2006,26(10): 2408-2412.

[11] 兰小机. GML 空间数据查询与索引机制研究[D]. 南京:南京师范大学博士学位论文,2005.

[12] 兰小机,张书亮,刘德儿,等. GML 空间数据库系统研究[J]. 测绘科学,2005,30(5):16-18.

[13] 徐洁慧. GML 本原数据库存储模型的设计与实现[D]. 南京:南京师范大学硕士学位论文,2007.

[14] 胡川,龙文星,兰小机. 本原 GML 空间数据库系统研究与实现[J]. 大地测量与地球动力学,2009,20 (5):132-137.

[15] 王光平. 一个 NativeXML 数据库——dbXML 的存储策略研究与改进[D]. 西安:西安电子科技大学, 2005:23-29.

[16] Martin Davis. JTS Topology Suite:An API for Processing Linear Geometry[EB/OL]. [2010-3-9]. http：//dl. maptools. org/dl/omsug/osgis2004/JTS-API-for-Geometry. ppt.

[17] JavaCC[EB/OL]. [2010-4-7]. https：//javacc. dev. java. net.
Java Spatial Index (RTree)

[18] Library[EB/OL]. [2010-4-7]. http：//www. sourceforgecn. net/Projects/j/js/jsi/.

Design andimplementation of native GML database system

Sun Yuting　Zhang Shuliang　Dai Qiang

Abstract：As the spatial data in GML format is emerging in multitude, storing and managing GML data efficiently has become a research hotspot. GML is an XML encoding form for the exchange and storage of spatial information. It is difficult for traditional relational database to support the semi-structural and semantic characteristic of GML data, as well as the spatial query operation. After analyzing studies on GML storage and Native XML database technology, this paper proposes a native GML database system which provides efficient storage of GML document collection and supports spatial, semantic and semi-structural characteristics of GML data. The architecture and characteristics of system is provided. A prototype system named NativeGMLDB is provided to prove the feasibility and the validity of our research. Through the comparison between NativeGMLDB and open source native XML database system, NativeGMLDB is proved to be effective. It can satisfy large data storage and need similar storage time and similar storage space to the native XML database systems which are popular recently.

Key words：GML; XML; GML storage; native GML database system

（本文原载于《测绘科学》2011 年第 5 期）

基于 ArcGIS 与 XSL 的动态图形整饰的设计与实现

陈　踊　崔　蓓　郭绪友　周长利

摘　要：图形整饰是 GIS 系统开发的一个难点。本文通过对城市规划审批图件的制图需求的分析，介绍了一种在 ArcGIS 平台上，利用 XSL 语言来实现各种制图样式的图形整饰新方法。通过该方法，不仅实现了整饰图框、图例、索引图的动态生成，更满足了图表一体的规划设计要点图件和超长幅面带状自动拼接图件等特殊的制图要求。通过在南京市"数字规划"信息平台中的应用，证明该方法可以灵活地适应各种复杂的制图需求，对同类系统的开发具有较好的参考价值。

关键词：ArcGIS；XSL 语言；图形整饰；规划审批图件

1　前言

"一书两证"规划管理系统是城市规划审批中最关键的业务系统，规划审批图件作为规划审批成果的附图，是重要的行政许可依据之一。目前大部分规划管理系统都是基于 ArcGIS 平台开发，但图形整饰和打印模块一般都是在 AutoCAD 中实现。即使在 GIS 中有图形整饰功能，也只实现了简单的基本图框，同时，图框模板固定，制图样式比较单一，无法满足复杂的规划审批图件的制图整饰要求。

本文通过吸收 XSL 语言的优点，基于 ArcGIS 中丰富的功能和开发接口，介绍了一种在 GIS 环境下实现动态图形整饰的新方法。该方法在南京市"数字规划"信息平台中得到应用，大大提升了规划审批图件的规范化、标准化及人性化，满足了规划审批对图文一体化的要求。

2　图形整饰的规则和要求

在规划审批图形整饰中，除了考虑合理和美观的原则之外，还要符合规划审批相关规范和图式要求，特别是要满足一些特殊需求。例如对于规划设计要点审批阶段，需要在图件中插入包含文字审批内容的要点表格，实现图表一体，同时，还要考虑到审批人员的操作习惯和办案要求，使制图的操作流程要尽量简便，功能设计上要人性化。

一般简单制图中，只要确定用户选择的图幅范围和比例尺，即可确定整饰图面内容，但由于规划审批图件中还要包含文字内容，而文字审批内容和长度是不确定的，这就需要系统实时计算出合适的图框大小，同时图框中的各种文字说明、图例和索引图等制图要素都要动态生成。另外，除了实现 A0、A1 等标准图框的图形整饰外，还需要实现介于标准图框之间任意大小的图框，而且图框中的各种制图要素的大小也要随着图框的大小而改变。

3 基于 XSL 的图形整饰方案

3.1 图形整饰的设计思路

本方案采用 XSL 语言来对包含业务数据的 XML 文档进行格式化,并生成图形整饰的图框。XSL 是可扩展样式表语言(EXtensible Stylesheet Language)的简称,它定义了如何转换和表示 XML 文档。它主要包含两个部分,一个是 XSLT,用于转换 XML 文档的语言,一个是 XPath,用于在 XML 文档中导航的语言。通过 XSL 可以方便地将 XML 文档按照一定规则转换为指定的格式呈现。在 Web 界面设计中,它特别适用于需要频繁重新设计和灵活格式处理数据的 HTML 页面。它可以把 XML 文档转换成各种样式的 HTML 页面显示,包括页面上的表格。联想到在图形整饰上,也可以把图框看做一个复杂的 HTML 表格,通过 XSL 与 XML 的结合实现各种图形整饰效果。

按照以上思路,本方案需要设计两种模板。一种是 XSL 格式的制图数据模板,一种是 XML 格式的制图样式模板,后者主要作为前者的补充。通过定义两种模板与各种制图类型之间的关系来实现系统动态图形整饰的目的。所有制图模板都以二进制存储在数据库中,同时案件业务数据也都按照统一的格式以 XML 文档形式传入。

当在系统中调用制图模块进行整饰时,通过获取当前办理案件的类型和分析传入的业务数据,先读取对应的 XSL 制图数据模板,对该案件的业务数据进行初步格式化,生成基本图框。然后再通过用户选择的图幅范围和比例尺,读取合适的制图样式模板,对先前生成的图框再进行精细的格式化。最后通过程序解析,利用 ArcGIS 类库中的 IElement、ILine Element 和 IText Element 等接口绘制图框和生成图形整饰界面。整个图形整饰流程如图 1 所示。

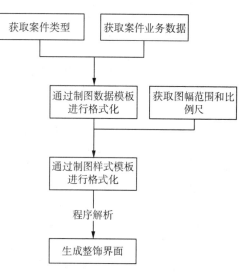

图 1 图形整饰流程

3.2 图形整饰的模板

3.2.1 制图数据模板

制图数据模板是各种案件类型的制图业务数据的一种组织方式,它可以把案件的业务数据转换成系统需要的格式。针对不同的案件类型,需要绘制不同的制图元素到整饰界面。制图数据模板定义了各制图元素的绘制规则。

制图数据模板是根据不同案件类型预先定义好的 XSL 文档。文档中对各个业务数据的样式参数都做了定义,模板名称即为案件类型名。

制图数据模板中的每个数据节点都有详细的样式参数说明,系统根据这些参数值来计算该数据节点的位置、字体大小、对齐方式、线型等,如模板中的每个 td 节点即映射为整饰图框中的一个单元格。以下为一个制图数据模板的示例:

<xsl:stylesheet version="2.0" xmlns:xsl="http://www.w3.org/1999/XSL/Transform">

```
<xsl:template match="/">
  <htmlNodeText="建筑工程规划设计要点" Key="JY">
    <body>
      <xsl:for-each select="$USER1">
        <tableNodeText="制图元素定义">
          <colSetting>
            <ColumnWidth>11.00</ColumnWidth>
            <ColumnWidth>19.00</ColumnWidth>
            <ColumnWidth>70.00</ColumnWidth>
          </colSetting>
          <tr ID="title" Height="8">
            <tdcolSpan="3" HAlign="center" VAlign="center" FontType="title" ID="图名块" TopLineType="SplitLine" LeftLineType="CommonLine" NodeType="Text" IsRefresh="false">
              <xsl:text>建筑工程规划设计要点\r\n附  图</xsl:text>
            </td>
          </tr>
          <tr Height="25.2">
            <tdHAlign="center" VAlign="center" FontType="tableBold" ID="区位图_名称" TopLineType="SplitLine" LeftLineType="CommonLine" NodeType="Text" IsRefresh="false">
              <xsl:text>区\r\n\r\n位\r\n\r\n图</xsl:text>
            </td>
            <tdcolSpan="2" HAlign="center" VAlign="center" ID="区位图" TopLineType="SplitLine" LeftLineType="CommonLine" NodeType="IndexMap" IsRefresh="false" />
          </tr>
          <tr Height="2.57">
            <tdcolSpan="3" HAlign="center" VAlign="center" FontType="tableBold" ID="图例_名称" TopLineType="SplitLine" LeftLineType="CommonLine" NodeType="Text" IsRefresh="false">
              <xsl:text>图    例</xsl:text>
            </td>
          </tr>
          <tr Height="19.28">
            <tdcolSpan="3" HAlign="center" VAlign="center" ID="图例" TopLineType="CommonLine" LeftLineType="CommonLine" NodeType="Legend" IsRefresh="false" />
          </tr>
          <tr Height="1.93">
            <tdcolSpan="3" HAlign="left" VAlign="center" updraw="false"
```

FontType＝"table" ID＝"长度单位" TopLineType＝"CommonLine" LeftLineType＝"CommonLine"
NodeType＝"Text" IsRefresh＝"false"＞
      ＜xsl：text＞长度单位：米(M) 面积单位：平方米(M＆lt；sup＆gt；2＜／
sup＆gt；)＜／xsl：text＞
     ＜／td＞
     ＜／tr＞
……
    ＜／table＞
   ＜／xsl：for－each＞
  ＜／body＞
 ＜／html＞
 ＜／xsl：template＞
＜／xsl：stylesheet＞

  制图数据模板中的一个节点表示一个 Element,节点属性信息描述了该 Element 的属性取值。例如属性 HAlign、VAlign、FontType 等分别表示水平对齐方式、垂直对齐方式、字体等。通过制图数据模板,基本把一个图框的结构进行了定义,接下来可以通过制图样式模板来获取具体的显示参数。

3.2.2　制图样式模板

  制图样式模板是对图形整饰结果的表现样式的一种抽象。在进行图形整饰时,整饰界面的大小、图框中文本的字体和大小、边框的样式和宽度、页边距、图例及其排列方式等样式参数,都来自预先定义好的 XML 文档。系统根据各种样式参数来确定每个 Element 的显示样式。

  一个制图样式模板中可以包含多个制图样式。每一个制图样式都定义了制图页面大小、内外图框和裁图框的边距、比例尺、业务数据显示方式、所有字体、所有线型、图例的排列方式等信息。例如 A0 的样式模板如下：

＜RootNodeText＝"纸型宽度字体大小定义"＞
 ＜Template Name＝"A0" Height＝"841" Width＝"1189" Index＝"0"＞
  ＜Frame ID＝"CutFrame" TopMargin＝"0" BottomMargin＝"0" LeftMargin＝"0"
RightMargin＝"0" LineType＝"CutLine" /＞
  ＜Frame ID＝"MapOutFrame" TopMargin＝"40" BottomMargin＝"40" LeftMargin＝"40"
RightMargin＝"40" LineType＝"MapOutLine" /＞
  ＜Frame ID＝"MapInFrame"　TopMargin＝"15" BottomMargin＝"15" LeftMargin＝"15"
RightMargin＝"15" LineType＝"SplitLine" /＞
  ＜Scale FontType＝"Scale" /＞
  ＜Table ID＝"JY" Width＝"190"＞
  ＜ColumnWidth＞8＜/ColumnWidth＞
  ＜ColumnWidth＞20＜/ColumnWidth＞
  ＜ColumnWidth＞30＜/ColumnWidth＞
  ＜ColumnWidth＞20＜/ColumnWidth＞
  ＜ColumnWidth＞26＜/ColumnWidth＞
  ＜ColumnWidth＞26＜/ColumnWidth＞
  ＜ColumnWidth＞20＜/ColumnWidth＞

```
<ColumnWidth>20</ColumnWidth>
<ColumnWidth>20</ColumnWidth>
</Table>
<Table ID="DataInfo" Width="165" />
<Table ID="Sign" Width="160" />
<Font Type="title" FontSize="42" FontFamily="黑体" IsBold="false" />
<Font Type="tabletitle" FontSize="34" FontFamily="黑体" IsBold="false" />
<Font Type="tablehead" FontSize="34" FontFamily="宋体" IsBold="false" />
<Font Type="other" FontSize="28" FontFamily="宋体" IsBold="false" />
<Font Type="table" FontSize="20" FontFamily="宋体" IsBold="false" />
<Font Type="memo" FontSize="16" FontFamily="宋体" IsBold="false" />
<Font Type="tableFill" FontSize="18" FontFamily="仿宋_GB2312" IsBold="false" />
<Font Type="tableFillLeft" FontSize="12" FontFamily="仿宋_GB2312" IsBold="false" />
<Font Type="tableYDLeft" FontSize="12" FontFamily="宋体" IsBold="false" />
<Font Type="tableBold" FontSize="34" FontFamily="宋体" IsBold="true" />
<Font Type="tableYD" FontSize="12" FontFamily="宋体" IsBold="false" />
<Font Type="Scale" FontSize="36" FontFamily="宋体" IsBold="false" />
<Font Type="tableBoldface" FontSize="40" FontFamily="黑体" IsBold="false" />
<Font Type="tableInfoTitle" FontSize="20" FontFamily="宋体" IsBold="true" />
<Line Type="MapOutLine" Width="1.4" />
<Line Type="CutLine" Width="0.1" />
<Line Type="SplitLine" Width="0.6" />
<Line Type="CommonLine" Width="0.3" />
<Legend Index="0">
  <HMargin>5</HMargin>
  <VMargin>5</VMargin>
  <SingleHeight>10</SingleHeight>
  <WidthScale>25</WidthScale>
  <RowMarginScale>20</RowMarginScale>
  <ColumnNum>2</ColumnNum>
  <EveryRowTextNum>10</EveryRowTextNum>
</Legend>
</Template>
</Root>
```

3.3 图形整饰的保存

在规划审批管理中,需要对每次图形整饰结果进行保存,以保证下次再打印时与当初审批结果附图一致。如果将整饰结果的 PageLayout 实体保存下来,虽然实现简单,但会增加额外的存储空间,同时也无法实现制图内容的动态更新。因此,本方案采用参数保存模板的方式来存取图形整饰的各种参数,不仅满足图形整饰结果前后一致的要求,而且效率更高。

参数保存模板的结构跟制图样式模板一样,但里面只有节点结构,不包含属性和值。在将制图整饰结果保存时,程序会获取该模板的结构,将所有的样式参数序列化为该模板的格式,并保存到数据库中。当图形整饰结果再次被调用时,系统将模拟用户制图的过程,重新获得最新的业务数据,并从数据库中读取保存的制图样式参数,通过计算将整饰结果还原。通过该方法,可以保证图形整饰结果中地图范围、比例尺和图层等图形内容不变的前提下,文字审批内容能动态变化,从而达到动态图形整饰的目的。

4 动态图形整饰的实现

本图形整饰功能采用 Visual Studio . Net 2005 和 ArcGIS Engine 9.2 作为开发平台,并利用 ArcMap 进行符号配置和图例的制作。制图模板可以直接使用记事本编辑。

在规划审批图件中,除了要包含审批图形和基本案件信息外,还要有索引图、指北针、比例尺和图例等基本制图要素。利用制图数据模板和制图样式模板,可以动态生成包含这些内容的各种样式的图框。通过充分利用 XLS 语言的优点和 ArcGIS 丰富的对象和接口,本制图模块不但实现了标准的图框,还实现了两种特殊需求的制图。

4.1 规划审批标准图框的实现

4.1.1 基本图框的绘制

一个标准的规划审批图框主要由图形区域和右边的案件信息栏组成。在案件信息栏中,除了索引图和图例外,主要包含建设项目的许可相关信息,如建设单位名称、建设项目名称、建设项目地址、案卷编号、证/文编号及核发日期等。这些制图要素的样式都在制图数据模板和制图样式模板中进行定义。但由于具体案件中信息量的不固定,还需要设计相应的算法。如案件信息栏的宽度,有时标准宽度会无法容纳所有数据,因此要适时增加宽度。

通过对 XLS 数据模板和 XML 样式模板的解析,可以生成整个图框的结构。图框的边框可以分解成一根根线段,如外图框线可以看作是由 4 条线段相互连接组成,通过得到线段在地图上的 4 个角点坐标,将它们连接起来就可以生成整个图框。图框的绘制可以利用 ArcObjects 类库中丰富的接口和对象,如 PageLayout、ILineElement 和 ITextElement 等对象和接口。PageLayout 对象作为图框和数据的容器,其中的图形数据都是在整饰过程中,实时从数据库中获取。ILineElement 对象和 ITextElement 对象主要用来在 PageLayout 对象中绘制图框的边框和文字说明。

4.1.2 制图要素的动态生成

除了图框之外,整饰图面中的各种制图要素同样要实现动态生成,下面简要介绍实现方法。

(1)索引图

规划审批图件中的索引图主要反映建设项目的区位和范围,里面只需要显示基本的路网、水系、路名等信息。ArcGIS 的制图界面中可以调用多个数据图框(Data Frame),通过程序在图框的右上角创建一个新的数据图框,其中的数据调用专门的索引图图层,最后与地图内容保存在同一个 PageLayout 对象中并显示。

(2)图例

整饰图面上的图例是与图幅范围内包含的图形要素的图层对应的,即如果图幅范围里没有该图层的要素,则该图层的图例就不能出现。首先利用 ArcMap 中做好需要用到的所有图例并存储为 PageLayout 对象,当用户开始制图时,系统获取图幅范围里的所有图形要素所在的图层名称,然后根据图层信息和预定义的规则读取数据库中存储的图例信息,最后插入到 PageLayout 的合适位置。图例的大小和位置是根据制图样式模板中的图例参数来计算的,并受整个图框的大小和图例个数的影响而动态变化。

(3) 指北针和比例尺

一般制图中,都需要打印出指北针和比例尺要素,其中指北针为存储在数据库中的 Element 对象。打印指北针要素时,首先从数据库读取指北针数据,然后添加到制图整饰图框上,并根据图框大小来实时计算指北针的坐标和大小。比例尺值则根据用户选择的制图参数和制图类型计算所得,然后创建一个 ITextElement 类型的要素打印到指北针的下方。

4.2 规划设计要点制图

在城市规划"一书两证"审批中,规划设计要点阶段作为建筑方案阶段的前置环节,主要包含对建设项目的交通组织、空间关系、间距退让等的控制性要求。这些要求是建设单位组织方案设计的依据,也是规划设计方案审查的基础。不同的建设项目的规划设计要求不同,因此规划设计要点制图需要根据规划要求动态生成包含文字内容的表格,并把表格与图形绘制到一张纸上,即要实现图表一体化的规划审批图件制作。同时,如果项目中没有某项要求,即该项要求的内容为空,则程序也需要作出判断并自动在生成的表格中省去该行。

插入图件中的规划设计要点表格与规划许可的标准格式一致,以 A4 为标准规格,置于图纸左侧。如图 2 所示。

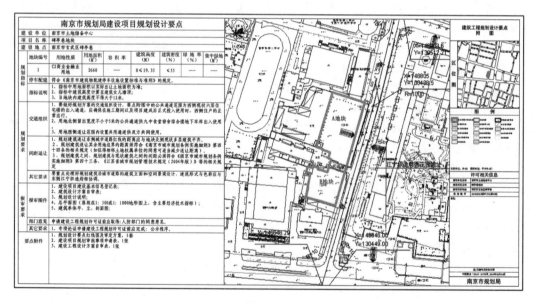

图 2　规划设计要点图框

4.3 超长幅面带状制图

在规划管理中,经常要对道路用地或市政管线进行规划审批。对于距离长、拐弯多等不规则走向的一条道路,需要实现打印之后,能够通过图纸对折,还可以拼接还原成实际走向的道路。按照此要求,在充分考虑功能人性化的基础上,我们设计了带状制图功能。用户只要沿着道路中心线画一条折线,并设置一定宽度,系统就会对每段折线生成指定宽度的多个图幅,每个图幅中的数据会自动旋转,最后生成一个超长幅面的、包含多个图幅的带状图框。其中,每个图幅都是通过一个独立的数据图框(Data Frame)来实现。如图 3 所示。

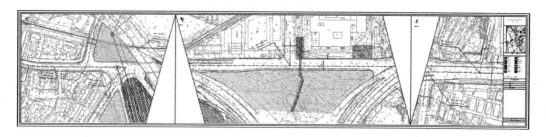

图 3　带状制图图框

5　结 束 语

在现有的规划管理系统中,在 GIS 环境下进行图形整饰一直是薄弱之处。本文首次利用 XSL 语言来格式化和表现 XML 数据的优点,基于 ArcGIS 平台强大而丰富的接口,设计和实现了一种动态的图形整饰方法。该方法不仅满足了规划管理对生成复杂的审批图件的要求,更实现了图表一体的规划设计要点图框、超长幅面带状自动拼接图框等特殊的制图需求,为 GIS 在城市规划管理中的深入应用提供了一种借鉴。

参考文献

[1] 潘宸,谈帅,朱周华,等.地图整饰及打印模块的设计与实现[J].测绘与空间地理信息,2008,31(4):206-210.

[2] 张新长.基于 GIS 的城市规划专题制图[J].中山大学学报:自然科学版,1997,36(4):94-98.

[3] 习燕菲,曲良波.基于 XSL 的界面管理系统的设计与实现[J].青岛理工大学学报,2007,28(2):56-58.

[4] 甘莉,李霖,尹章才.基于 XSL 的地图知识表达[J].测绘科学,2006,31(3):82-84.

[5] 彭强勇,周卫,张彦彦,等.基于 ArcEngine 的地图整饰功能的实现[J].现代测绘,2007,30(4):42-43.

[6] ESRI 中国(北京)有限公司在线支持中心.http://support.esrichina-bj.cn/.

Design and Implementation of Motion Graphics Finishing
Based on Arc GIS and XSL

Chen Yong　Cui Bei　Guo Xuyou　Zhou Changli

Abstract：Graphic finishing is a difficult piont in GIS system development. Through the analysis of the demands on urban planning approvals mapping, this paper introduced a new method, using XSL language based on the ArcGIS platform, to achieve a variety of frame styles for graphics finishing. By this way, not only the dynamic generation of finishing frame, legend and index map is realized, but also meet the map of planning and design essentials on the integration of drafts and charts and long-format strip mosaic map of the mapping and other special requirement. With its application in the Nanjing "Digital Plan" information platform, this method is proved to be able to meet complex graphics needs flexibly. It also has a good reference value to the development of similar systems.

Key words：ArcGIS；XSL Language；Graphic Finishing；Planning Approval Map

（本文原载于《地理与地理信息科学》2011 年 4 月增刊）

地理空间数据安全技术研究与实现

胡　祺　王芙蓉　郭丙轩　柯　俊　王铁程

摘　要：本文对地理信息数据生产、管理中存在的安全隐患，提出了贯穿整个生命周期的数据安全解决方案，并完成了系统实现。系统以安全性、实用性为出发点，兼顾数据安全和便利性，最大程度地使系统能够和现有测绘数据生产管理系统无缝融合。研究结果表明，本文提出的数据安全技术解决了地理空间数据在整个生命周期内的安全问题。

关键词：数据安全；地理空间数据；数字水印；组件加密技术

1　引言

地理空间数据涉及国家政治、经济和军事的敏感信息，对维护国家安全具有特别重要的意义。国家行政主管部门和军队主管部门已制定一系列法律法规，要求各级单位采取必要的措施保证地理空间成果数据的安全。城市建设的过程中，积累了大量数字化测绘成果数据，随着计算机网络技术的发展以及移动存储设备的广泛使用，地理空间数据的安全问题存在很大的隐患：因工作疏忽，离职和恶意拷贝造成的数据安全隐患；内、外业人员对数据的随意拷贝，使数据泄漏风险加大；数据使用单位对数据的随意复制拷贝和传播。

本文作者从事测绘空间数据安全方面的研究和开发多年，针对基础地理空间数据的特点，研究了包括插件加密技术，信息隐藏技术，多级安全模型等多种技术，实现了地理空间数据在采集，存储和发布等数据流转环节的安全控制和管理。

2　系统设计目标和框架

地理空间数据根据其存在的时空特性，可以将其分为三个阶段，即数据采集、数据处理、数据应用与发布。地理空间数据在其不同阶段具有不同的特点，数据在分阶段流转时，由于数据接触人员以及软硬件环境的复杂性，数据的安全不能得到有效保障的。

本文的研究目标就是针对数据生存周期中的多个阶段的不同特点，对数据存在和使用的软硬件环境进行有效的控制，同时对不同阶段、不同人员赋予相应的规则权限，从而对数据安全性进行有效的控制。

系统从结构上分为三个层次：管理层、实施层和数据层（如图1所示）。

管理层是将国家各种地理空间数据保密政策法规，结合各测绘单位的安全实施目标，形成数据安全管理策略，包括规定数据接触人员范围，涉密数据范畴和涉密人员权限、等级等。实施层是将管理层中形成的安全策略应用到数据安全管理系统中，即数据安全策略在系统中的具体体现。数据层包括各种类型的不同地理空间数据、数据不同的存储方式、应用平台以及它们之间的联系。

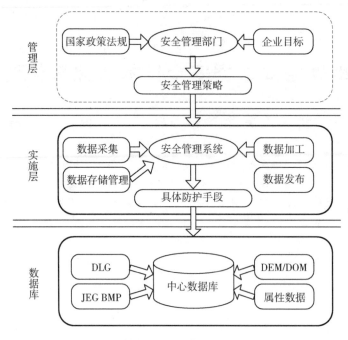

图1　系统层次图

3　关键技术

3.1　插件加密技术

　　插件加密是基于驱动技术,将加、解密模块以插件形式嵌入到操作系统进程中。应用程序对涉密数据文件进行 I/O 操作时,实现自动的加解密操作,其核心是文件过滤驱动技术,它属于 Windows 中间层驱动程序,处于文件系统之上。在应用程序发送的系统服务请求到达文件系统之前,它先接受该系统服务请求,对应用程序的系统服务请求重新解释。过滤驱动程序位于其他一些驱动程序的上面,可以截取发往下层驱动程序的设备对象的请求。

　　在 Windows NT 内核的操作系统中,应用层的地理数据平台软件的数据读写操作要有以下几个步骤(如图2所示):

　　(1) 地理数据平台软件调用系统内核组件提供的 API 函数向输入输出管理器发送数据读请求;

　　(2) 输入输出管理器将想文件系统驱动发送请求;

　　(3) 文件系统驱动接收到到此请求后,从缓存管理器或物理磁盘中获取此数据,再将其返回给输入输出管理器;

　　(4) 输入输出管理器将数据最终返回给地理数据平台软件;

　　(5) 应用层的地理数据平台软件的数据写操作发送给文件系统驱动后,文件系统驱动会将数据先写入系统缓存,然后再由缓存管理器将存储于其中的数据写入到物理磁盘。

　　本系统在输入输出管理器与文件系统驱动之间插入一个加解密控制插件,截获两者之间的读写数据请求包。对其中的数据进行相应的处理,读请求时对数据进行解密;写请求时对数据

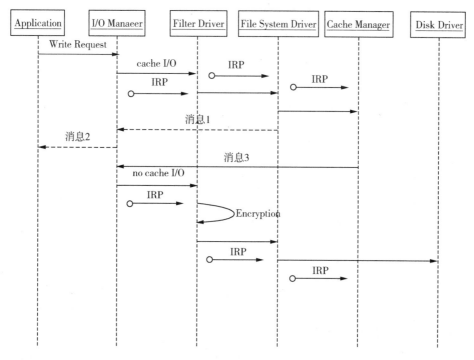

图2　操作系统数据读写流程示意图

进行逆操作,即加密。

　　以各测绘单位常用的 AutoCAD 软件为例,当加解密模块安装到系统中之后,在应用系统 AutoCAD 和操作系统进行数据交互时,插件会将传递的数据截获,当 AutoCAD 将数据通过操作系统写入到存储介质中时,插件加解密模块对数据进行加密,再将加密后的数据传递给操作系统,存储在存储介质上。当 AutoCAD 通过操作系统请求存储介质上的数据时,加解密模块截获操作系统传递给 AutoCAD 的数据,将其解密后再发给 AutoCAD。这样就可以实现保存在存储介质中的数据都是加密的,而不影响 AutoCAD 对数据的读写。图3所示为插件加密的工作原理图。

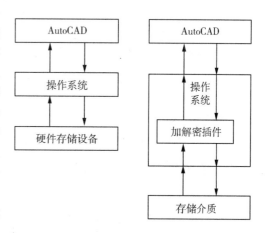

图3　插件加密的工作原理图

3.2　信息隐藏技术

　　信息隐藏技术是运用各种信息处理方法将需要保密的信息隐藏在各种信息数据中,当非法用户截获到包含密文的文件后,他只能解读文件载体的内容,而不会意识到其中含有秘密信息,或者即使知道其中含有隐秘信息也不能解读出来。信息隐藏的方法主要有隐写术、数字水印技术、可视密码、潜信道、隐匿协议等。

　　在地理空间数据中嵌入数字水印信息,首要的要求就是要确保嵌入的水印信息不被发现或破坏。其次是要保证嵌入后的电子地图在遭受恶意的攻击之后,仍然能正确地检测到水印信息

的存在。根据地理空间数据的特点,嵌入水印的方法应满足如下基本的要求:

(1) 保证精度:在水印嵌入后要保证矢量地图数据的高精度性,不能在嵌入水印信息的同时破坏了数据的精度。

(2) 不可感知:水印嵌入后,肉眼是无法察觉的,必须通过特殊的工具才能提取。

(3) 鲁棒性。要求矢量地图的水印具有较强的抵抗常见攻击的能力,能抵抗平移、缩放、旋转、剪切等攻击。

(4) 安全性:未经授权使用的客户将不能进行水印信息的提取和检测。

(5) 容量:要求数字水印算法的水印信息量足够大,信息量太少不足以唯一的确定矢量地图产品的版权。

(6) 确定性:即要求水印所携带的信息不能有歧义,能唯一指明数据的版权拥有者。

本系统将信息隐藏技术应用于数据发布模块,将数据版权所有者,合法使用者,授权时间等信息放入数据中。数据使用者无法察觉和识别改信息,只有数据版权所有者通过特定程序才能提取其版权信息。

4　主要功能

4.1　外业成果数据的防拷贝控制

在外业队的计算机上安装该模块并授权后,外业队保存在硬盘上的数据都会被加密。加密不会影响数据的正常使用,外业队可以在其外业计算机上使用加密后的数据,但没有解密权限,无法将硬盘上的数据解密。外业队将加密后的数据拷贝到其他地方是没有办法正常使用的。

4.2　成果数据有效时间管理

外业队所做的成果图的底图由管理部门统一下发,下发前系统会给成果图数据设定一个时间期限。

外业队在该时间期限之内可以正常使用数据,超期之后,数据生命也就终止了,无法再使用该数据了。要想继续使用,必须向管理部门申请延期。

4.3　地图数据文件安全保护

局域网内地图数据文件都会被系统在后台强制的自动加密。操作人员在使用这些文件时,安全保密系统会自动将其解密,使用完后,文档重新被加密。在加解密的过程中,不需要输入密码,不会给操作人员带来额外的工作,兼顾了安全性和便捷性。

4.4　版权信息水印嵌入

在将地图数据发布给数据使用方使用之前,利用本系统可以将包含版权信息的数字水印添加到图纸中。数字水印信息由三个部分组成,包括:图纸发布者名称、图纸授权使用者的名称以及发布时间。

由于该水印具有不可见、不可删除、不可篡改的特性,所以不影响授权使用者的正常使用。当图纸被侵权分发时,由于隐含在图纸中的数字水印并不会消失,发布者可以通过本系统查询到可疑侵权图纸中是否包含自己的版权信息,从而保护自己的知识产权不被侵犯。

以上功能贯穿了数据生命周期的全过程(如图4所示),包括数据采集加工、存储管理、发布传输和应用,每一个步骤都采用了相应的措施和功能对数据安全进行保护,这样能有效防止木桶原理的短板效应。

5 结束语

本文的研究成果已经在包括南京规划局在内的国内多家规划、测绘单位使用,其数据安全技术贯穿数据生产、管理和发布的整个数据生命周期,其安全性、通用性、实用性和稳定性得到了广泛认可,是一个行之有效的地理空间数据安全解决方案,为地理空间数据的安全提供了有效保障。

但还需要在以下方面作进一步的研究:

第一、加密算法效率的提升,随着计算机软硬件技术的提升,地理空间数据文件也越来越大。只有在保证安全的前提下,提高算法的效率,才能使其对作业工作的影响降到最低,大大提高系统的便利性。

第二、数据库加密技术研究,现在越来越多的数据采用数据库的方式存储,如果能将对数据库也进行加密,系统的应用范围将更加宽广。

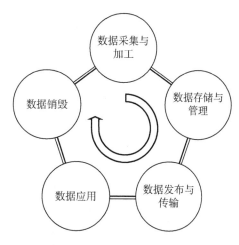

图4 数据安全技术贯穿整个生命周期

参考文献

[1] YU Zhan wu, LI Zhong min, ZHENG Sheng, LI Deren. Security Mechanism for Distributed GIS Spatial Data Based on Object2based Storage. 测绘学报,2007,36(3)

[2] Oney W. Programming the Microsoft Windows Driver Model[M]. USA:Microsoft Press, 2002.

[3] Baker A, Lozano J. The Windows 2000 Device Driver Book(Second Edition) [M]. USA:Prentice Hall PTR, 2000.

[4] 张福浩,刘纪平,王亮,等.测绘数据安全管理系统设计开发.测绘科学,2006,31(1)

[5] 邵昱,萧蕴诗.基于文件系统过滤驱动器的加密软件设计.计算机应用,2005,25(5)

Research of Geo-Spatial Data's Security Technology

Abstract:The scheme and the software about the information security will be put forward in this article. It puts emphasis on soluting some security problems in the progress of spatial data production and maintenance. The current status of spatial data was full considered in the software platform. Besides, the practicability and stability is the first import factor in the designment of system. It indicates that the data security technology brought in this article has met the requirements of the geo-spatial data.

Key words:Data Security; Geography space data; Digital watermark; Components Encrypting Technology

(本文原载于《测绘信息与工程》2011年第4期)

面向用户对象的 CORS 运维服务综合体系研究[*]

高奋生　王芙蓉　周　亮　郭际明

摘　要:随着国家、省、市各级 CORS 的不断建设,如何便捷高效维护 CORS 基础平台,充分发挥 CORS 的服务效能已成为当前需要解决的一个重要问题,本文在大量调研分析的基础上,结合 NJCORS 运维经验,提出了面向用户对象的 CORS 运维服务综合体系,并基于该体系理念,构建完成了基于 B/S 架构的"南京市连续运行基准站网运维与位置服务系统"。

关键词:CORS 运维服务综合体系;角色划分;系统预警;计费管理;服务框架

User oriented CORS service and management system

1 CORS 建设情况概述

随着全球导航卫星系统(Global Navigation Satellite System, GNSS)、计算机、数据通信和互联网技术的不断发展,卫星定位连续运行基准站(Continuously Operating Reference Station,简称 CORS)应运而生,该系统是由卫星定位系统接收机、计算机、气象设备、通讯设备及电源设备、观测墩等构成的观测系统,它长期连续跟踪卫星信号,通过数据通信网络定时、实时或按数据中心的要求将观测数据传输至数据中心,它可独立或组网提供实时、快速或事后的数据服务。

为了不断满足社会各界对基础地理信息资源的迫切需求,大大提升地理信息资源获取的便捷性和高效性,各省、市都已完成或着手 CORS 系统建设工作。目前已建成广东、江苏、江西、河南、河北、浙江、山西等省级 CORS;已建成深圳、东莞、北京、上海、天津、成都、重庆、武汉、昆明、南宁、合肥、福州、广州、哈尔滨、郑州、济南、青岛、苏州、南京、淄博、宜昌、杭州、嘉兴、鄂尔多斯等市级 CORS。

2 NJCORS 运维现状及分析

南京市连续运行基准站网综合服务系统(简称"NJCORS")是依据全国基础测绘中长期规划纲要、《江苏省"十一五"省级基础测绘专项规划》和《南京市"十一五"基础测绘规划》的要求,由南京市规划局(南京市测绘管理办公室)启动建设完成,该系统采用 Trimble VRS 技术,由覆盖南京市域范围的 9 个永久性的连续运行基准站网和数据中心构成。

本文结合 NJCORS 运维实际及经验,将日常运维工作分为用户管理、坐标转换、系统监控、查询统计、日志管理等内容,在运维初期主要的工作内容和方法如下:

(1)用户管理:直接操作 TNC 的 Access 数据库文件,实现用户的管理。

(2)坐标转换:基于坐标转换程序,实施 WGS84 坐标至 NJ92 地方坐标系的事后坐标转换

---

* 南京市规划局.NJCORS 运维系统项目(2010-XXH-ZX02)资助

工作。

(3) 系统监控：每日定时对服务器、控制中心软件(TNC、GPSNET)、基站状况进行检查,对基站断线等异常情况进行处理。

(4) 查询统计：基于 TNC 的 Access 数据库,统计查询各用户的使用时间等。

(5) 日志管理：采用 Word 文档记录运维过程中重大事件,诸如基站何时断开、是何原因、何时修复,用户账号异常情况等内容。

基于上述的运维现状,主要存在问题分析概括如下：

(1) 工作效率较低：基于数据库的用户管理,需直接对后台数据库进行频繁手工操作,存在安全隐患的同时,操作效率低。

(2) 服务不够及时：基于事后的坐标转换服务,用户无法实时获得地方坐标系坐标,影响用户项目工期进度。

(3) 服务内容单一：数据服务与用户监管缺乏方便快捷的手段,无法为不同用户提供个性化服务。

(4) 用户缺乏参与：基于 C/S 的管理模式,用户缺乏主动参与,无法获取 CORS 可提供的更多服务内容。

(5) 故障处理滞后：系统监控缺乏高效手段,运维人员不能及时知悉系统故障,系统故障处理相对滞后。

3 国内应用研究情况概述

随着 CORS 应用的不断普及和深入,保障 CORS 服务的稳定和高效显得尤为重要,各省、市基本上都配备了专业维护人员,同时也不同程度地开展了提升运维效能和服务水平的研究与尝试工作,比如广西基础地理信息中心开发完成的"广西大地测量基准成果管理与服务系统",该系统包括 CORS 用户实时监控、坐标转换、高程转换、数据查询、CORS 用户管理等;河南省地理空间信息数据中心研制完成的"HNGICS 管理信息系统",该系统包括信息发布、基准站信息管理、网络情况管理、坐标转换、CORS 账号管理、登录情况查询等功能;成都市勘察测绘研究院开发完成的"成都 CORS 服务系统",包括实时用户监控、用户单位查询、统计、历史信息查询等;上海市测绘院研发完成的 VRS 系统查询和网上测绘服务;苏州工业园区格网信息科技有限公司研发完成的 CORS 信息管理系统和基于地图数据的用户图形管理系统等;嘉兴市测绘管理局完成的"JXCORS 用户管理系统",包括用户信息、在线情况、缴费情况、坐标转换等功能。

综上所述,各运维单位在 CORS 平台的基础上都不同程度地开展了辅助运维的应用研究工作,尤其以 B/S 架构系统建设为主,通过相应系统的研制和使用,都一定程度地提高 CORS 运维的效率和质量,但关于 CORS 运维服务体系的系统化研究相对较少。本文结合 NJCORS 的实际需求,对 CORS 运维服务体系的内涵和功能模块进行了研究。

4 CORS 运维服务综合体系

4.1 体系概述

"面向用户对象的 CORS 运维服务综合体系"是指以用户为核心,构建科学合理的角色划分体系、高效灵敏的系统预警机制、功能完善的综合服务框架以及方便灵活的计费管理方案,将用户、控制中心、基站三者有机整合,提供不同精度、个性化的位置服务,实现三位一体(用户、控制中心、基站)的管理模式,从而构建一个多角色、多精度、一体化的 CORS 运维服务综合体系。

4.2 角色划分体系

用户作为 CORS 运维服务综合体系的核心,其角色的合理划分直接关乎 CORS 运维服务综合体系是否完整、系统架构是否合理、功能模块是否全面等,本文在综合分析现有 CORS 用户的基础上进行了细化和扩展,并结合 NJCORS 的运维实际,提出了 CORS 运维服务的用户角色划分体系。

该角色体系将用户划分为 3 大类 7 小类共 13 个角色,3 大类是指根据用户状态分为"采集状态""管

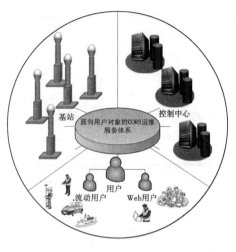

图 1 面向用户对象的 CORS 运维服务体系

图 2 角色划分体系

理状态"和"维护状态",其中"采集状态"根据内外业状态分为"数据采集"和"数据处理"两个小类，"数据采集"类用户由实时测量、实时巡查、静态测量和其他采集 4 个外业状态角色组成，"数据处理"类用户由实时测量、实时巡查、静态测量和其他采集 4 个内业状态角色组成；"管理状态"根据管理级别分为"部门调度""单位管理""行业监管"三个小类，包括部门管理员、单位管理员、行业管理员 3 个角色，部门管理员是单位内部的管理最小单元，单位管理员是负责单位内部所有用户、账户等的管理，行业管理员是多个单位的综合管理；"维护状态"分为"日常维护"和"系统维护"两个小类，包括日常维护员、系统管理员 2 个角色，日常维护员主要工作涉及用户注册维护、坐标转换、费用管理以及技术答疑等，系统管理员主要工作涉及网络软硬件维护、故障排查、系统升级等。

4.3 系统预警机制

CORS 作为重要的地理空间框架基础设施，需要构建高效灵敏的系统预警机制，确保 CORS 服务的稳定性和准确性，通过将 CORS 系统各组成部分(用户、控制中心、基站)的实时信息进行收集、整理和分析，及时获悉各项提醒、警报和故障等信息，针对不同类别快速通知相应用户及时处理或应对，进而提升系统稳健性，形成一套良性循环的系统预警机制。

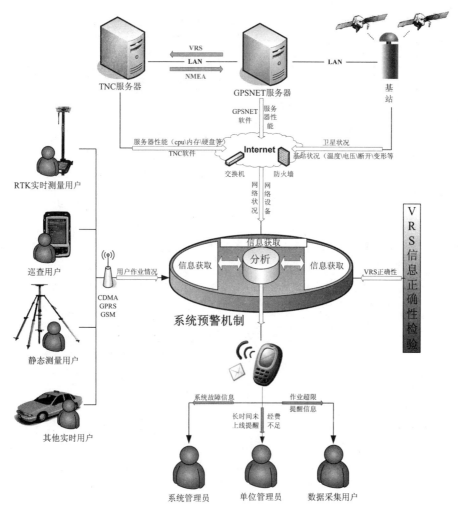

图 3　系统预警机制

该系统预警机制由 3 个信息源(网络软硬件情况、单位账户实时状态、数据采集作业环境)、1 个功能模块(信息的收集、分析、整理和触发)、3 类用户群(系统管理员、单位管理员、数据采集用户)构成,涉及 3 个信息流,一是通过实时获取网络软硬件的故障信息,包括卫星、基站、服务器、软件、交换机、防火墙、网络通讯等,及时通知系统管理员处理;二是通过实时获取单位账户余额、单位用户使用情况,及时提醒单位管理员费用充值等以及对账户闲置情况予以提醒,提高 CORS 运维服务的主动性和交互性;三是通过检测 VRS 信息的正确性、卫星观测条件好坏、用户作业区域是否超限等,及时通知数据采集用户调整作业方法或计划,提高测量成果的精度和可靠性等。

4.4　综合服务框架

综合服务框架是 CORS 运维服务的功能模块的集合,由数据服务、用户管理、系统管理、配置管理、逆向 RTD 五部分组成,通过该五部分的有机结合和高效衔接,构成了 CORS 服务的基础服务框架。

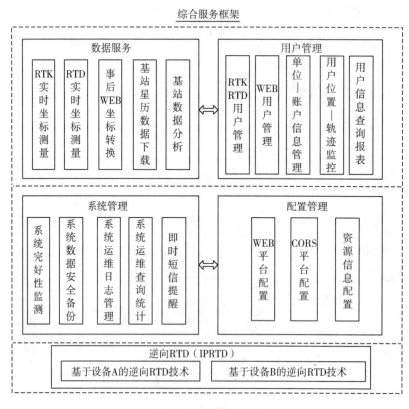

图 4　综合服务框架

(1) 数据服务

数据服务是服务框架的核心,主要包括网络 RTK /RTD 数据服务、单基站 RTD 数据服务、实时平面 /高程坐标转换服务、事后平面 /高程坐标转换服务、基站数据下载服务、星历数据下载服务、基站数据质量分析服务、静态数据事后处理服务等内容。

(2) 用户管理

用户管理是服务框架的条件,主要包括网络 RTK\RTD 用户管理、WEB 信息平台用户管理、单位\账户信息管理、用户位置\轨迹监控、用户信息查询等。

（3）系统管理

系统管理是服务框架的基础,主要包括系统完好性监控、系统数据安全备份、系统运维日志管理、系统运维查询统计、短信预警提醒等内容。

（4）配置管理

配置管理是服务框架的支撑,主要包括 WEB 信息平台配置、CORS 基础平台配置、资源信息配置等内容。

（5）逆向 RTD

逆向 RTD 是服务框架的拓展,主要是基本不同 GPS 芯片实现低端设备的逆向伪距差分,拓展 CORS 应用服务领域。

4.5　计费管理方案

CORS 运维服务的有效实施依赖于计费管理方案的内容全面和灵活定制,本文将 CORS 运维服务涉及的收费类别和计费方法进行了梳理分析,通过将不同计费类别、计费方法及计费单价的灵活组合构成不同的计费方案,按照有关规定和要求,不同用户类别采用不同计费方案,实现计费的灵活化和个性化,能够较好推动 CORS 的更深层次和更广领域的应用。

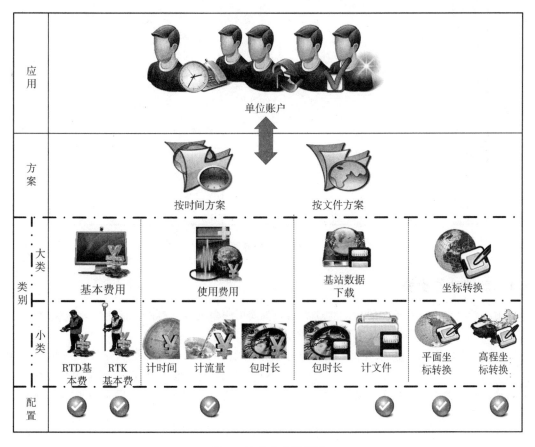

图 5　计费方案配置图

收费类别分为 4 大类 9 小类,4 大类包括基本费、使用费、基站数据费和坐标转换费,其中基本费又分为 RTK 基本费和 RTD 基本费两小类;使用费分为按计时间、计流量、包时长三小类;基站数据费分为包时长、计文件两小类;坐标转换费分为平面坐标转换和高程坐标转换两小类。

5 应用实例

为了更好实施 NJCORS 运维服务,南京市规划局于 2010 年正式立项启动实施了"南京市连续运行基准站网运维与位置服务系统"建设工作,项目紧紧围绕"CORS 运维服务综合体系"理念,进行了系统的设计、研发等工作,该系统由用户基本信息、用户审核管理、用户轨迹监控、数据下载服务、坐标转换服务、基站数据分析、查询统计分析、系统日志管理、资源信息管理、系统配置管理共 10 个前端功能模块,以及实时三维地方坐标测量、完好性监测、逆向 RTD 共 3 个后台服务模块构成,全面涵盖了 CORS 运维服务中的各方面。

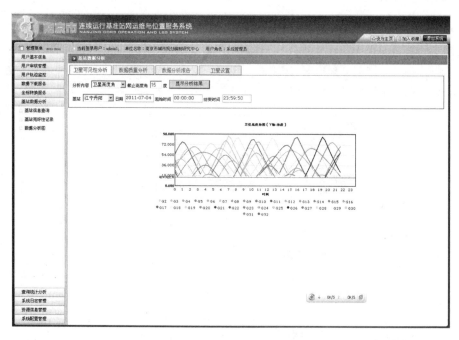

图 6 系统界面

5.1 前端功能模块

前端功能模块是基于 B/S 框架构建的面向不同用户角色可直观操作使用的功能模块,通过各个功能模块综合使用大大提高不同用户的工作效率。

(1) 对于数据处理用户,提供了数据下载服务、坐标转换服务、基站数据分析 3 个模块,其中数据下载服务包括基站及星历数据的便捷下载;坐标转换服务包括 WGS84 到常用平面和高程系转换以及其他常用转换工具等;基站数据分析包括基站基本信息及基站数据质量的统计分析等。

(2) 对于部门调度、单位管理及行业监督等管理用户,提供了用户轨迹监控、查询统计分析 2 个模块,其中用户轨迹监控包括基于两种不同地图服务的在线用户监控及历史轨迹查看;查询统计分析包括账单查询、坐标转换记录查询、数据下载记录查询、测量记录查询、交款记录查

询等;

(3) 对于系统维护用户,提供了用户审核管理、查询统计分析、系统日志管理、资源信息管理、系统配置管理 5 个模块,其中用户审核管理包括 WEB 用户、单位信息、单位账户的审核管理;查询统计分析除包括之前提及的查询外,还包括系统所有用户分布情况、用户数量、用户使用情况、访问量等的统计分析等;系统日志管理包括短信日志、登录日志的查询,运维日志的管理查询,短消息发送、长时间未上线用户的提醒等;资源信息管理包括计费方案、行业类别、权限组、合法区域、基站信息等管理;系统配置管理包括功能可用性配置、系统参数配置、CORS 平台配置、短信模块配置、系统数据库维护等;

5.2 后台服务模块

后台服务模块是基于进程服务构建的连续不间断的服务模块,保障运维服务连续性、及时性和高效性。

(1) 对于数据采集用户,提供了实时三维地方坐标测量模块,通过对 VRS 信息的改化,实现不同平面坐标系和高程基准的实时测量,很好的保障了参数的保密。

(2) 对于系统维护用户,提供了由虚拟监测站技术及软硬件监控技术构成的系统预警机制,依托短信平台,实现实时、灵敏、全面的系统监控。

(3) 对于其他数据采集用户,提供了逆向 RTD 模块,实现在中低端设备上的差分定位,提高定位精度的同时实时完成坐标转换、数据信息交互等事项,为更广领域的 CORS 推广应用提供技术可能。

6 结 语

本文提出的由角色划分体系、系统预警机制、综合服务框架和计费管理方案四部分构成的"CORS 运维服务综合体系"及研制的"南京市连续运行基准站网运维与位置服务系统",通过与同类理论及系统的比较分析,除了理论体系完整、功能架构全面的特点外,具有的显著创新点概括如下:

(1) 提出了以用户为核心的角色划分体系,把用户划分为 3 大类 7 小类共 13 个角色,包括系统管理员、行业管理员、单位管理员、数据处理用户、数据采集用户等,实现了不同用户角色的权限分配、统一管理和综合服务;

(2) 提出并实现了虚拟监测站技术,集成了 GPSNet 和网络软硬件运行监控信息,搭建了短信触发平台,采用系统自动触发和管理员触发两种方式,实现了 VRS 信号性能监测、网络软硬件异常预警、用户状态提醒、服务信息发布等功能,实现了高效灵敏、内容全面的系统预警机制。

(3) 提出并实现了基于 CORS 中间服务器的三维实时地方坐标测量技术,解决了坐标转换参数保密的技术难题,无需改变用户设备和作业流程、兼容现有的各品牌用户设备,具有较好的普适性,提高了 CORS 位置服务的便捷性和高效性。

(4) 提出并实现了逆向 RTD 技术(IPRTD),增强了系统对 RTD 信息的处理和管理,同时提高了中低端设备的定位精度,扩展了中低端设备的应用范围,为基于 CORS 的更广领域的位置服务提供了条件,具有较高的推广应用价值。

综上所述,本系统在充分考虑各用户需求的前提下,实现了用户、控制中心、基站三位一体的管理模式,构建了多角色、多精度、一体化的 NJCORS 运行维护和位置服务综合管理平台,有效解决了提升 CORS 运维服务效能的难题,该研究成果具有显著的创新性和广泛的应用价值,尤其是逆向 RTD 技术亟须结合实际进行进一步深化和应用,从而不断拓展 CORS 的服务领域和应用范围。

参考文献

[1] 徐绍铨,张华海,杨志强,等. GPS 测量原理及应用[M]. 武汉:武汉测绘科技大学出版社,1998.
[2] 李健,吕志平,梁率. CORS 在线定位用户服务系统[J]. 测绘科学技术学报,2008(4):127-130.
[3] 张小波,张俊,陈小虎. 在 CORS 系统实现短消息自动报警的方法[J]. 测绘通报,2009(6):36-37,47.
[4] 黄俊华,陈文森. 连续运行基准定位综合服务系统建设与应用[M]. 科学出版社,2009.
[5] 中国人民共和国国家质量监督检验检疫总局,中国国家标准化管理委员会. GB/T 18314—2009 全球定位系统(GPS)测量规范[S]. 中国标准出版社,2009.
[6] 宋玉兵,丁玉平,沈飞. JSCORS 的建设与最新发展[J]. 测绘通报,2009(2):73-74.
[7] 严津,朱丽强,陈中新. 基于网络异构的 CORS 系统安全性探索研究[J]. 城市勘测,2010(1):65-66,69.

Gao Fensheng   Wang Furong   Zhou Liang   Guo Jiming

Abstract: Nowadays, with the settlement and development of national, provincial and urban CORS, it becomes more and more important for us to solve the problem that how to maintain the high efficiency of the foundation while making full use of the service of CORS. This paper comes up with a user oriented CORS service and management system based on a lot of investigations and the experience of the settlement of NJCORS. The maintenance and location based servicing system of NJCORS in B/S mode is set up according to this systematic conception.

Key words: CORS service and management system; role partition; system alarming; counting management; service frame

(本文原载于《测绘科学》2012 年第 4 期,收录于《海峡两岸城市地理信息系统论坛 2011 论文集》)

基于异构数据互操作的电子地图质量控制研究
——以南京市政务版电子地图为例

尹向军　　王芙蓉　　诸敏秋　　高奋生　　姚　炬

摘　要:作为服务于城市各部委办局的政务版电子地图在数据共享过程中具有重要方位意义和共享责任。多要素、大数据量的政务版电子地图编辑是一个复杂过程,在编辑中各环节都有可能存在误差,由于误差积累最终影响地图质量。为此,南京政务版电子地图在生产与建库过程中尝试采用异构数据互操作的方法,即采用 AutoCAD 平台编辑,采用 ArcGis 平台存储,并且基于这种异构数据互操作新模式,南京政务版电子地图创新了一套数据双平台质量检查方法。相对于传统电子地图编辑方法,不仅解决了数据编辑与数据存储之间矛盾,同时利用各平台软件质量检查优势,使政务版电子地图在生产与建库实现了全面、有效的质量控制检查方法。

关键词:政务版电子地图;异构数据互操作;质量控制方法

1　引言

随着社会经济和城市化进程的快速发展,政府各部委办局对基础地理数据共享需求日益强烈,编制一套基于统一标准、统一空间参考的城市"一张图"有助于提高城市基础测绘工作水平,充分发挥测绘的服务和保障功能。

政务版电子地图是一种以基础地理数据为基础,以 GIS 和计算机系统为处理平台,以政府行政办公部门为服务对象,面向电子政务应用需求,覆盖市域,多要素实体化的以在线形式提供服务的地图形式,具有地图特性和综合特性等特点。

作为服务于城市国土、规划、测绘、房产、建设、林业、水利等部门的重要基础空间地理数据,政务版电子地图编制是一个复杂的过程,它包括许多环节,尤其对异构数据互操作产生的复杂性等因素,在编辑过程每个环节都有可能造成误差,形成了不准确度的一个积累,制定一套相对完整的质量控制方法和手段显得极其重要。

2　基于异构数据互操作的电子地图编辑新方法

目前,在城市规划、测绘等领域,AutoCAD 成为通用的行业标准,各单位存在大量基于 AutoCAD 应用系统生产的 DWG 数据库,AutoCAD 格式下的地形图数据和其他行业数据成为城市基础地理信息系统和专业地理信息系统建设的主要数据源。由于这些用户受制于操作习惯和已有的专业系统,很难脱离开 CAD 环境,但是仅凭 CAD 技术又无法满足大容量数据库的操作和存储,远远不能够满足行业的应用和发展需求。

GIS 由于其强大的地学分析和可视化能力,其应用越来越广,对整个信息产业的发展产生了深远影响。CAD 软件和 GIS 软件各有其优势,如果能将两者结合起来,利用 AutoCAD 采集数据,而利用 GIS 存储、分析、管理空间数据,将大大提高空间数据的采集、录入、分析、管理的工作效率。但由于 CAD 与 GIS 基于的数据存储模型差异较大,二者的互操作成为亟待解决的关键问题。

为了能够解决这一问题,南京在政务版电子地图在生产与建库过程实现了异构数据互操作技术(图1),即在 AutoCAD 环境中加载显示 GIS 库中的数据,利用 AutoCAD 方便快捷的编辑功能对 GIS 库中的空间数据进行添加、修改、删除等操作,并且编辑结果可直接保存到 GIS 库。使用该技术可以提高政务版电子地图数据的编制速度,省去过去繁琐的更新流程,可直接依据最新的测绘成果数据,编制生产政务版电子地图。

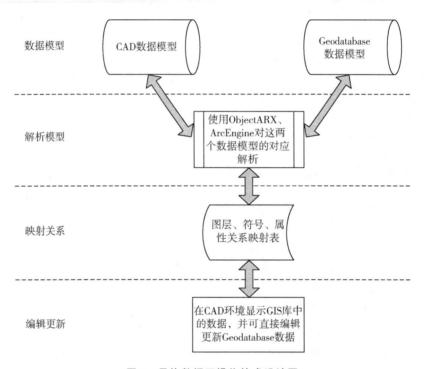

图 1   异构数据互操作技术设计图

3   南京政务版电子地图双平台质量控制方法

政务版电子地图具有政务和基础特性需求,地图数据范围的完整性和要素的丰富性是共享的前提,南京政务版电子地图覆盖全市域范围,共涉及 8 类 31 层要素。其实地图的编辑是一个漫长、复杂的过程,因此需要对整个数据编辑处理的过程进行全方位的质量控制。我们通过数据检查模块的方式进行质量控制,数据检查模块就是对数字化建库的生产和管理进行全面检查,它是保证产品质量稳定控制的重要手段。通过检查,可以及时掌握生产各环节的实施和质量控制情况,为数据质量的改进提供重要的参考依据。

3.1   基于 AutoCAD 应用系统的数据检查方法

在 AutoCAD 编辑状态下,CAD 数据检查模块主要针对 DLG 数据进行标准化处理,对机助制图所产生的各种潜在的错误进行标准性检查,包括图形标准化检查和一致性检查等方面,对检查中出现的问题提供相应的处理工具进行处理,以完成数据导入 GIS 库之前(见图2)相关检查,保证政务版电子地图数据的完整性和正确性达到符合政务版电子地图建库标准及制图输出要求。

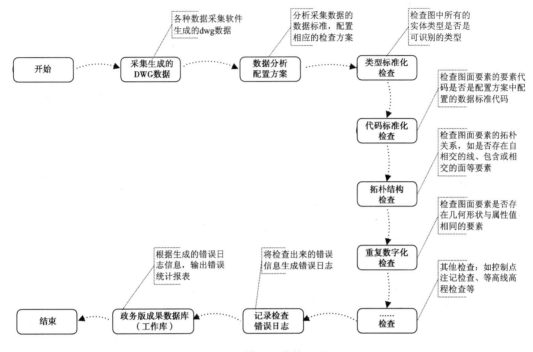

图 2 数据入库前检查流程

3.1.1 代码相关检查

按照政务版数据标准要求,各要素赋予了唯一的代码值,为了确保要素的正确性,通过对代码属性进行检查,达到各要素图层、类型、颜色及线宽的质量控制要求。代码相关检查中,主要检查图面要素是否代码为空、配置信息定义是否相符、代码和图层的对应关系与配置信息是否一致代码和类型与配置信息是否一致等(见表1及图3)。

表 1 代码相关检查

功能名称	功能描述
代码标准性检查	该检查目的是保证图面代码可识别,即检查图面要素的要素代码是否是配置信息已定义的,并将未定义代码的要素信息显示在错误面板上
代码、图层检查	检查图面要素的代码和图层与配置信息是否一致
代码、类型检查	检查图面要素的代码和类型与配置信息是否一致
代码、颜色检查	检查图面要素的代码和颜色与配置信息是否一致
线型线宽检查	检查图面所有线要素的线型(linetype)和线宽(global width)是否与配置信息一致

图 3　代码与图层配置信息不一致检查　　　　图 4　线中存在伪结点检查

3.1.2　拓扑结构检查

检查图面上所有要素的拓扑关系是否正确,该检查包括线伪结点检查,自重叠检查,回头线检查,自相交检查,面拓扑检查(见表 2 及图 4)。

表 2　拓扑结构检查

功能名称	功能描述
线要素结构检查	检查图面的线、面要素是否是微短线(长度极小)或单点线(线、面要素仅由单点构成)
错误封闭线检查	检查图面所有的线要素的"Close"属性是否为"True",如果为"True",则报置错误面板
线伪结点检查	检查线要素间的伪结点,即(属性相同的线要素应该拼接成为一条线)
面要素结构检查	检查图面所有面要素的几何结构是否正确(即有效节点数量大于等于配置值、面积大于设定值)
面封闭性检查	检查图面所有面要素的"Close"属性是否为"True",如为"False"则将错误要素信息显示在错误面板上
面拓扑检查	检查图面所有面要素的拓扑关系,是否存在面重叠、包含或相交,若存在将错误要素信息显示在错误面板上
自重叠检查	检查图面所有的线面要素自身是否存在连续的结点重复
自相交检查	检查图面中所有的线要素是否存在自相交的情况
回头线检查	检查图面中所有的线要素是否含有结点回头的情况

3.1.3 重复数字化检查

数据编辑过程中,由于涉及的数据源种类多、区域广,作业过程中会产生一定的数据冗余,按照质量控制要求,程序对几何要素中完全重复的情况进行检查和处理,检查图面上是否有重复的点,线,面,注记情况(见表3)。

表3 重复数字化检查

功能名称	功能描述
重复点检查	检查图面中的点、块要素是否有与之重复并且属性相同的点、块要素
重复线检查	检查图面中的线要素是否有与之重复的线要素
重复面检查	检查图面中的面要素是否有与之重复的面要素
重复注记检查	检查图面中的注记要素是否有重复(代码不同,内容不同不认为是重复注记)

3.1.4 属性一致性检查

根据实体的代码判断实体的扩展属性结构,检查实体的扩展属性是否符合配置好的扩展属性结构,检查图面要求中符合属性的基本条件(见表4及图5、图6、图7)。

表4 属性一致性检查

功能名称	功能描述
扩展属性检查	检查要素的扩展属性是否与数据库配置表中的扩展属性结构相对应,属性的值域规则,合法性
等高线高程检查	检查图面中的等高线、高程点的Z值是否与高程点的高程注记的内容相一致
拉线查等高线	按等高线高程值递增递减的走向拉线,检查与之相交的等高线的高程值是否标准,即相临等高线间的差异是否符合给定的高程步进值,等高线的走向是否和给定的走向一致,若不一致,则提示
面、注记一致性检查	检查面要素的某扩展属性值与注记的匹配性
注记Z值检查	检查注记Z值是否为0,不为零的自动改为零

图5 城市道路扩展属性
不一致检查

图6 注记配置不一致检查

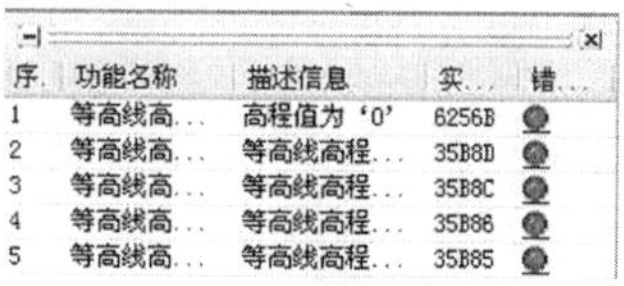

图7 等高线高程值填写
错误检查

3.2 基于GIS应用系统的数据质量检查方法

GIS数据检查是指检查和处理GIS端的空间数据,保障这些数据满足数据建库的模型要求和建库规范要求。GIS端数据质量检察功能指编辑结束后对GIS数据库的整库检查,包括数据接边检察、悬挂点检察、自相交检察、面重叠检察等,以保证数据入库的完整性和拓扑结构的正确性。

3.2.1 GIS 拓扑检查

主要是查找出要素图形上的不满足数据标准中的拓扑规范的数据,包括悬挂点、伪节点、自相交等拓扑检查(见表5)。

表 5 GIS 拓扑检查

功能名称	功能描述
悬挂点检查	检查多段线在起点、终点处是否存在悬挂点,并且自动修正阈值内的悬挂点,大于自动修正阈值的则写入系统日志,供作业人员定位修改
线伪节点检查	检查线要素间的伪结点,即(属性相同的线要素应该拼接成为一条线)
自相交检查	检查待检查的 GDB 文件中的线要素是否自相交,若有自相交现象,则写入系统日志,供作业人员定位修改
面拓扑检查	检查待检查的 GDB 文件中的面要素是否有在阈值之内的重叠面,并将检查结果写入系统日志,供作业人员定位修改
面要素结构检查	面要素结构检查:检查面要素的几何结构正确性,即面要素的有效结点(即大于距离阈值的结点)数必须大于等于结点数阈值,面积必须大于等于面积阈值

3.2.2 GIS 接边检查

GIS 接边检查的主要处理对象是在图幅边界上的要素,分别对空间位置关系和属性条件进行判断,检查分别处于图幅边界两端的要素是否在对应的节点上存在重合,即检查将那些应该重合而没有重合的节点,不应该重合而实际上重合了的节点的要素(见表6及图8)。

表 6 GIS 接边检查

功能名称	功能描述
工作空间内的接边检查	检查工作空间内的图幅与图幅之间的接边情况,将结果输出到列表中,并能够定位查看
工作区之间的接边检查	检查工作区与工作区之间的接边情况,将结果输出到列表中,并能够定位查看
要素自动融合	将列表中能够自动进行融合的要素进行融合,并将在列表中标记融合后的要素及其状态

图 8 房屋接边检查

4 南京政务版电子地图质量评价

南京市政务版电子地图生产编辑过程采用严格质量检查体系,包括双平台程序端自动检查、人工详查和抽查。通过这种控制体系,产品的评定分数完全体现产品质量的真实水平。经过两年的尝试和校验,南京市政务版电子地图总体质量较好(见表7),数据质量特别是在计算机可制范围内的几何精度和属性精度有了明显的提高,质量控制达到预期效果。

表7 南京市政务版电子地图质量评定结果

年份	评分结果
2010 年	$81.228 \times 0.28 + 80.107 \times 0.28 + 80.662 \times 0.26 + 85.412 \times 0.18 = 81.52$
2011 年	$79.59 \times 0.28 + 78.55 \times 0.28 + 94.76 \times 0.26 + 76.97 \times 0.18 = 82.77$

5 结束语

通过不断的完善,南京市政务版电子地图采用异构数据互操作模式以来,数据质量控制均高于预期,产品的质量等级均达到了良级。作者认为基于 AutoCAD 和 ArcGIS 双平台的质量检查方式,能够充分发挥各应用系统自身优势,弥补了各系统本身缺陷,对大范围、大数据量电子地图数据质量具有一定的可行性,适用于城市政务版电子地图的生产与建库应用。但是由于受到硬件环境及数据存储量的限制,对于全范围、全要素的检查实施过程中还存在一定缺陷,容易受制于硬件和网络状况。

伴随基础地理信息公共服务平台及数字城市的应用推广,政务版电子地图应用也将得到推广,各部委办局对基础数据的几何精度和要素精度的要求也将不断提高,我们将根据数据共享的应用情况和使用需求,对现有的质量控制方法进行修改和完善,进一步提高电子地图质量成果和检查效率。

参考文献

[1] 王庆社,彭瑜,导航电子地图的生产质量控制[J].测绘通报,2009(7):55-57,66
[2] 周大庆.城市大比例尺数字测图质量控制与方法研究[J].地理空间信息,2008,6(3):81-83
[3] 沙从术.大比例尺数字化测图质量控制与质量评价系统的研究[J].水利与建筑工程学报,2006,4(1):58-60
[4] 田新亚,大比例尺数字测图作业过程质量控制研究[J].科技信息(学术研究),2008(30):309-310
[5] 黄晓忠.城市数字地形图维护及质量控制[J].安徽建筑,2007,14(1):101-109
[6] 李双林,吴克友.大比例尺内外业一体化数字测图的质量检查及评定[J].城市勘测,2001(2):10-13

(本文原载于《测绘通报》2012 年第 11 期)